U0602746

"十二五"职业教育国家规划教材
经全国职业教育教材审定委员会审定

单片机技术应用与实训
（第2版）

主　编　赵俊生
副主编　张　政　唐义锋　于宝全
主　审　冯建雨

国防工业出版社
·北京·

内 容 简 介

本书是根据高等职业教育电子信息类专业"单片机原理及应用"课程的教学要求编写的。本书借鉴 CDIO 工程教育理念,以任务为驱动,以项目为导向,紧密结合单片机实际应用情况,以实训项目为主线,理论联系实际,充分体现了高等职业教育的应用特色和能力本位,突出人才应用能力和创新素质的培养,内容丰富,实用性强。从技术和工程应用的角度出发,为适应不同层次不同专业的需要,全书介绍了单片机工程应用项目(以 MCS – 51 为核心)的认识及使用、结构、指令系统、程序设计与调试、中断系统与定时/计数、系统的扩展、串行通信和接口技术。可用于学生的理论教学与实训、课程设计与毕业设计。

本书可作为高职高专和成人教育的电气自动化应用技术、工业电气自动化、电子信息工程技术、机械自动化、机电应用技术、数控应用技术等相关专业的教材和短期培训教材,也可作为广大工程技术人员学习参考用书。

图书在版编目(CIP)数据

单片机技术应用与实训/赵俊生主编. —2 版. —北京:
国防工业出版社,2014.10
"十二五"职业教育国家规划教材
ISBN 978 – 7 – 118 – 09713 – 9

Ⅰ.①单... Ⅱ.①赵... Ⅲ.①单片微型计算机 –
高等职业教育 – 教材 Ⅳ.①TP368.1

中国版本图书馆 CIP 数据核字(2014)第 206464 号

※

国防工业出版社出版发行

(北京市海淀区紫竹院南路 23 号 邮政编码 100048)
北京奥鑫印刷厂印刷
新华书店经售
*
开本 787 × 1092 1/16 印张 19½ 字数 418 千字
2014 年 10 月第 2 版第 1 次印刷 印数 1—3000 册 定价 39.00 元

(本书如有印装错误,我社负责调换)

国防书店:(010)88540777 发行邮购:(010)88540776
发行传真:(010)88540755 发行业务:(010)88540717

前　言

为了适应社会经济和科学技术的迅速发展及职业教育教学改革的需要,根据"以就业为导向"的原则,注重以先进的科学发展观调整和组织教学内容,增强认知结构与能力结构的有机结合,强调培养对象对职业岗位(群)的适应程度,国防工业出版社经过广泛调研,在江苏淮安和无锡分别召开全国高等职业教育电子信息类专业课程体系及教材建设研讨会,组织编写对电子信息类教材的整体优化力图有所突破、有所创新的教材,供工业电气技术、工业电气自动化、应用电子技术、信息工程技术、机电一体化应用技术、机械自动化等相关专业使用。

本书借鉴 CDIO 工程教育理念,以任务为驱动,以项目为导向,在内容的选取方面,将理论和实训合二为一,以"必需"与"够用"为度,将知识点作了较为精密的整合,内容深入浅出,通俗易懂,既有利于教,又有利于学,还有利于自学。

在结构的组织方面大胆打破常规,以工程项目为教学主线,通过设计不同的工程项目,将知识点和技能训练融于各个项目之中,各个项目按照知识点与技能要求循序渐进编排,突出技能的提高,努力符合职业教育的工学结合,达到真正符合职业教育的特色。实训所涉及的外围电路中除了常用的键盘输入、LED 显示、SRAM 扩展外,对于继电器控制、温度测控、红外遥控、步进电机控制、直流电机控制、汽车的倒车控制等多项贴近科技发展前沿的实用技术也有所涉及。同时从实际出发,以 MCS - 51 系列机型为核心,并简单介绍了 AT89C51 系列机型的训练项目,以扩展学生视野。学生接触这些项目可以实现零距离上岗。

本书由江苏财经职业技术学院赵俊生担任主编,张政、唐义锋、于宝全担任副主编。具体编写分工:江苏财经职业技术学院唐义锋编写任务 1、2;江苏食品药品职业技术学院张政编写任务 4、5;江苏金凤集团于宝全编写任务 6 和附录;其余由赵俊生编写。山东理工职业学院冯建雨担任主审。本书编写过程中得到了江苏财经职业技术学院领导的关心与帮助,亦得到了国防工业出版社的大力支持,在此一并表示衷心感谢。此外,还要感谢书后所附参考文献的各位作者。

由于时间仓促,加上作者水平有限,书中难免有不妥之处,恳请读者批评指正。

编　者

目　录

V

任务1 单片机技术应用系统的认识

【教学目标】

1. 了解单片机的概念、特点、发展及应用范围。掌握常用的进位计数制及各种数制的转换方法。

2. 掌握原码、补码、反码的表示方法及其相互转换。掌握8421BCD码和ASCII码的表示方法。

3. 了解单片机的内部结构,熟悉芯片各控制引脚的名称和功能。熟悉80C51单片机三个不同存储空间配置及地址范围,重点是40个引脚功能,3个不同存储空间及各自访问指令,片内RAM功能区、范围及应用。

4. 了解4个I/O口的结构及工作原理,理解在扩展片外存储器情况下P0、P1、P2、P3口功能。

5. 熟练掌握汇编语言指令的基本格式。理解80C51单片机的7种寻址方式及相应的寻址空间。

【任务描述】

本任务通过对单片机概念、进位计数制及各种数制的转换,以及单片机内部结构和引脚的功能、三个不同存储空间与寻址方式及相应的寻址空间等内容的掌握,通过应用系统的开发、I/O口的结构、最小系统等训练达到完成相应的目标。

项目单元1 单片机应用系统开发过程的认知和演示

【项目描述】

单片机是把组成微型计算机的各个功能集成在一块芯片上,构成一个完整的微型计算机。下面介绍其特点和分类,重点介绍典型的单片机MCS-51的主要特点和性能指标,常用的数制及不同数制之间转换与运算。在设计单片机应用系统时,在完成硬件系统设计之后,必须配备相应的应用软件。正确无误的硬件设计和良好的软件功能设计是一个实用的单片机应用系统的设计目标。

【项目分析】

本项目通过单片机开发系统(称为开发机或仿真器)进行仿真开发。仿真的目的是利用开发机的资源(CPU、存储器和I/O设备等)来模拟欲开发的单片机应用系统(即目标机)的CPU、存储器和I/O设备等,并跟踪和观察目标机的运行状态。

本项目研究认知 ATMEL 公司的 89C51、89C52、89C2051、89C4051 等，以及 Intel 公司的 80C31、80C51、87C51、80C32、80C52、87C52 等芯片和引脚的介绍。

利用 P3 口的不同开关状态组合控制 P1 口的 LED 的不同点亮组合；使 8 个 LED 经一定的时间间隔轮流点亮，然后在一定的时间间隔轮流熄灭；利用手工汇编办法修改存储器内容改变延时常数，观察 LED 的亮灭变化。

【知识链接】

1.1.1　MCS－51 系列单片机的概述

1. 单片机的概念

单片微型计算机(Single Chip Microcomputer)，简称单片机，是近代计算机技术发展的一个分支——嵌入式计算机系统。它是将计算机的主要部件(CPU、RAM、ROM、定时器/计数器、I/O 接口电路等)集成在一块大规模的集成电路中，形成芯片级的微型计算机。自单片机问世以来，就在控制领域得到广泛应用，特别是近年来，许多功能电路都被集成在单片机内部，如 A/D、D/A、PWM、WDT、I^2C 总线接口等，极大地提高单片机的测量和控制能力，现在所说的单片机已突破了微型计算机(Microcomputer)的传统概念，更准确的名称应为微控制器(Microcontroller)，虽然仍称其为单片机，但应把它认为是一个单片形态的微控制器。

2. 单片机的特点

(1) 小巧灵活，成本低，易于产品化，性能价格比高。

(2) 集成度高，有很高的可靠性，能在恶劣的环境下工作，单片机把功能部件集成在一块芯片内部，缩短和减少功能部件之间的连线，提高了单片机的可靠性和抗干扰能力。

(3) 控制功能强，特别是集成了功能接口电路，使用更方便有效，指令面向控制对象，可以直接对功能部件进行操作，易于实现从简单到复杂的各类控制任务。

(4) 低功耗，低电压，便于生产便携式产品。

单片机所具有的以上显著特点，使它在各个领域都得到了广泛应用，从日常的智能化家电产品到专业的智能仪表，从单个的实时测控系统的分布式多机系统以及嵌入式系统。使用单片机已经成为各个行业提高产品性能、降低生产成本、提高生产效率的重要手段，例如交通灯、霓红灯控制、广场上的计时牌等系统中都用到了单片机控制。

1.1.2　单片机的发展概况

1. 单片机的发展历史

第 1 阶段(1974 年—1976 年)：初级单片机阶段。

20 世纪 70 年代，微电子技术正处于发展阶段，集成电路属于中规模发展时期，各种新材料新工艺尚未成熟，单片机仍处在初级发展阶段。

1974 年，美国仙童(Fairchild)公司研制出世界上第一台单片微型计算机 F8，深受家用电器和仪器仪表领域的欢迎和重视，从此拉开了研制单片机的序幕。这个时期生产的单片机特点是制造工艺落后、集成度低、功能简单，而且采用双片结构。

第 2 阶段(1976 年—1978 年)：低性能单片机阶段。

这时的单片机芯片内集成有 CPU、并行口、定时器、RAM 和 ROM 等部件，但 CPU 功能还不太强，I/O 的种类和数量少，存储容量小，只能应用于比较简单的场合。

1976 年 Intel 公司推出了 MCS - 48 单片机,这个系列的单片机内集成有 8 位 CPU、并行 I/O 接口、8 位定时/计数器,寻址范围不大于 4KB,且无串行口。它是 8 位机的早期产品,以体积小、功能全、价格低等特点得到了广泛的应用。

第 3 阶段(1978 年—1983 年):高性能单片机阶段。

这时的单片机普遍带有串行口,有多级中断处理系统,16 位定时/计数器,片内 RAM、ROM 容量加大,且寻址范围可达 64KB,有的片内还带有 A/D 转换器接口。这时的单片机发展到了一个全新的阶段,应用领域更广泛,许多家用电器均走向利用单片机控制的智能化发展道路。

这类单片机有 Intel 公司的 MCS - 51,Motorola 公司的 M6805 和 Zilog 公司的 Z8 等。

第 4 阶段(1983 年至今):单片机全面发展阶段。

各公司的产品在相互兼容的同时,向高速、强运算能力、大寻址范围以及小型廉价方向发展。出现了超 8 位单片机和 16 位及以上单片机,片内含有 A/D 和 D/A 转换电路,支持高级语言,主要用于过程控制、智能仪表、家用电器及作为计算机外围设备的控制器等。具有代表性的有 MCS - 96 系列、Moster 公司的 MK68200 系列、NC 公司的 HPC16040 系列、NEC 公司的 783××系列和 TI 公司的 TMS9940 系列等。

目前国际市场上 8 位、16 位单片机系列已很多,但是,在国内使用较多的单片机是 Intel 公司的产品,其中 MCS - 51 系列单片机应用尤为广泛,二十几年经久不衰,而且还在进一步发展完善,价格越来越低,性能越来越好。

2. 单片机的发展方向

单片机将向着高性能化,片内存储器大容量化、小容量与低价格化及外围电路内装化等几个方面发展。

(1)单片机的高性能化。主要指进一步改善 CPU 的性能,加快指令运算的速度和提高系统控制的可能性,并加强了位处理功能、中断和定时控制功能;采用流水线结构,指令以队列形式出现在 CPU 中,从而有很高的运算速度。有些单片机基本采用了多流水线结构,这类单片机的运算速度要比标准的单片机高出 10 倍以上。

(2)片内存储器大容量化。以往单片机的片内 ROM 为 1 ~ 4KB,RAM 为 64 ~ 128KB。在一些较复杂的应用系统中,存储器容量就显得不够,不得不外扩存储器。为了适应这种领域的要求,采用新的工艺将片内存储器大幅度增加,片内 ROM 可以达到 12KB。今后,随着微电子技术的不断发展,片内存储器容量将进一步扩大。

(3)小容量、低价格化。与上述相反,小容量、低价格化的 4 位、8 位单片机也是发展的方向之一。这类单片机主要用于儿童玩具等较小规模的控制系统。

(4)外围电路内装化。这也是单片机发展的主要方向。随着集成度的不断提高,有可能把众多的各种外围功能器件集成在片内。除了一般必须具备的 CPU、RAM、ROM、定时/计数器等之外,片内集成的部件还有 A/D、D/A 转换器,DMA(Direct Memory Access)控制器,声音发生器,监视定时器,液晶显示驱动器,彩色电视机和录像机用的锁相电路等。

(5)增强 I/O 接口功能。为了减少外部驱动芯片,进一步增加单片机并行口的驱动能力,现在有些单片机可直接输出大电流和高电压,以便直接驱动显示器。

(6)加快 I/O 的传输速率。有些单片机设置了高速 I/O 接口,以便能以更快的速率触发外围设备,从而更快地读取数据。

1.1.3 单片机的应用

单片机广泛应用于仪器仪表、家用电器、医用设备、航空航天、专用设备的智能化管理及过程控制等领域,大致可分为如下几种范畴。

1. 在智能化仪器仪表上的应用

单片机具有体积小、功耗低、控制功能强、扩展灵活、微型化和使用方便等优点,广泛应用于仪器仪表中,结合不同类型的传感器,可实现如电压、功率、频率、湿度、温度、流量、厚度、角度、长度、硬度和压力等物理量的测量。采用单片机控制使得仪器仪表数字化、智能化、微型化,且比采用模拟或数字电子电路更加强大。例如,精密的测量设备(功率计、示波器、各种分析仪)。

2. 在工业控制中的应用

用单片机可以构成形式多样的控制系统、数据采集系统。例如工厂流水线的智能化管理,电梯智能化控制,各种报警系统,与计算机联网构成二级控制系统等。

3. 在家用电器中的应用

可以这样说,现在的家用电器基本上都采用了单片机控制,从电饭煲、洗衣机、电冰箱、空调机、彩电音响,再到电子称量设备,五花八门,无所不在。

4. 在计算机网络和通信领域中的应用

现代的单片机普遍具备通信接口,可以很方便地与计算机进行数据通信,为在计算机网络和通信设备间的应用提供了极好的物质条件。现在的通信设备基本上都实现了单片机智能化控制,从电话机、小型程控交换机、楼宇自动通信呼叫系统、列车无线通信,再到日常工作中随处可见的移动电话、集群移动通信、无线对讲机等。

5. 在医用设备领域中的应用

单片机在医用设备中的用途亦相当广泛,例如医用呼吸机、各种分析仪、监护仪、超声诊断设备及病床呼叫系统等都应用了单片机。

此外,单片机在工商、金融、科研、教育、航空航天等领域都有着十分广泛的用途。

1.1.4 典型单片机 MCS-51 系列简介

1. MCS-51 系列

MCS-51 是 Intel 公司生产的一个单片机系列名称。属于这一系列的单片机有多种型号,如 80C51/ 8751/ 8031、8052/ 8752/ 8032、80C51/ 87C51/ 80C31、80C52/ 87C52/ 80C32 等。

该系列单片机的生产工艺有两种:HMOS 工艺(即高密度短沟道 MOS 工艺)和 CHMOS 工艺(即互补金属氧化物的 HMOS 工艺)。CHMOS 是 CMOS 和 HMOS 的结合,既保持了 HMOS 的高速度和高密度的特点,还具有 CMOS 的低功耗的特点。在产品型号中凡带有字母"C"的,即为 CHMOS 芯片;不带有字母"C"的,即为 HMOS 芯片。HMOS 芯片的电平与 TTL 电平兼容,而 CHMOS 芯片的电平既与 TTL 电平兼容,又与 CMOS 电平兼容。所以,在单片机应用系统中应尽量采用 CHMOS 工艺的芯片。

在功能上,该系列单片机有基本型和增强型两大类,通常以芯片型号的末位数字来区分。末位数字为"1"的型号为基本型,末位数字为"2"的型号为增强型,如 80C51/8751/ 8031、80C51/87C51/80C31 为基本型,8052/8752/8032、80C52/87C52/80C32 为增强型。

在片内程序存储器的配置上,该系列单片机有 3 种形式,即掩模 ROM、EPROM 和 ROMLess(无片内程序存储器)。如 80C51 含有 4KB 的掩模 ROM,87C51 含有 4KB 的 EPROM,而 80C31 在芯片中无程序存储器,应用时要在单片机芯片外扩展程序存储器。

2. 80C51 系列

80C51 是 MCS–51 系列单片机中 CHMOS 工艺的一个典型品种,其他厂商以 80C51 为基核开发出的 CHMOS 工艺单片机产品统称为 80C51 系列。当前常用的 80C51 系列产品有:ATMEL 公司的 89C51、89C52、89C2051、89C4051 等;Intel 公司的 80C31、80C51、87C51、80C32、80C52、87C52 等;除此之外,还有 Philips、华邦、Dallas、Siemens 等公司的许多产品。虽然这些产品在某些方面存在差异,但基本结构是相同的。

1.1.5 单片机中数的表示方法

单片机作为微型计算机的一个分支,其基本功能就是对数据进行大量的算术运算和逻辑操作,但是它只能识别二进制数。对于接下来研究的 8 位单片机,数的存在方式主要有位(bit)、字节(B)和字。"位"就是一位二进制数,即"1"或"0",用来表示信息的两种不同状态,例如开关的"通"和"断"、电平的"高"和"低"等。8 位二进制数组成 1 字节(1B),既可以表示实际的数,也可以表示多个状态的组合信息。8 位单片机处理的数据绝大部分都是 8 位二进制数,也就是以字节为单位,单片机执行的程序也以字节形式存放在存储器中。两个字节组成一个字,即 16 的二进制数。但二进制数位数较多,书写和识读都不便,因而又常用到十六进制数。了解十进制数、二进制数、十六进制数之间的关系和运算方法,是学习单片机的基础。

1. 十进制数、二进制数、十六进制数

1)十进制数(Decimal)

十进制数的主要特点:基数为 10,由 0、1、2、3、4、5、6、7、8、9 十个数码构成。进位规则是"逢十进一"。

基数指计数制中所用到的数码个数,如十进制数共有 0 ~ 9 十个数码,所以基数是 10。当某一位数计满基数时就向它邻近的高位进一。十进制数一般在数的后面加符号 D 表示,可以省略。

任何一个十进制数都可以展开成幂级数形式,例如:

$$123.45D = 1 \times 10^2 + 2 \times 10^1 + 3 \times 10^0 + 4 \times 10^{-1} + 5 \times 10^{-2}$$

其中,10^2、10^1、10^0、10^{-1}、10^{-2} 称为十进制数各数位的权。

2)二进制数(Binary)

二进制数的主要特点:基数为 2,由 0、1 两个数码构成。进位规则是"逢二进一"。

二进制数在书写时在数的后面加符号 B 表示,B 不可省略。二进制数也可以展开成幂级数形式,例如:

$$1011.01B = 1 \times 2^3 + 0 \times 2^2 + 1 \times 2^1 + 1 \times 2^0 + 0 \times 2^{-1} + 1 \times 2^{-2} = 11.25D$$

其中,2^3、2^2、2^1、2^0、2^{-1}、2^{-2} 称为二进制数各数位的权。

3)十六进制数(Hexadecimal)

十六进制数的主要特点:基数为 16,由 0、1、2、3、4、5、6、7、8、9、A、B、C、D、E、F 十六个数码构成,其中 A、B、C、D、E、F 分别代表十进制数的 10、11、12、13、14、15。进位规则是"逢十六进一"。

十六进制数在书写时在数的后面加符号 H 表示,H 不可省略。十六进制数也可以展开成幂级数形式,例如:

$$123.45H = 1 \times 16^2 + 2 \times 16^1 + 3 \times 16^0 + 4 \times 16^{-1} + 5 \times 16^{-2} = 291.26953125D$$

其中,16^2、16^1、16^0、16^{-1}、16^{-2}称为十六进制数各数位的权。

十六进制数与二进制数相比,大大缩短了数的位数,一个 4 位的二进制数只需要 1 位十六进制数表示,计算机中普遍用十六进制数表示。表 1.1.1 列出了十进制数、二进制数、十六进制数的对应关系。

表 1.1.1 十进制数、二进制数、十六进制数的对应关系

十进制数	十六进制数	二进制数	十进制数	十六进制数	二进制数
0	0H	0000B	8	8H	1000B
1	1H	0001B	9	9H	1001B
2	2H	0010B	10	AH	1010B
3	3H	0011B	11	BH	1011B
4	4H	0100B	12	CH	1100B
5	5H	0101B	13	DH	1101B
6	6H	0110B	14	EH	1110B
7	7H	0111B	15	FH	1111B

2. 数制转换

1)二进制数与十六进制数的转换

(1)二进制数转换为十六进制数。采用四位二进制数合成为一位十六进制数的方法,以小数点为界分成左侧整数部分和右侧小数部分,整数部分从小数点开始,向左每 4 位二进制数一组,不足 4 位在数的前面补 0,小数部分从小数点开始,向右每 4 位二进制数一组,不足 4 位在数的后面补 0,然后每组用十六进制数码表示,并按序相连即可。

[例 1.1.1] 把 111010.011110B 转换为十六进制数。

解:
$$\underset{3}{\underline{0011}}\ \underset{A}{\underline{1010}}\ .\underset{7}{\underline{0111}}\ \underset{8}{\underline{1000}} = 3A.78H$$

(2)十六进制数转换为二进制数。将十六进制数的每位分别用 4 位二进制数码表示,然后它们按序连在一起即为对应的二进制数。

[例 1.1.2] 把 2BD4H 和 20.5H 转换为二进制数。

解:
$$2BD4H = 0010\ 1011\ 1101\ 0100B$$
$$20.5H = 0010\ 0000.0101B$$

2)二进制数与十进制数的转换

(1)二进制数转换为十进制数。将二进制数按权展开后求和即得到相应的十进制数。

［例1.1.3］ 把1001.01 B 转换为十进制数。

解： $1001.01B = 1 \times 2^3 + 0 \times 2^2 + 0 \times 2^1 + 1 \times 2^0 + 0 \times 2^{-1} + 1 \times 2^{-2} = 9.25$

（2）十进制数转换为二进制数。十进制数转换为二进制数一般分为两步,整数部分和小数部分分别转换成二进制数的整数部分和小数部分。

整数部分转换通常采用"除2取余法",即用2连续去除十进制数,每次把余数拿出,直到商为0,依次记下每次除的余数,然后按先得到的余数为低位、最后得到的余数为最高位的次序依次排列,就得到转换后的二进制数。

［例1.1.4］ 将十进制数47转换成二进制数。

解：

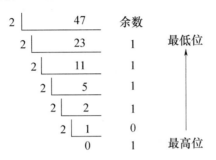

则 $47 = 101111B$

小数部分转换通常采用"乘2取整法",即依次用2乘小数部分,记下每次得到的整数,直到积的小数为0,最先得到的整数为小数的最高位,最后得到的整数为小数的最低位。如果积的小数连续乘2达不到0,则转换出的二进制小数为无穷小数,这种情况根据精度要求保留适当的有效位数。

［例1.1.5］ 将十进制数0.8125转换成二进制数。

解：

```
        0.8125
      ×    2            整数
     ─────────
        16250            1        最高位
        0.6250
      ×    2
     ─────────
        1.2500           1
        0.2500
      ×    2
     ─────────
        0.5000           0        最低位
      ×    2
     ─────────
        1.0000           1
```

则 $0.8125 = 0.1101B$

3）十六进制数与十进制数的转换

（1）十六进制数转换成十进制数。将十六进制数按权展开后求和即得到十进制数。

［例1.1.6］ 将十六进制数3DF2H 转换成十进制数。

解： $3DF2H = 3 \times 16^3 + 3 \times 16^2 + 15 \times 16^1 + 2 \times 16^0 = 15858$

（2）十进制数转换成十六进制数。十进制数转换成十六进制数的方法与十进制数转换成二进制数的方法相似,整数部分和小数部分分别转换。整数部分采用"除16取余法",小数部分采用"乘16取整法"。

[例1.1.7] 将十进制数47转换成十六进制数。将十进制数0.48046875转换成十六进制数。

解:

```
16 │  47        余数
16 │   2      15 (FH)    低位 ↑
        0       2        高位
```

则 47 = 2 FH

```
        0.48046875
     ×         16       整数
        7.68750000       7       高位
        0.68750000               ↓
     ×         16
       11.00000000      11(BH)   低位
```

则 0.48046875 = 0.7BH

从上面的例子可以看出十进制数转换成二进制数的步骤较多,而十进制数转换成十六进制数的步骤较少,以后将十进制数转换成二进制数,可先将其转换为十六进制数,再由十六进制数转换成二进制数,可以减少许多计算。例如:

$$47 = 2FH = 101111B$$

3. 二进制数的运算

二进制数的运算比较简单,包括算术运算和逻辑运算,这里简要介绍算术运算,逻辑运算将结合单片机的逻辑运算指令在后面的项目中进行介绍。

1) 加法运算

运算规则:0 + 0 = 0,0 + 1 = 1 + 0 = 1,1 + 1 = 10(向高位进位)。

[例1.1.8]

解:

```
    01101010B
 + 00111011B
   10100101B
```

2) 减法运算

运算规则:0 − 0 = 0,1 − 0 = 1,1 − 1 = 0,0 − 1 = 1(向高位借1)。

[例1.1.9]

解:

```
    10110101B
 − 01001101B
   01101000B
```

3) 乘法运算

运算规则:0 × 0 = 0,0 × 1 = 1 × 0 = 0,1 × 1 = 1。

两个二进制数的乘法运算与十进制数乘法类似,用乘数的每一位分别去乘被乘数的每一位,所得结果的最低位与相应乘数位对齐,最后把所得结果相应相加,就得到两个数的积。

[例 1.1.10]　求 1010×1001 的积。

解：

$$
\begin{array}{r}
1010 \quad \text{被乘数} \\
\times\ 1001 \quad \text{乘数} \\
\hline
1010 \\
0000 \\
0000 \\
1010 \\
\hline
1011010 \quad \text{积}
\end{array}
$$

则 $1010 \times 1001 = 1011010$

从上面的例子可见，二进制数的乘法运算实质上是由"加"（加被乘数）和"移位"（对齐乘数位）两种操作实现的。

4）除法运算

除法运算是乘法的逆运算。与十进数类似，从被除数的最高位开始取出除数相同的位数，减去除数，够减商记为 1，不够减则商记为 0，然后将被除数的下一位移到余数上，重复前面的减除数操作，直到被除数的位数都下移为止。

[例 1.1.11]　求 $11001011 \div 110$。

解：

$$
\begin{array}{r}
100001 \quad \text{商} \\
110\ \overline{)\ 11001011} \quad \text{被除数} \\
110 \\
\hline
001011 \\
110 \\
\hline
101 \quad \text{余数}
\end{array}
$$
除数 110

则 $11001011B \div 110 = 100001B$，余数 101B。

综上所述，二进制数的加、减、乘、除运算，可以归纳为加、减、移位三种操作。单片机都有相应的操作指令。

4. 原码、反码、补码

前面已经提到，在 8 位单片机数中是以字节为单位，即以 8 位二进制数的形式存在，每字节存放数的范围为 0～255，这样的数也可以称为无符号数。而现实中数是有符号的，单片机包括微型计算机中规定用最高位表示数的符号，并且规定 0 表示" ＋ "，1 表示" － "，其余位为数值位，表示数的大小，如图 1.1.1 所示。

图 1.1.1　8 位有符号数的结构

例如，+1 表示为 00000001B，−1 表示为 10000001B，为区别实际的数和它在单片机中的表示形式，把数码化了的带符号位的数称为机器数，把实际的数称为机器数的真值。00000001B 和 10000001B 为机器数，+1 和 −1 分别为它们的真值。双字节和多字节数有类似的结构,最高位为符号位,其余的位为数值位。单片机中机器数的表示方法有三种形式:原码、反码和补码。

1）原码(True Form)

符号位用 0 表示 + ,用 1 表示 - ,数值位与该数绝对值一样,这种表示机器数的方法称为原码表示法。

正数的原码与原来的数相同,负数的原码符号位为 1,数值位与对应的正数数值位相同。

$[+1]_原 = 00000001B,[-1]_原 = 10000001B$,显然 8 位二进制数原码表示的范围为 $-127 \sim +127$。

0 的原码有两种表示方法, +0 和 -0。$[+0]_原 = 00000000B,[-0]_原 = 10000000B$。

2）反码(One's Complement)

一个数的反码可以由它的原码求得,正数的反码与正数的原码相同,负数的反码符号位为 1,数值位为对应原码的数值位按位取反。例如:

$$[+1]_反 = [+1]_原 = 00000001B$$

$$[-1]_反 = 11111110B$$

$$[+0]_反 = [+0]_原 = 00000000B$$

$$[-0]_反 = 11111111B$$

8 位二进制数反码表示的范围为: $-127 \sim +127$。

3）补码(Two's Complement)

补码的概念可以通过调钟表的例子来理解。假设现在钟表指示的时间是 4 点,而实际的时间是 6 点,有两种方法来校正:一是顺时针拨 2 小时是加法运算,即 4 + 2 = 6;二是逆时针拨 10 小时,是减法运算,但 4 - 10 不够减,由于钟表是 12 小时循环,该拨时的方法可由下式表示:12(模) + 4 - 10 = 6,与顺时针拨时是一致的,数学上称为按模 12 的减法。可见 4 + 2 的加法运算和 4 - 10 按模 12 的减法是等价的。类似的还有按模的加法运算,两个数的和超过模,只保留超过的部分,模丢失。这里的 2 和 10 是互补的,数学上的关系为:$[X]_补 = $ 模 $+X$。

8 位二进制数满 256 向高位进位,256 自动丢失,因此 8 位二进制数模为 $2^8 = 256$。

一个数的补码可由该数的反码求得。正数的补码与正数的反码和原码一致,负数的补码等于该数的反码加 1。例如:

$$[+1]_补 = [+1]_原 = [+1]_反 = 00000001B$$

$$[-1]_补 = 11111111B$$

$$[-0]_反 = 11111111B,加 1 得 00000000B,所以,$$

$$[-0]_补 = 00000000B = [+0]_补 ,0 的补码只有一种表示方法。$$

8 位二进制数补码的表示范围为 $-128 \sim +127$。8 位二进制数的原码、反码、补码的对照表见表 1.1.2。

表 1.1.2　8 位二进制数的原码、反码、补码的对应关系

二 进 制 数	原　码	反　码	补　码
00000000	+0	+0	0
00000001	+1	+1	+1
00000010	+2	+2	+2
…	…	…	…
01111101	+125	+125	+125
01111110	+126	+126	+126
01111111	+127	+127	+127
10000000	-0	-127	-128
10000001	-1	-126	-127
10000010	-2	-125	-126
…	…	…	…
11111101	-125	-2	-3
11111110	-126	-1	-2
11111111	-127	-0	-1

单片机指令处理数据的运算都是对机器数进行运算。请注意观察下面的例子。

[例 1.1.12]　单片机处理 1-2 的过程。

解：
```
    00000001  （+1 的补码）          00000001 （+1 的补码）
  - 00000001  （+2 的补码）        + 11111110 （-2 的补码）
    11111111  （-1 的补码）          11111111 （-1 的补码）
```

从该例可以看出,对于加减运算,数据是用补码表示的,运算的结果也是用补码表示的数。单片机(微机也是的)处理数据时,加减法用补码,乘除法用原码。

[例 1.1.13]　求 -5 的补码,再将结果作为原码,求其补码。

解：
```
  │ 1000 0101  (-5的补码) ↘      ↗ 0000 0001 │  (原码)
  │ 1111 1010  (-5的补码)    ╳      1111 1110 │  (反码)
  ↓ 1111 1011  (-5的补码) ↗      ↘ 1111 1111 ↓  (补码)
```

从该例可以看出,对于一个负数进行两次求补过程,又得到这个数本身,正数的原码和补码又是一致的,可以得出结论:原码和补码是互补的。相互转换的方法和步骤也是一样的。在进行四则运算时经常需要进行原码和补码的相互转换。

5. 8421 BCD 码

单片机只能对二进制数进行运算处理,而人类习惯用十进制数,人和单片机交流时就需要经常进行二进制数和十进制数的转换,既浪费时间,也会影响单片机的运行速度和效率,为避免上述情况,计算机和单片机中常用 BCD 码(Binary Coded Decimal Code),用二进制数对每位的十进制数编码,数据形式为二进制数,但保留了十进制数的权,便于人们识别。BCD 码的种类很多,最常用的是 8421BCD 码,它用 4 位二进制数的十进制数的数码进行编码,8421 分别代表每位的权,用 0000B ~ 1001B 分别代表十进制数的 0 ~ 9,表 1.1.3 列出了它们的对应关系。

11

表 1.1.3　BCD 码与十进制数的对应关系

十 进 制 数	BCD 码	十 进 制 数	BCD 码
0	0000	5	0101
1	0001	6	0110
2	0010	7	0111
3	0011	8	1000
4	0100	9	1001

BCD 码在书写时通常加方括号,并加 BCD 作为下标,如:$52D = [0101\ 0010]_{BCD}$。在学习的 MCS-51 系列单片机中只有 BCD 码的加法运算,因此本书只介绍 BCD 码的加法运算。

由于 8421BCD 码是 4 位二进制数表示,4 位二进制数是"逢十六进一",而 BCD 码高位和低位之间是"逢十进一",单片机运算时把其作为二进制数处理。因此两个 BCD 码相加时,当低 4 位向高 4 位进位,或高 4 位向更高位进位时,需要对该 4 位加 6 调整,高、低出现非法码(即 1010 ~ 1111)时,对应 4 位也要加 6 调整。

[例 1.1.14]　BCD 码 $X = 23$,$Y = 49$,求 $X + Y$。

解:

$$
\begin{array}{r}
0010\ 0011 = 23 \\
+\quad 0100\ 1001 = 49 \\
\hline
0110\ 1100 \\
+\qquad\quad 0110 \\
\hline
0111\ 0010 = 72
\end{array}
$$
　　　　　　　低4位出现非法码

[例 1.1.15]　BCD 码 $X = 28$,$Y = 49$,求 $X + Y$。

解:

$$
\begin{array}{r}
0010\ 1000 = 28 \\
+\quad 0100\ 1001 = 49 \\
\hline
0111\ 0001 \\
+\qquad\quad 0110 \\
\hline
0111\ 0111 = 77
\end{array}
$$
　　　　　　　低4位向高4位进位

6. ASCII 码

在单片机中,除了要处理数字信息外,在某些应用场合也需要处理一些字符信息,要对这些字符信息进行二进制编码后,单片机才能识别和处理。目前普遍采用 ASCII 编码表(American Standard Code for Information Interchange,美国信息交换标准代码),见表 1.1.4。

表 1.1.4　ASCII 编码表

b4b3b2b1＼b7b6b5	000	001	010	011	100	101	110	111
0000	NUL	DLE	SP	0	@	P	、	P
0001	SOH	DC1	!	1	A	Q	a	Q
0010	STX	DC2	"	2	B	R	b	r
0011	ETX	DC3	#	3	C	S	c	s
0100	EOT	DC4	$	4	D	T	d	t

12

b7b6b5 b4b3b2b1	000	001	010	011	100	101	110	111
0101	ENQ	NAK	%	5	E	U	e	u
0110	ACK	SYN	&	6	F	V	f	v
0111	BEL	ETB	'	7	G	W	g	w
1000	BS	CAN	(	8	H	X	h	x
1001	HT	EM	)	9	I	Y	i	y
1010	LF	SUB	*	:	J	Z	j	z
1011	VT	ESC	+	;	K	[	k	|
1100	FF	FS	,	<	L	\	l	|
1101	CR	GS	−	=	M	]	m	|
1110	SO	RS	·	>	N	↑	n	~
1111	SI	US	/	?	O	←	o	DEL

ASCII 码用 7 位二进制数,共 128 个字符,其中包括数码 0～9、英文字母、标点符号和控制字符。数码"0"的编码为 0110000B,即 30 H;字母 A 的编码为 10000001B,即 41 H。

1.1.6　单片机应用系统的开发简介

1. 单片机应用系统的开发

设计单片机应用系统时,在完成硬件系统设计之后,必须配备相应的应用软件。正确无误的硬件设计和良好的软件功能设计是一个实用的单片机应用系统的设计目标。完成这一目标的过程称为单片机应用系统的开发。由于单片机内部没有任何注机软件,因此,要实现一个产品应用系统时,需要进行软、硬件开发。单片机应用系统开发流程如图 1.1.2 所示,除了产品立项后的方案论证、总体设计之外,主要有硬件系统设计与调试、应用程序设计、仿真调试和系统脱机运行检查四部分。

单片机作为一片集成了微型计算机基本部件的集成电路芯片,与通用微型计算机相比,它自身没有开发功能,必须借助开发机(一种特殊的计算机系统)来完成如下任务:

(1)排除应用系统的硬件故障和软件错误;

(2)调试完的程序要固化到单片机内部或外部程序存储器芯片中。

1)指令的表示形式

指令是让单片机执行某种操作的命令。在单片机内部,指令按照一定的顺序以二进制码的形式存放于程序存储器中。二进制码是计算机能够直接执行的机器码(或称目标码)。为了书写、输入和显示方便,人们通常将机器码写成十六进制形式,如二进制码 0000 0100B 可以表示为 04H。04H 所对应的指令意义是累加器 A 的内容加 1。若写成 INC A 则要清楚得多,这就是该指令的符号表示,称为符号指令。

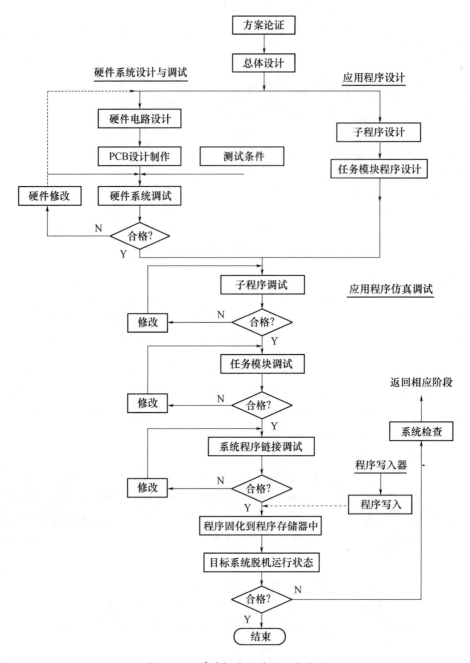

图 1.1.2 单片机应用系统开发流程

2）汇编或编译

符号指令要转换成计算机所能执行的机器码并存入计算机的程序存储器中,这种转换称为汇编。常用的汇编方法有 3 种:

（1）手工汇编,设计人员对照单片机指令编码表,把每一条符号指令翻译成十六进制数表示的机器码指令,借助于小键盘送入开发机,然后进行调试,并将调试好的程序写入程序存储器芯片;

（2）利用开发机的驻留汇编程序进行汇编;

14

（3）利用通用微型计算机配备的汇编程序进行交叉汇编,然后将目标码传送到开发机中。

另外,还可以采用高级语言(如 C51)进行单片机应用程序的设计。在 PC 机中编辑好的高级语言源程序经过编译、连接后形成目标码文件,并传送到开发机中。这种方法具有周期短、移植和修改方便的优点,适合于较为复杂系统的开发。

2. 单片机应用系统的传统开发方式

单片机开发系统又称为开发机或仿真器。仿真的目的是利用开发机的资源(CPU、存储器和 I/O 设备等)来模拟欲开发的单片机应用系统(即目标机)的 CPU 存储器和 I/O 操作,并跟踪和观察目标机的运行状态。

仿真可以分为软件模拟仿真和开发机在线仿真两大类。软件模拟仿真成本低、使用方便,但不能进行应用系统硬件的实时调试和故障诊断。下面介绍在线仿真方法。

1）利用独立型仿真器开发

独立型仿真器采用与单片机应用系统相同类型的单片机做成单板机形式,板上配置 LED 显示器和简易键盘。这种开发系统在没有普通微型计算机系统的支持下,仍能对单片机应用系统进行在线仿真,便于在现场对应用软件进行调试和修改。另外,这种开发系统还配有串行接口,能与普通微型计算机系统连接。这样,可以利用普通微型计算机系统配备的组合软件进行源程序的编辑、汇编和联机仿真调试,然后将调试无误的目标程序(即机器码)传送到仿真器,利用仿真器进行程序的固化。图 1.1.3 为利用独立型仿真器开发的示意图。

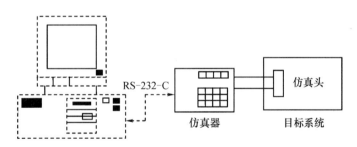

图 1.1.3 利用独立型仿真器开发的示意图

2）利用非独立型仿真器开发

这种仿真器采用通用的微型计算机加仿真器方式构成。仿真器与通用微型计算机间以串行通信的方式连接。这种开发方式必须有微型计算机支持,利用微型计算机系统配置的组合软件进行源程序的编辑、汇编和仿真调试。有些仿真口上还备有 EPROM 写入插座,可以将开发调试完成的用户应用程序写入 EPROM 芯片。与利用独立型仿真器开发相比,此种开发方式现场参数的修改和调试不够方便。图 1.1.4 为利用非独立型仿真器开发的示意图。

以上两种开发方式均在开发时拔掉目标系统的单片机芯片和程序存储器芯片,插上从开发机上引出的仿真头,即把开发机上的单片机出借给目标。仿真调试无误后,拔掉仿真头,再插回单片机芯片,把开发机中调试好的程序固化到 EPROM 芯片中并插到目标机的程序存储器插座上,目标机就可以独立运行了。

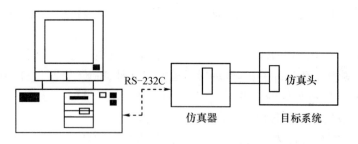

图 1.1.4　利用非独立型仿真器开发的示意图

3．单片机开发方式的发展

由于单片机贴片封装形式的广泛采用以及 Flash 存储器技术的迅速发展,传统的单片机应用系统开发的理念将受到冲击。采用新的单片机应用系统开发技术可以将单片机先安装到印制电路板上,然后通过 PC 机将程序下载到目标系统。如 SST 公司推出的 SST89C54 和 SST89C58 芯片分别有 20KB 和 30KB 的 SuperFlash 存储器,利用这种存储器可以进行高速读/写的特点,能够实现在系统编程 ISP 和应用编程 IAP 功能。首先在 PC 机上完成应用程序的编辑、汇编(编译)和模拟运行,然后实现目标程序的串行下载。

Microchip 公司推出的 RISC 结构单片机 PIC16F87X 中内置在线调试器 ICP(In – Circuit Programming)功能,该公司还配备了具有 ICSP(In – Circuit Serial Programming)功能的简单仿真器和烧写器。由于芯片内置了侦察电路逻辑,可以不需要额外的硬件仿真器。通过 PC 机串行电缆(含有完成通信功能的 MPLAB – ICD 模块及与目标板连接的 MPLAB – ICD 头)就可以完成对目标系统的仿真调试。

【项目实施】

一、单片机应用系统开发过程的认识

1．演示参考电路

利用 80C31 构成单片机最小应用系统,作为单片机开发认识演示参考电路,如图1.1.5所示。

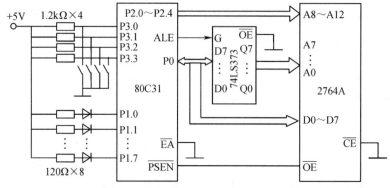

图 1.1.5　单片机应用系统开发认知演示参考电路

2. 认知和演示内容

（1）认知 ATMEL 公司的 89C51、89C52、89C2051、89C4051 等以及 Intel 公司的 80C31、80C51、87C51、80C32、80C52、87C52 等芯片和引脚。

（2）利用 P3 口的不同开关状态组合控制 P1 口的 LED 的不同点亮组合。

（3）使 8 个 LED 经一定的时间间隔轮流点亮，然后再以一定的时间间隔轮流熄灭。

（4）利用手工汇编办法修改存储器内容改变延时常数，观察 LED 的亮灭变化。

（5）在微型计算机上修改汇编语言源程序，采用联机仿真，观察 LED 的亮灭变化。

（6）将程序写入 EPROM 存储器，使应用系统脱离开发系统运行。

【项目评价】

二、单片机实例仿真演练

自己动手做一个和 P1P2.DSN 类似的项目。为了便于模仿，现将电路图（图 1.1.6）和程序给出。

汇编程序：

最简单的单片机程序实验

```
MAIN:MOV    P2,P1
     SJMP   MAIN
     END
```

按照 Proteus 的使用方法，开始自己动手做出一个项目来吧。

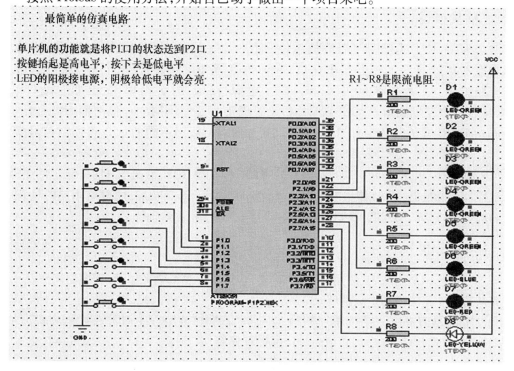

图 1.1.6　P1 口输入 P2 口输出电路图

序号	评价指标	评价内容	分值	学生自评	小组评价	教师评价
1	硬件设计	最小应用系统连接是否正确	10			
		ATMEL、Intel 芯片和引脚认知	20			
2	调试	写出 8031、80C51 等芯片引脚	10			
		写出单片机数的认知	20			
		通电后正确、实验成功	20			
3	安全规范 与提问	是否符合安全操作规范	10			
		回答问题是否准确	10			
总分			100			
问题记录和解决方法			记录任务实施中出现的问题和采取的解决 方法（可附页）			

【项目拓展】

1. 求十进制数 120 所对应的二、八、十六进制数。
2. 将二进制数 0101011.001 转换为八、十、十六进制数。
3. 在 MCS－51DIP 封装的基础上，上网查询 PLCC 封装形式。

项目单元 2　MCS－51 单片机硬件接线控制实训

【项目描述】

　　本项目研究 MCS－51 单片机芯片是由一个 8 位 CPU、128B 片内 RAM、21 个特殊功能寄存器、4 个 8 位并行 I/O 口、两个 16 位定时/计数器、一个串行 I/O 口和时钟电路组成。芯片共有 40 个引脚。除了电源、接地、时钟端和 32 个可编程 I/O 口外，还有 4 个控制引脚。80C51 单片机从逻辑上有三个不同的存储空间，片外统一编址的 64KBROM、64KB 片外 RAM 和 128B 片内 RAM,用不同的指令和控制信号实现操作。

　　80C51 单片机 4 个 I/O 口在扩展片外 RAM 和片外 ROM 情况下,P0 口分时传送低 8 位地址和 8 位数据,P2 口传送高 8 位地址,P3 口常用于第二功能,通过给用户的只有 P1 口和部分未做第二功能的 P3 口端线。本项目主要使用 P1 口训练。

【项目分析】

　　本项目利用最小系统,使用 P1 口作输出口,接 8 位逻辑电平显示,程序功能使发光二极管从右到左轮流循环点亮训练。

　　P1 口是准双向口,它作为输出口时与一般的双向口使用方法相同。由准双向口结构可知当 P1 口用作输入口时,必须先对口的锁存器写"1",若不先对它写"1",读入的数据是不正确的。

【知识链接】

1.2.1　MCS-51 单片机的组成

1. 单片机的内部结构和功能

单片机的内部有 CPU、RAM、ROM、定时器/计数器、I/O 接口电路等,这些部件是通过内部的总线连接起来的,80C51 单片机的内部结构如图 1.2.1 所示。

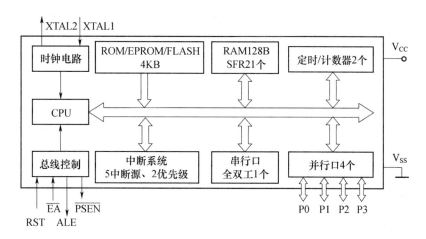

图 1.2.1　80C51 单片机内部结构

由内部结构框图上可以看出 80C51 单片机包括以下资源:① 一个 8 位的 CPU,含布尔处理器;② 一个片内振荡器及时钟电路;③ 总线控制逻辑;④ 4KB 的程序存储器(ROM/EPROM/Flash,可外扩至 64KB);⑤ 128B 的数据存储器(RAM,可再外扩 64KB);⑥ 特殊功能寄存器 SFR;⑦ 4 个 8 位的并行口;⑧ 2 个 16 位的定时/计数器;⑨ 1 个全双工的异步串行口;⑩ 5 个中断系统,2 个外部中断,3 个内部中断。

CPU 是单片机的核心,所有的运算和控制都由其实现,它包括两个部分:运算部件和控制部件。运算部件包括算术逻辑单元(ALU)、累加器(ACC)、B 寄存器、状态寄存器和暂存寄存器,实现 8 位算术运算和逻辑运算以及一位的逻辑运算。控制部件包括指令寄存器等定时控制逻辑电路,产生运算部件所需的工作时序。

2. 80C51 单片机引脚的定义及功能

80C51 系列单片机采用双列直插式(DIP)QFP44(Quad Flat Pack)和 LCC(Leaded Chip Carrier)形式封装。这里仅介绍常用的总线型 DIP40 封装和非总线型 DIP20 封装,如图 1.2.2 所示。

1)总线型 DIP40 引脚封装

(1)电源及时钟引脚(4 个)。

V_{CC}——芯片电源接入引脚;接 +5V。

V_{SS}——接地引脚。

XTAL1——晶体振荡器接入的一个引脚(采用外部振荡器时,此引脚需接地)。

XTAL2——晶体振荡器接入的另一个引脚(采用外部振荡器时,此引脚作为外部振荡器的输入端)。

19

（2）控制线引脚（4个）。

RST/V$_{PD}$——复位信号输入引脚/备用电源输入引脚。

ALT/$\overline{PROG}$——地址锁存允许信号输出引脚/编程脉冲输入引脚。

$\overline{EA}$/V$_{PP}$——内外存储器选择引脚/片内EPROM（或FlashROM）编程电压输入引脚。

$\overline{PSEN}$——外部程序存储器选通信号输出引脚。

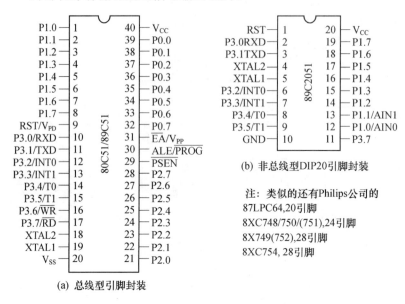

图1.2.2　80C51单片机引脚封装

（3）并行I/O引脚（32个，分成4个8位置口）。

P0.0～P0.7—— 一般I/O口引脚或数据/低位地址总线复用引脚。

P1.0～P1.7—— 一般I/O口引脚。

P2.0～P2.7—— 一般I/O口引脚或高位地址总线引脚。

P3.0～P3.7—— 一般I/O口引脚或第二功能引脚。

2）非总线型DIP20封装的引脚（以89C2051为例）

（1）电源及时钟引脚（4个）。

V$_{CC}$——芯片电源接入引脚。

GND——接地引脚。

XTAL1——晶体振荡器接入的一个引脚（采用外部振荡器时,此引脚需接地）。

XTAL2——晶体振荡器接入的另一个引脚（采用外部振荡器时,此引脚作为振荡器的输入端）。

（2）控制线引脚（1个）。

RST——复位信号输入引脚。

（3）并行I/O引脚（15个）。

P1.0～P1.7——一般I/O口引脚（P1.0和P1.1兼作模拟信号输入引脚AIN0和AIN1）。

20

P3.0 ~ P3.5、P3.7——一般 I/O 口引脚或第二功能引脚。

注意:控制信号线写法上的差别。有"—"表示低电平起作用,反之表示高电平起作用。

1.2.2　80C51 单片机的存储器结构

MCS –51 单片机的组织结构可以分为三个不同的存储空间分别是:

(1)64KB 的程序存储器(ROM),包括片内和片外;

(2)64KB 的外部数据存储器(外 RAM);

(3)内部数据存储器(内 RAM)。

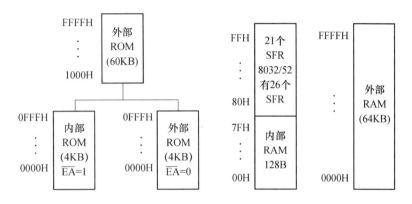

三种不同的存储器在物理结构上是相互独立的,它们有各自的寻址系统、控制信号,CPU 通过不同的指令来访问或操作这些存储器。

三种存储空间的编址有重叠,CPU 分别通过不同的指令来实现对它们的操作,用 MOVC 指令访问 ROM 空间,用 MOV 指令访问内部 RAM,用 MOVX 指令访问外部 RAM。

1. 程序存储器

程序存储器用于存放程序及表格常数。80C51/8751 片内驻留有 4KB 的 ROM/EPROM(8052 片内有 4KB 的 ROM) ,外部可用 16 位地址线扩展到最大 64KB 的 ROM 空间。片内 ROM 和外部扩展 ROM 是统一编址的。当芯片引脚$\overline{EA}$为高电平时,80C51 的程序计数器 PC 在 0000H ~ 0FFFH 范围内(即前 4KB 地址),CPU 执行片内 ROM 中的程序。当 PC 内容在 1000H ~ FFFFH 范围内(超过 4KB 地址)时,CPU 自动转向外部 ROM 执行程序。如果$\overline{EA}$为低电平时(接地),则所有取指令操作均在外部程序存储器中进行,这时外部扩展的 ROM 可从 0000H 开始编址。对 8031 单片机,因片内无 ROM,只能在外部扩展程序存储器,并且从 0000H 开始编址,$\overline{EA}$必须为为低电平。读取程序存储器中的常数表格用"MOVC"指令。

在程序存储器中,某些特定的单元是给系统使用的。0000H 单元是复位入口,单片机复位后,CPU 总是从 0000H 单元开始执行程序。通常在 0000H ~ 0002H 单元安排一条无条件转移指令,使之转向主程序的入口地址。0003H ~ 002AH 是专用单元,被保留用于 5 个中断服务程序或中断入口,一般情况下用户不能用来存放其他程序。

80C51 单片机的数据存储器,分为片外 RAM 和片内 RAM 两大部分。

2. 外部数据存储器

在应用系统中,如果需要较大的数据存储器,而片内 RAM 又不能满足要求,则需要外接 RAM 芯片来扩展数据存储器。外部数据存储器地址空间为 64KB,编址为 0000H ~ FFFFH。如果应用系统需要超过 64KB 的大容量数据存储器,可将外部 RAM 分组,每组地址空间重叠而且都为 64KB,由部分 I/O 线来选择当前外部 RAM 工作组。

当系统需要扩展 I/O 口时,I/O 地址空间就要占用一部分外部数据存储器地址空间。

片内 RAM 及特殊功能寄存器各存储单元之间的数据传送用 MOV 指令,访问外部 RAM 或扩展 I/O 口用 MOVX 指令。

3. 内部数据存储器

80C51 单片机内部有 128B RAM 空间,分成工作寄存器区、位寻址区、通用 RAM 区三部分。

基本型单片机片内 RAM 地址范围是 00H ~ 7FH。

增强型单片机(如 80C52)片内除地址范围在 00H ~ 7FH 的 128B RAM 外,又增加了 80H ~ FFH 的高 128B 的 RAM。增加的这一部分 RAM 仅能采用间接寻址方式访问(以与特殊功能寄存器 SFR 的访问相区别)。

1)工作寄存器区

80C51 单片机片内 RAM 低端的 00H ~ 1FH 共 32B 分成 4 个工作寄存器组,每组占 8 个单元。

- 寄存器 0 组:地址 00H ~ 07H;
- 寄存器 1 组:地址 08H ~ 0FH;
- 寄存器 2 组:地址 10H ~ 17H;
- 寄存器 3 组:地址 18H ~ 1FH。

每个工作寄存器组都有 8 个寄存器,分别称为 R0,R1,…,R7。程序运行时,只能有一个工作寄存器组作为当前工作寄存器组。

当前工作寄存器组的选择由特殊功能寄存器中的程序状态字寄存器 PSW 的 RS1、RS0 位来决定。可以对这两位进行编程,以选择不同的工作寄存器组。工作寄存器组与 RS1、RS0 的关系及地址见表 1.2.1。

表 1.2.1 80C51 单片机工作寄存器地址表

组号	RS1	RS0	R7	R6	R5	R4	R3	R2	R1	R0
0	0	0	07H	06H	05H	04H	03H	02H	01H	00H
1	0	1	0FH	0EH	0DH	0CH	0BH	0AH	09H	08H
2	1	0	17H	16H	15H	14H	13H	12H	11H	10H
3	1	1	1FH	1EH	1DH	1CH	1BH	1AH	19H	18H

当前工作寄存器组从某一工作寄存器组换至另一工作寄存器组时,原来工作寄存器组的各寄存器的内容将被屏蔽保护起来。利用这一特性可以方便地完成快速现场保护任务。

2)位寻址区

内部 RAM 的 20H ~ 2FH 共 16B 是位寻址区,其 128 位的地址范围是 00H ~ 7FH。对被寻址的位可进行位操作。人们常将程序状态标志和位控制变量设在位寻址区内。对于该区未用到的单元也可以作为通用 RAM 使用。位地址与字节地址的关系见表 1.2.2。

22

表 1.2.2　80C51 单片机位地址表

字节地址	位　地　址							
	D7	D6	D5	D4	D3	D2	D1	D0
20H	07H	06H	05H	04H	03H	02H	01H	00H
21H	0FH	0EH	0DH	0CH	0BH	0AH	09H	08H
22H	17H	16H	15H	14H	13H	12H	11H	10H
23H	1FH	1EH	1DH	1CH	1BH	1AH	19H	18H
24H	27H	26H	25H	24H	23H	22H	21H	20H
25H	2FH	2EH	2DH	2CH	2BH	2AH	29H	28H
26H	37H	36H	35H	34H	33H	32H	31H	30H
27H	3FH	3EH	3DH	3CH	3BH	3AH	39H	38H
28H	47H	46H	45H	44H	43H	42H	41H	40H
29H	4FH	4EH	4DH	4CH	4BH	4AH	49H	48H
2AH	57H	56H	55H	54H	53H	52H	51H	50H
2BH	5FH	5EH	5DH	5CH	5BH	5AH	59H	58H
2CH	67H	66H	65H	64H	63H	62H	61H	60H
2DH	6FH	6EH	6DH	6CH	6BH	6AH	69H	68H
2EH	77H	76H	75H	74H	73H	72H	71H	70H
2FH	7FH	7EH	7DH	7CH	7BH	7AH	79H	78H

3）通用 RAM(数据缓冲)区

位寻址区之后的 30H~7FH 共 80B 为通用 RAM 区。这些单元可以作为数据缓冲器使用。这一区域的操作指令非常丰富,数据处理方便灵活。

在实际应用中,常需在 RAM 区设置堆栈。80C51 的堆栈一般设在 30H~7FH 的范围内。栈顶的位置由堆栈指针 SP 指示。复位时 SP 的初值为 07H,在系统初始化时可以重新设置。

4. 80C51 特殊功能寄存器 SFR

在 80C51 中设置了与片内 RAM 统一编址的 21 个特殊功能寄存器(SFR),它们离散地分布在 80H~FFH 的地址空间中。字节地址能被 8 整除的(即十六进制的地址码尾数为 0 或 8 的)单元是具有位地址的寄存器。在 SFR 地址空间中,有效的位地址共有 83 个,如表 1.2.3 所示。

访问 SFR 只允许使用直接寻址方式。

表 1.2.3　80C51 特殊功能寄存器位地址及字节地址表

SFR	位地址/位符号(有效位83个)								字节地址
P0	87H	86H	85H	84H	83H	82H	81H	80H	80H
	P0.7	P0.6	P0.5	P0.4	P0.3	P0.2	P0.1	P0.0	
SP									81H
DPL									82H
DPH									83H
PCON	按字节访问,但相应位有特定含义(见后面串行口的内容)								87H
TCON	8FH	8EH	8DH	8CH	8BH	8AH	89H	88H	88H
	TF1	TR1	TF0	TR0	IE1	IT1	IE0	IT0	
TMOD	按字节访问,但相应位有特定含义(见后面中断系统和定时/计数器的内容)								89H
TL0									8AH
TL1									8BH
TH0									8CH
TH1									8DH
P1	97H	96H	95H	94H	93H	92H	91H	90H	90H
	P1.7	P1.6	P1.5	P1.4	P1.3	P1.2	P1.1	P1.0	
SCON	9FH	9EH	9DH	9CH	9BH	9AH	99H	98H	98H
	SM0	SM1	SM2	REN	TB8	RB8	TI	RI	
SBUF									99H
P2	A7H	A6H	A5H	A4H	A3H	A2H	A1H	A0H	A0H
	P2.7	P2.6	P2.5	P2.4	P2.3	P2.2	P2.1	P2.0	
IE	AFH	—	—	ACH	ABH	AAH	A9H	A8H	A8H
	EA	—	—	ES	ET1	EX1	ET0	EX0	
P3	B7H	B6H	B5H	B4H	B3H	B2H	B1H	B0H	B0H
	P3.7	P3.6	P3.5	P3.4	P3.3	P3.2	P3.1	P3.0	
IP	—	—	—	BCH	BBH	BAH	B9H	B8H	B8H
	—	—	—	PS	PT1	PX1	PT0	PX0	
PSW	D7H	D6H	D5H	D4H	D3H	D2H	D1H	D0H	D0H
	CY	AC	F0	RS1	RS0	OV	—	P	
ACC	E7H	E6H	E5H	E4H	E3H	E2H	E1H	E0H	E0H
	ACC.7	ACC.6	ACC.5	ACC.4	ACC.3	ACC.2	ACC.1	ACC.0	
B	F7H	F6H	F5H	F4H	F3H	F2H	F1H	F0H	F0H
	B.7	B.6	B.5	B.4	B.3	B.2	B.1	B.0	

　　特殊功能寄存器(SFR)的每一位的定义和作用与单片机各部件直接相关。这里先概要说明一下,详细用法在相应的项目进行说明。

　　1)与运算器相关的寄存器(3个)

　　(1)累加器ACC,8位。它是80C51单片机中最繁忙的寄存器,用于向ALU提供操作

24

数,许多运算的结果也存放在累加器中。

（2）寄存器 B,8 位。主要用于乘、除法运算。也可以作为 RAM 的一个单元使用。

（3）程序状态字寄存器 PSW,8 位。其各位含义如下：

CY:进位、借位标志。有进位、借位时 CY = 1,否则 CY = 0。

AC:辅助进位、借位标志(高半字节与低半字节间的进位或借位)。

FO:用户标志位,由用户自己定义。

RS1、RS0:当前工作寄存器组选择位。

OV:溢出标志位。有溢出时 OV = 1,否则 OV = 0。

P:奇偶标志位。存于 ACC 中的运算结果有奇数个 1 时 P = 1,否则 P = 0。

2）指针类寄存器(3 个)

（1）堆栈指针 SP,8 位。它总是指向栈顶。80C51 单片机的堆栈常设在 30H ~ 7FH 这一段 RAM 中。堆栈操作遵循“后进先出”的原则,入栈操作时,SP 先加 1,数据再压入 SP 指向的单元。出栈操作时,先将 SP 指向的单元的数据弹出,然后 SP 再减 1,这时 SP 指向的单元是新的栈顶。由此可见,80C51 单片机的堆栈区是向地址增大的方向生成的(这与常用的 80X86 微机不同)。

（2）数据指针 DPTIR,16 位。用来存放 16 位的地址。它由两个 8 位的寄存器 DPH 和 DPL 组成。间接寻址或变址寻址可对片外的 64 KB 范围的 RAM 或 ROM 数据进行操作。

（3）程序计数器 PC,16 位。用于指出程序的地址,因此又称为地址指针。CPU 每从 ROM 中读出 1 字节,PC 自动加 1。当执行转移指令时,PC 会根据指令修改下一次读 ROM 的新地址。

3）与并行口相关的寄存器(7 个)

（1）并行 I/O 接口 P0、P1、P2、P3,均为 8 位。通过对这 4 个寄存器的读/写,可以实现数据从相应接口的输入/输出。

（2）串行接口数据缓冲器 SBUF。

（3）串行接口控制寄存器 SCON。

（4）串行通信波特率倍增寄存器 PCON(一些位还与电源控制相关,所以又称为电源控制寄存器)。

4）与中断相关的寄存器(2 个)

（1）中断允许控制寄存器 IE。

（2）中断优先级控制寄存器 IP。

5）与定时/计数器相关的寄存器(6 个)

（1）定时/计数器 TO 的两个 8 位计数初值寄存器 TH0、TL0,它们可以构成 16 位的计数器,TH0 存放高 8 位,TL0 存放低 8 位。

（2）定时/计数器 T1 的两个 8 位计数初值寄存器 TH1、TL1,它们可以构成 16 位的计数器,TH1 存放高 8 位,TL1 存放低 8 位。

（3）定时/计数器的工作方式寄存器 TMOD。

（4）定时/计数器的控制寄存器 TCON。

1.2.3 80C51 的并行接口结构与操作

80C51 单片机有 4 个 8 位的并行 I/O 接口 P0、P1、P2 和 P3。各接口均由接口锁存器、输出驱动器和输入缓冲器组成。各接口除可以作为字节 I/O 外,它们的每一条接口线也可以单独地用作 I/O 线。各接口编址于特殊功能寄存器中,既有字节地址又有位地址。通过对接口锁存器的读写,就可以实现接口的输入/输出操作。

虽然各接口的功能不同,且结构也存在一些差异,但每个接口的位结构是相同的。所以,接口结构的介绍均以其位结构进行说明。

当不需要外部程序存储器和数据存储器扩展时(如 80C51/87C51 的单片应用),P0口、P2 口可用作通用的 I/O 接口。

当需要外部程序存储器和数据存储器扩展时(如 80C31 的应用),P0 口作为分时复用的低 8 位地址/数据总线,P2 口作为高 8 位地址总线。

1. P0 口的结构

P0 口由 1 个输出锁存器、1 个转换开关 MUX、2 个三态输入缓冲器、输出驱动电路和1 个与门及 1 个反相器组成,如图 1.2.3 所示。

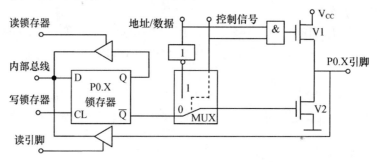

图 1.2.3　P0 口的一位结构图

图中的控制信号 C 的状态决定转换开关的位置。当 C = 0 时,开关处于图中所示位置;当 C = 1 时,开关拨向反相器输出端位置。

1) P0 口用作通用 I/O 接口

当系统不进行片外的 ROM 扩展(此时 EA = 1),也不进行片外 RAM 扩展(内部 RAM 传送使用 MOV 类指令)时,P0 用作通用 I/O 接口。在这种情况下,单片机硬件自动使控制 C = 0,MUX 开关接向锁存器的反相输出端。另外,与门输出的"0"使输出驱动器的上拉场效应管 V1 处于截止状态。因此,输出驱动级工作在需外接上拉电阻的漏极开路方式。

作输出接口时,CPU 执行接口的输出指令,内部数据总线上的数据在"写锁存器"信号的作用下由 D 端进入锁存器,经锁存器的反相端送至场效应管 V2,再经 V2 反相,在P0.X 引脚出现的数据正好是内部总线的数据。

作输入接口时,数据可以读自接口的锁存器,也可以读自接口的引脚。这要根据输入操作采用的是"读锁存器"指令还是"读引脚"指令来决定。

CPU 在执行"读—修改—写"类输入指令时(如 ANL P0,A),内部产生的"读锁存器"操作信号使锁存器 Q 端数据进入内部数据总线,在与累加器 A 进行逻辑运算之后,结果又送 P0 的接口锁存器并出现在引脚上。读接口锁存器可以避免因外部电路原因使原接口引脚的状态发生变化造成的误读(例如,用一根接口线驱动一个晶体管的基极,在晶体管的射极接地的情况下,当向接口线写 1 时,晶体管导通,并把引脚的电平拉低到 0.7V。这时若从引脚读数据,会把状态为 1 的数据误读为 0。若从锁存器读,则不会读错)。

CPU 在执行 MOV 类输入指令时(如 MOV A,P0),内部产生的操作信号是"读引脚"。这时必须注意,在执行该类输入指令前要先把锁存器写入 1,目的是使场效应管 V2 截止,从而使引脚处于悬浮状态,可以作为高阻抗输入。否则,在作为输入方式之前曾向锁存器输出过 0,则 T2 导通会使引脚箝位在 0 电平,使输入高电平 1 无法读入。所以,P0 接口在作为通用 I/O 接口时,属于准双向接口。

2) P0 口用作地址/数据总线

当系统进行片外的 ROM 扩展(此时 $\overline{EA}$ = 0)或进行片外 RAM 扩展(外部 RAM 传送使用 MOVX@ DPTR 或 MOVX@ Ri 类指令)时,P0 用作地址/数据总线。在这种情况下,单片机内硬件自动使 C = 1,MUX 开关接向反相器的输出端,这时与门的输出由地址/数据线的状态决定。

CPU 在执行输出指令时,低 8 位地址信息和数据信息分时出现在地址/数据总线上。若地址/数据总线的状态为 1,则场效应管 T1 导通、T2 截止,引脚状态为 1;若地址/数据总线的状态为 0,则场效应管 V1 截止、V2 导通,引脚状态为 0。可见 P0.X 引脚的状态正好与地址/数据线的信息相同。

CPU 在执行输入指令时,首先低 8 位地址信息出现在地址/数据总线上,P0.X 引脚的状态与地址/数据总线的地址信息相同。然后,CPU 自动地使转换开关 MUX 拨向锁存器,并向 P0 写入 FFH,同时"读引脚"信号有效,数据经缓冲器进入内部数据总线。

由此可见,P0 口作为地址/数据总线使用时是一个真正的双向接口。

2. P2 口的结构

P2 口由 1 个输出锁存器、1 个转换开关 MUX、2 个三态输入缓冲器、输出驱动电路和 1 个反相器组成。P2 口的位结构如图 1.2.4 所示。

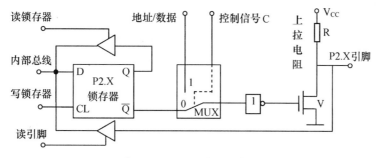

图 1.2.4　P2 口的位结构图

图中的控制信号 C 的状态决定转换开关的位置。当 C = 0 时,开关处于图中所示位置;当 C = 1 时,开关拨向地址线位置。由图可见,输出驱动电路与 P0 口不同,内部设有上拉电阻(由两个场效应管并联构成,图中用等效电阻 R 表示)。

1) P2 口用作通用 I/O 接口

当不需要在单片机芯片外部扩展程序存储器(对于 80C51/87C51,$\overline{EA}$ = 1),仅可能扩展 256B 的片外 RAM 时(此时访问片外 RAM 不用 MOVX @ DPTR 类指令,而是利用

MOVX @Ri 类指令来实现),只用到了地址线的低 8 位,P2 口仍可以作为通用 I/O 接口使用。

CPU 在执行输出指令时,内部数据总线的数据在"写锁存器"信号的作用下由 D 端进入锁存器,经反相器反相后送至场效应管 T,再经 T 反相,在 P2.X 引脚出现的数据正好是内部数据总线的数据。

P2 口用作输入时,数据可以读自接口的锁存器,也可以读自接口的引脚。这要根据输入操作采用的是"读锁存器"指令还是"读引脚"指令来决定。

CPU 在执行"读—修改—写"类输入指令时(如 ANL P2,A),内部产生的"读锁存器"操作信号使锁存器 Q 端数据进入内部数据总线,在与累加器 A 进行逻辑运算之后,结果又送回 P2 的接口锁存器并出现在引脚上。

CPU 在执行 MOV 类输入指令时(如 MOV A,P2),内部产生的操作信号是"读引脚"。应在执行输入指令前把锁存器写入 1,目的是使场效应管 T 截止,从而使引脚处于高阻抗输入状态。

所以,P2 口在作为通用 I/O 接口时,属于准双向接口。

2)P2 口用作地址总线

当需要在单片机芯片外部扩展程序存储器($\overline{EA}=0$)或扩展的 RAM 容量超过 256B 时(读/写片外 RAM 或 I/O 接口要采用 MOVX @DPTR 类指令),单片机内硬件自动使控制 C=1,MUX 开关接向地址线,这时 P2.X 引脚的状态正好与地址线的信息相同。

3. P1 口的结构

P1 口是 80C51 唯一的单功能接口,仅能用作通用的数据输入/输出接口。P1 口的位结构如图 1.2.5 所示。

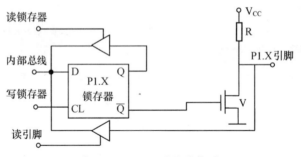

图 1.2.5 P1 口的位结构图

由图 1.2.5 可见,P1 口由 1 个输出锁存器、2 个三态输入缓冲器和输出驱动电路组成。输出驱动电路与 P2 接口相同,内部设有上拉电阻。

P1 口是通用的准双向 I/O 接口。输出高电平时,能向外提供上拉电流负载,不必再接上拉电阻。当接口用作输入时,需向口锁存器写入"1"。

4. P3 口的结构

P3 口是双功能接口,除具有数据 I/O 功能外,每一接口线还具有特殊的第二功能。

P3 口的位结构如图 1.2.6 所示。P3 由 1 个输出锁存器、3 个输入缓冲器(其中 2 个为三态)、输出驱动电路和 1 个与非门组成。输出驱动电路与 P2 口和 P1 口相同,内部设有上拉电阻。

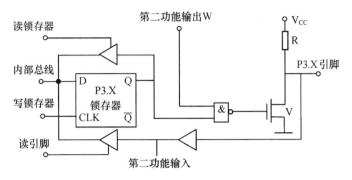

图 1.2.6　P3 口的位结构图

1）P3 用作第一功能的通用 I/O 接口

当 CPU 对 P3 口进行字节或位寻址时（多数应用场合是把几条接口线设为第二功能，另外几条接口线设为第一功能，这时宜采用位寻址方式），单片机内部的硬件自动将第二功能输出线的 W 置 1。这时，对应的接口线为通用 I/O 接口方式。

作为输出时，锁存器的状态（Q 端）与输出引脚的状态相同；作为输入时，也要先向口锁存器写入 1，使引脚处于高阻输入状态。输入的数据在"读引脚"信号的作用下，进入内部数据总线。所以，P3 口在作为通用 I/O 接口时，也属于准双向接口。

2）P3 口用作第二功能使用

当 CPU 不对 P3 口进行字节或位寻址时，单片机内部硬件自动将接口锁存器的 Q 端置 1。这时，P3 口可以作为第二功能使用。各引脚的定义如下：

- P3.0:RXD（串行接口输入）；
- P3.1:TXD（串行接口输出）；
- P3.2:$\overline{\text{INT0}}$（外部中断 0 输入）；
- P3.3:$\overline{\text{INT1}}$（外部中断 1 输入）；
- P3.4:T0（定时/计数器 0 的外部输入）；
- P3.5:T1（定时/计数器 1 的外部输入）；
- P3.6:WR（片外数据存储器"写"选通控制输出）；
- P3.7:RD（片外数据存储器"读"选通控制输出）。

P3 口相应的接口线处于第二功能，应满足的条件是：

（1）串行 I/O 接口处于运行状态（RXD、TXD）；

（2）外部中断已经打开（$\overline{\text{INT0}}$、$\overline{\text{INT1}}$）；

（3）定时器/计数器处于外部计数状态（T0、T1）；

（4）执行读/写外部 RAM 的指令（$\overline{\text{RD}}$、$\overline{\text{WR}}$）。

作为输出功能的接口线（如 TXD），由于该位的锁存器已自动置 1，与非门对第二功能输出是畅通的，即引脚的状态与第二功能输出是相同的。

作为输入功能的接口线（如 RXD），由于此时该位的锁存器和第二功能输出线均为 1，场效应晶体管 V 截止，该接口引脚处于高阻输入状态。引脚信号经输入缓冲器（非三态门）进入单片机内部的第二功能输入线。

29

5. 并行 I/O 接口的负载能力

P0、P1、P2、P3 口的输入和输出电平与 CMOS 电平和 TTL 电平均兼容。

P0 口的每一位接口线可以驱动 8 个 LSTTL 负载。在作为通用 I/O 接口时，由于输出驱动电路是开漏方式，由集电极开路（OC 门）电路或漏极开路电路驱动时需外接上拉电阻；当作为地址/数据总线使用时，接口线输出不是开漏的，无需外接上拉电阻。

P1、P2、P3 口的每一位能驱动 4 个 LSTTL 负载。它们的输出驱动电路设有内部上拉电阻，所以可以方便地由集电极开路（OC 门）电路或漏极开路电路所驱动，而无需外接上拉电阻。

由于单片机接口线仅能提供几毫安的电流，当作为输出驱动一般的晶体管的基极时，应在接口与晶体管的基极之间串接限流电阻。

6. 汇编语言程序的一般结构

单片机的应用需要硬件电路和软件程序的相互配合才能实现。硬件要满足最小硬件系统要求，而软件则要满足最小软件系统要求，称为程序的一般结构。

下面是满足最小软件系统要求的一个典型例子：

```
ORG 0000H          ;汇编程序的开头
LJMP SETUP         ;跳过中断入口地址区
…                  ;
ORG 0030H
SETUP:
…                  ;初始化区
MAIN:
…                  ;主程序区
LJMP MAIN          ;主程序一般是反复循环执行程序
…                  ;子程序和中断服务程序区
END                ;汇编程序结束
```

上述程序中的 SETUP、MAIN 将在项目 3 汇编语言指令格式中学习，可以是满足标号规范要求的任意字符串。

汇编语言程序从结构上可以分成 6 个部分：程序开头、中断入口地址区、初始化区、主程序区、子程序和中断服务程序以及结束伪指令。

1）程序的开头

```
ORG     0000H
LJMP    SETUP
```

程序的开头一般都是在 ORG 0000H 伪指令后跟一条跳转指令。由于 MCS-51 系列单片机程序存储器的开始部分中的 0003H~002BH 单元是作为中断源的入口地址用的，而单片机开始运行都是由复位状态进入，单片机复位时 PC 为 0000H，也就是单片机的运行都是从 0000H 单元开始执行，因此必须在存储器开始存放跳转指令，以跨过中断的入口地址区。除非系统中不需要使用中断源，才可以程序开头直接编写应用程序，这种情况是非常少见的。

程序开头的跳转指令一般只要跳过中断入口地址区即可。

2）中断入口地址区

0003H～002BH 这段存储空间是作为中断入口地址的，一般不放其他程序，有关中断源入口地址的提供将在中断系统内容中介绍。

3）初始化区

程序开头的跳转指令一般就是跳转到初始化区，初始化区的程序内容包括系统开始运行的初始参数设置。如果系统中用到中断资源，也需对有关的中断源的控制寄存器进行设置。

4）主程序区

主程序是应用程序的核心之一，主程序的内容往往是 CPU 需要不断反复处理的任务，最常用的就是显示程序和键盘程序。

5）子程序和中断服务程序区

主程序需要调用的子程序、中断源的服务程序以及在存储空间定义的表格常数等，都放在主程序和 END 指令之间。这段区间常被称为子程序区和中断服务程序区。

编写程序时要按照程序的一般结构编写，将有关内容嵌入到相应部分。

如果将示例程序结构中的省略号都去掉，显然 SETUP、MAIN 两个标号指示的是同一个地址：0030H，这时候的两条跳转指令 LJMP SETUP 和 LJMP MAIN 等价于指令 LJMP 0030H。

7. I/O 口的简单输出应用

用 P1 口的 8 位分别驱动一只 LED（发光二极管），使小灯依次亮灭，反复循环。

1）硬件电路设计

LED 的工作条件是 1.8V 的正向电压，流过的电流为 4mA～10mA，显然不能直接用单片机的口驱动，需在电路中串联限流电阻。由于单片机 I/O 口的低电平驱动能力较强，用低电平使发光管点亮，高电平熄灭。在最小硬件系统基础上设计硬件电路如图 1.2.7 所示。

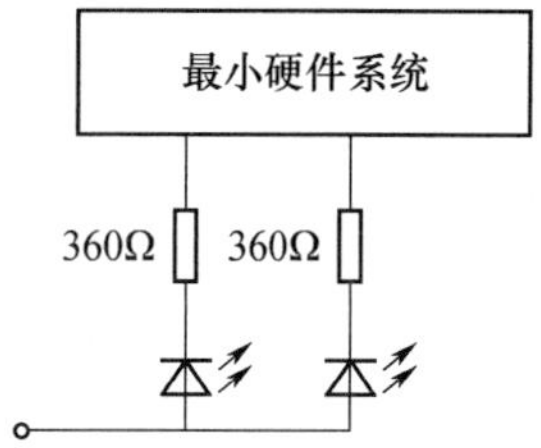

2）程序设计

依照前面学习的 I/O 口的操作指令，以 P1 口为例，显然：

```
CLR P1.0     ;P1 口输出低电平,灯亮
SETB P1.0    ;P1 口输出高电平,灯灭
```

要实现依次亮灭、反复循环的控制目的，只要按照逻辑的顺序分别控制 8 位口输出低电平和高电平即可。程序如下：

```
ORG 0000H
LJMP SETUP
ORG 0030H
SETUP CLR P1.0         ;第一个灯亮
SETB P1.0              ;第一个灯灭
CLR P1.1              ;第二个灯亮
SETB P1.1             ;第二个灯灭
...
```

图 1.2.7　循环流水灯电路

```
        SETB P1 .7              ;第八个灯灭
        LJMP SETUP              ;转移到第一个灯
        END
```

【项目实施】

1．程序编制要点及参考程序

实训电路如图 1.2.8 所示。图中采用 AT89C51 单片机芯片作为训练元件。

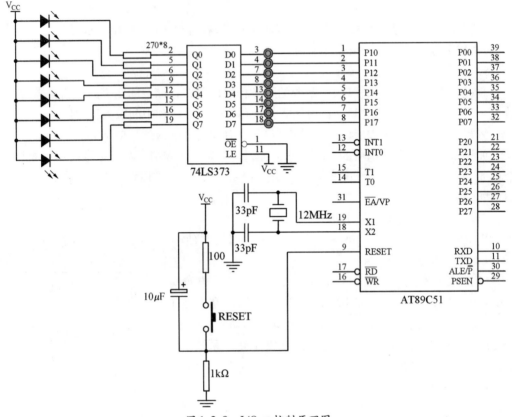

图 1.2.8　I/O 口控制原理图

1）程序编制要点

程序流程图如图 1.2.9 所示。

2）参考程序

实训 1　参考程序：

```
        ORG     0
LOOP:   MOV     A, #0FEH
        MOV     R2,#8
OUTPUT: MOV     P1,A
        RL      A
        ACALL   DELAY
        DJNZ    R2,OUTPUT
        LJMP    LOOP
```

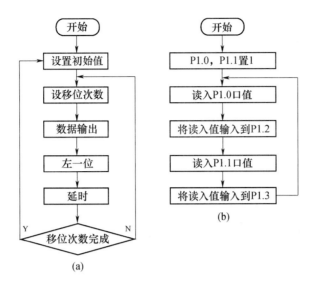

图 1.2.9 I/O 口控制流程图

```
DELAY:      MOV         R6,#0
            MOV         R7,#0
DELAYLOOP:                          ;延时程序
            DJNZ        R6,DELAYLOOP
            DJNZ        R7,DELAYLOOP
            RET
            END
```

实训 2　参考程序:

```
KEYLEFT     BIT         P1.0                    ;定义
KEYRIGHT    BIT         P1.1
LEDLEFT     BIT         P1.2
LEDRIGHT    BIT         P1.3
            ORG         0
            SETB        KEYLEFT                 ;欲读先置 1
            SETB        KEYRIGHT
LOOP:       MOV         C,KEYLEFT
            MOV         LEDLEFT,C
            MOV         C,KEYRIGHT
            MOV         LEDRIGHT,C
            LJMP        LOOP
            END
```

2. 实训的任务和步骤

实训 1:

用 P1 口作输出口,接 8 位逻辑电平显示,程序功能使发光二极管从右到左轮流循环点亮。

(1) 使用单片机最小应用系统。关闭该模块电源,用扁平数据线连接单片机 P1 口与

8 位逻辑电平显示模块 JD10。

（2）用串行数据通信线连接计算机与仿真器，把仿真器插到模块的锁紧插座中，请注意仿真器的方向：缺口朝上。

（3）打开 Keil uVision2 仿真软件，首先建立本实验的项目文件，接着添加"P1 口输出.ASM"源程序，进行编译，直到编译无误。

（4）进行软件设置，选择硬件仿真，选择串行口，设置波特率为 38400。

（5）打开模块电源和总电源，点击开始调试按钮，点击 RUN 按钮运行程序，观察发光二极管显示情况。LED 单只从右到左轮流循环点亮。

实训 2：

用 P1.0、P1.1 作输入接两个拨断开关，P1.2、P1.3 作输出接两个发光二极管。程序读取开关状态，并在发光二极管上显示出来。

（1）用导线分别连接单片机最小应用系统的 P1.0、P1.1 到两个拨断开关，P1.2、P1.3 到两个发光二极管。

（2）打开"P1_B.ASM"源程序，编译无误后，全速运行程序，拨动拨断开关，观察发光二极管的亮灭情况。向上拨为点亮，向下拨为熄灭。

（3）也可以把源程序编译成可执行文件，把可执行文件用 ISP 烧录器烧录到 89S52/89S51 芯片中运行。

注意：在做完实验实训时记得养成一个好习惯，把相应单元的短路帽和电源开关还原到原来的位置！以下将不再重复。

【项目评价】

序号	评价指标	评价内容	分值	学生自评	小组评价	教师评价
1	硬件设计	图 1.2.8 连接是否正确	10			
		发光二极管、P1 口连接正确	20			
2	调试	调通实训程序 1、2	10			
		调通仿真实训程序	20			
		通电后正确、实验成功	20			
3	安全规范与提问	是否符合安全操作规范	10			
		回答问题是否准确	10			
	总分		100			
	问题记录和解决方法		记录任务实施中出现的问题和采取的解决方法（可附页）			

【项目拓展】

1. 80C51 单片机片内 RAM 容量有多少？可以分为哪几个区？地址范围各是多少？

2. DPTR 是什么寄存器，它是如何组成的？主要功能是什么？PC 是否属于特殊功能寄存器？它有什么作用？

3. 对扩展片外存储器的 80C51 单片机系统，P0～P3 口各有什么功能？

项目单元3　循环流水灯实训

【项目描述】

本项目研究的是80C51单片机的基本格式和标号、操作码助记符、操作数、注释组成,其中标号和注释为选择项,可有可无;操作数可以为0~3个;操作码助记符为必需项,代表了指令的操作功能。

本项目同时研究了单片机指令系统的7种寻址方式(即寻找操作数的地址),以及汇编语言程序设计的步骤、格式、技巧,顺序程序设计、分支程序设计、循环程序设计等内容。

【项目分析】

本项目研究用P1口作输出口,接8位逻辑电平显示,程序功能使发光二极管从右到左轮流循环点亮。在最小硬件系统基础上,用P1口作输出,用低电平驱动LED,LED发光条件是:电压约1.8V,电流8~10mA。为满足要求,电路中串接限流电阻,经计算取360Ω。用串行数据通信线连接计算机与仿真器,把仿真器插到模块的锁紧插座中,注意仿真器的方向:缺口朝上。会使用Keil uVision2仿真软件,首先建立本实验的项目文件,接着添加"P1口输出. ASM"源程序,进行编译,直到编译无误。

【知识链接】

1.3.1　汇编语言指令格式和寻址方式

1. 程序设计语言和伪指令

计算机程序设计语言有机器语言、汇编语言、高级语言之分。由于处理的对象不同,所以合理选用计算机的编程语言以适应不同的控制对象是很有必要的。

(1)机器语言。机器语言是直接面向硬件的二进制代码指令。对编程人员来说,可以直接面向硬件,但不易记忆,不易交流,而且不可以跨平台工作。

例如:11100101　00110000　00100101　01000000　11110101　01010000

(2)汇编语言。汇编语言是机器语言的符号表示,与机器语言一一对应,编程效率高,实时性好,但也不可以跨平台工作。

例如:MOV A,30H;ADD　A,40H;MOV　50H,A

(3)高级语言。高级语言是一种面向算法和过程的语言,如FORTRAN、BASIC、C语言。高级语言编写程序方便简单,而且可跨平台移植,是初学者训练编程思路的绝好工具。但高级语言不能直接控制硬件,硬件的利用率不高,实时性不如汇编语言,所以在底层的软件设计中一般采用汇编语言。

2.伪指令

1)汇编起始地址命令

格式:ORG nn

功能:规定此命令之后的程序或数据的存放起始地址。

其中,nn 可用绝对地址或标号表示,在汇编时由 nn 确定此命令下面第一条指令(或第一个数据)的地址。ORG 伪指令总是出现在每段源程序或数据块的开始,可以将程序、子程序或数据块存放在存储器的任何位置。在一个汇编语言程序中允许使用多条定位伪指令,但其值应从小到大,并且前面生成的机器指令存放地址不重叠。如果程序开始不放 ORG 指令,则汇编将从 0000H 单元开始放目标程序代码。例如:

```
ORG 0000H        ;从 0000H 单元开始存放下面的指令
LJMP 0030H       ;跳到内存地址为 0030H 的单元执行
ORG   0030H      ;从 0030H 的单元开始存放下面的指令
MOV   SP,#50H    ;将堆栈指针设为 50H
ORG   0040H      ;从 0040H 单元开始存放下面的数据
DB    23,45,89
```

2)定义字节伪指令

格式:【标号:】DB X1,X2,…,X_i

功能:从指定地址开始,存放若干字节数据。

在程序存储器空间定义 8 位单字节数据,通常用于定义一个常数表。X_i 为单字节数据,它为二进制、八进制、十进制或十六进制数,也可以为一个表达式,还可以是由两个单引号所括起来的一个字符串,或单引号所括起来的字符,这时 X_i 定义的字节长度等于字符串的长度,每个字符为一个 ASCII 码。例如:

```
    ORG        1000H
A1:DB          0100 1010B,23,78H
A2:DB          '5','12AB',12
```

此例是指 A1 的地址为 1000H,从此单元开始存放后面的数据:(1000H)= 0100 1010B =4AH,(1001H)= 23 =17H,(1002H)= 78H;A2 的地址为 1003H,(1003H)= 35H(5 的 ASCII 码),(1004H)= 31H(1 的 ASCII 码),(1005H)= 32H(2 的 ASCII 码),(1006H)= 41H(A 的的 ASCII 码),(1007H)= 42H(B 的 ASCII 码),(1008H)= 12 =0CH。

注意:若为数值,取值范围 00 ~ FFH;若为字符串,长度限制在 80 个字符以内。

3)字定义伪指令

格式:【标号:】DW Y1,Y2,…,Y_n

功能:从指定地址开始,存放若干字数据。

在程序存储器空间定义双字节数据,经常用于定义一个地址表。Y_n 为双字节数据,它可以为十进制或十六进制的数,也可以为一个表达式。高位数在前,低位数在后。例如:

```
    ORG 1000H
DATA: DW   3241H,1234H,78H
```

上述程序将对从 1000H 单元开始的 6 个单元赋值如下:(1000H)= 32H,(1001H)= 41H,(1002H)= 12H,(1003H)= 34H,(1004H)= 00H,(1005H)= 78H。

4)汇编结束伪指令

格式:END

该伪指令指出结束汇编,即使后面还有指令,汇编程序也不处理。

5）赋值伪指令

格式：标号 EQU 表达式

功能：将表达式的值（数据或地址）赋给标号。

例如：

```
ORG          3000H
STA   EQU    80H
TAB   EQU    10
MUL   EQU    4000H
MOV   A,STA
MOV   B,TAB
LCALL  MUL
```

上述程序中定义了三个标号：STA＝80H，TAB＝10，MUL＝4000H，在程序中直接引用这三个标号来代替80H、10、4000H。

注意：标号为字符名称，其后无冒号。在一个程序中对于某一个标号只能赋一次值，一旦赋值，在本程序的任意位置就可以引用该标号。

6）位单元伪指令

格式：标号 BIT 位地址

功能：将位地址赋给标号。

其中，标号为字符名称，其后无冒号。例如：

```
A1   BIT    P0.1
A2   BIT    PSW.3
```

将两个位地址P0.1和PSW.3分别赋给标号A1和A2，在汇编时A1和A2就可当作P0.1和PSW.3来用。

汇编语言指令是CPU按照人们的意图来完成某种操作的命令。一台计算机的CPU所能执行的全部指令的集合称为这个CPU的指令系统。指令系统功能的强弱决定了计算机性能的高低。

80C51单片机具有111条指令，其指令系统的特点：

（1）执行时间短。1个机器周期指令有64条，2个机器周期指令有45条，而4个机器周期指令仅有2条（即乘法和除法指令）。

（2）指令编码字节少。单字节的指令有49条，双字节的指令有45条，三字节的指令仅有17条。

（3）位操作指令丰富。这是80C51单片机面向控制特点的重要保证。

3．指令格式

1）汇编语言指令的格式

MCS－51系列单片机汇编语言指令的一般格式如下：

［标号：］操作码［第一操作数］［，第二操作数］［，第二操作数］［；注释］

其中每条指令必须有操作码助记符，带"［ ］"的为可选项，可有可无。

标号：表示该指令位置的符号地址，代表该指令第一个字节所存放的存储器单元的地址。它是以英文字母开始的由1～8个字母或者数字组成的字符串，并以"："结尾。通常在子程序入口或者转移指令的目标地址才赋标号。

操作码助记符：表示指令功能的英文缩写，它是指令的核心部分，不能缺省。例如ADD是加法的助记符，MOV是传送的助记符。

操作数：参与操作的数据或地址。对不同功能的指令，操作数的个数是不同的，在0～3之间。在书写时操作数和操作码之间要留有空格，当有多个操作数时，操作数之间要用"，"隔开。目的操作数写在前面，是操作后结果数据的存放单元地址；源操作数写在后面，是参加操作的原始数据地址。操作数是指令中常用的符号。

注释：是对该指令的说明，便于阅读和理解程序功能。注释必须以"；"开始。

2）机器语言指令的格式

机器语言指令是一种二进制代码，它包括两个基本部分：操作码和操作数。操作码规定了指令操作的性质，操作数则表示指令的操作对象。在80C51单片机的指令系统中，有单字节、双字节和三字节共三种指令，它们分别占有1～3个程序存储器的单元。机器语言指令格式如图1.3.1所示。

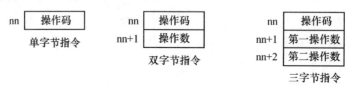

图1.3.1　机器语言指令格式

3）常用符号

在描述80C51单片机指令系统的功能时，规定了一些描述寄存器、地址及数据等的符号，其意义如下。

Rn：当前工作寄存器区的8个工作寄存器R0～R7，$n=0～7$。

Ri：当前工作寄存器区的R0或R1，$i=0,1$。

direct：8位的直接地址，代表内部RAM的00H～7FH单元，以及特殊功能寄存器的字节地址或名称。

@R$_i$：8位的间接地址，也代表内部RAM的00H～7FH的某一单元，此时工作寄存器R$_i$的内容是多少，就代表相应的单元（注意AT89S51单片机间接寻址的范围是00H～7FH，AT89S52间接寻址的范围是00H～FFH）。

#data：8位立即数。"#"是立即数的标记，立即数就是指令中直接参与操作的数据。

#data16：16位立即数。

addr11：11位目的地址。

addr16：16位目的地址。

bit：位地址代表内部RAM位寻址区（20H～2FH）中可寻址位以及SFR中的可寻址位。具体的形式可以是位地址、位编号以及位定义。

rel：带符号的8位偏移地址，其值在+127～-128范围内。正数的从下一条指令的第一个字节向下转移，负数的从下一条指令的第一个字节向上转移。

上面这些符号是指令中常用操作数的一般符号，具体程序中是数字形式或标号，direct、data、bit可以用二进制数、十进制数、十六进制数书写，用十六进制数时，如果高位是A、B、C、D、E、F时必须在数的前面加0，以便和标号区别开来。addr16、addr11、rel在程序中的形式就是编程者所起标号名称。

X:某寄存器或某单元。

（X）:某寄存器或某单元中的内容。

←:指令执行后数据传送的方向。

注意:direct、@R$_i$都是指内部RAM的某一单元,区别在于用法不同,direct直接给出这个单元的编号(直接地址),@R$_i$通过R$_i$中内容指示该单元(间接地址),在后面的指令学习和程序设计中要注意把握。

4. 寻址方式

寻址方式就是寻找操作数所在地址的方式。在这里,地址泛指一个立即数、某个存储单元或者某个存储器等。80C51单片机有以下7种寻址方式。

1）立即寻址

立即寻址指在该指令中直接给出参与操作的常数(称为立即数)。立即数前冠以"#",以便与直接地址相区别。

例如,传送指令:MOV A, #5AH

这条指令的功能是把立即数5AH送入到累加器A中。指令的机器代码为74H、5AH,双字节指令。在程序存储器中占的地址为0100H和0101H(存放指令的起始地址是任意假设的)。该指令执行过程如图1.3.2(a)所示。

在80C51单片机指令系统中还有一条16位的立即数传送指令,即

```
MOV DPTR,#data16
```

该指令是把16位的立即数#data16送入数据指针DPTR中。DPTR由两个特殊功能寄存器DPH和DPL组成。立即数的高8位送入DPH中,低8位送入DPL中。

例如,16位传送指令:MOV DPTR, #1023H

这条指令的功能是把16位的立即数送入DPTR中。其中高8位10H送入DPH中,低8位23H送入DPL中。指令的机器代码为90H、10H、23H,三字节指令。在程序存储器中占的地址为0100H、0101H及0102H。该指令的执行过程如图1.3.2(b)所示。

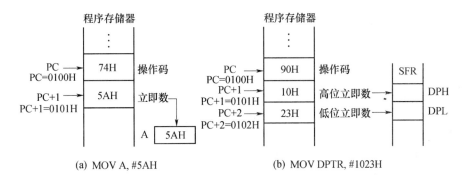

图1.3.2 立即寻址执行过程

2）直接寻址

直接寻址就是在指令中直接给出操作数所在存储单元地址,该地址指出了参与操作的数据所在的字节地址是位地址。在80C51单片机中,直接地址只能用来表示特殊功能寄存器、片内数据存储器和位地址空间。其中,特殊功能存储器和位地址空间只能用直接寻址方式来访问。

例如,传送指令:MOV A,30H

这条指令的功能是把片内 RAM30H 单元的内容送入 A 中(注意:片内 RAM 地址为 30H 单元中的内容可以是 00H ~ 0FFH 范围内的任意一个数)。指令的机器代码为 E5H、30H,为双字节指令,在程序存储器中占的空间及寻址示意图如图 1.3.3 所示。

图 1.3.3 直接寻址示意图

3)寄存器寻址

在指令中指出某个寄存器(Rn,A,B 和 DATR 等)中的内容作为操作数,这种寻址方式称为寄存器寻址。采用寄存器寻址可以获得较高的运算速度。

例如,传送指令:MOV A,R5

这条指令的功能是把寄存器 R5 的内容送入到累加器 A 中。指令的机器代码为 0EDH,为单字节指令。寄存器寻址示意图如图 1.3.4 所示。

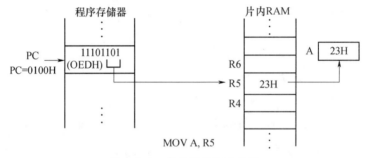

图 1.3.4 寄存器寻址示意图

4)寄存器间接寻址

寄存器间接寻址指把指令中指定的寄存器的内容作为操作数的地址,把该地址对应单元中的内容作为操作数。这种寻址方式适用于访问片内 RAM 和片外 RAM。可以看出,在寄存器寻址中寄存器的内容作为操作数,但是寄存器间接寻址中,寄存器中存放的是操作数地址,即指令操作数的获得是通过寄存器间接得到的。为了区别寄存器寻址和接触器间接寻址,在寄存器间接寻址中应在寄存器名称的前面加间址符"@"。

在访问片内 RAM 的 00H ~ 7FH 地址单元时,用当前工作寄存器 R0 或 R1 作地址指针来间接寻址。对于栈操作指令 PUSH 和 POP,则用堆栈指针(SP)进行寄存器间接寻址。

在访问片外 RAM 的 256 个单元(00H ~ FFH)时,用 R0 或 R1 工作寄存器来间接寻址。在访问片外 RAM 整个 64KB(0000H ~ FFFFH)地址空间时,用数据指针(DPTR)来间接寻址。

例如,传送指令:MOV A,@ R1

40

这条指令属于寄存器间接寻址。它的功能是将寄存器 R1 的内容(设 R1 = 55H)作为地址,再将片内 RAM55H 单元的内容(设(55H) = 37H)送入累加器 A 中。指令中在寄存器名前冠以"@",表示寄存器间接寻址,称为间址符。指令的机器代码为 0E7H,为单字节指令。寄存器间接寻址示意图如图 1.3.5 所示。

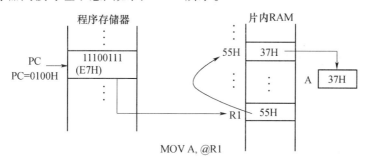

图 1.3.5　寄存器间接寻址示意图

5)变址寻址

变址寻址以程序计数器(PC)或数据指针(DPTR)作为基地址寄存器,以累加器 A 作为变址寄存器,把二者的内容相加形成操作数的地址(16 位)。这种寻址方式用于读取程序存储器中的常数表。

例如,传送指令:MOV A,@ A + DPTR

这条指令的功能是把 DPTR 的内容作为基地址,把累加器 A 中的内容作为地址偏移量,两者相加后得到 16 位地址,把该地址对应的程序存储器(ROM)单元中的内容送到累加器 A 中。指令的机器代码为 93H,为单字节指令。变址寻址示意图如图 1.3.6 所示。

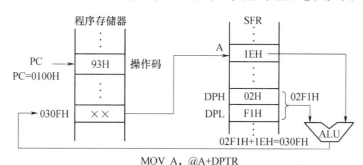

图 1.3.6　变址寻址示意图

6)相对寻址

相对寻址程序计数器(PC)的当前值作为基地址,与指令中给定的相对偏移量 rel 进行相加,把所得之和作为程序的转移地址。这种寻址方式用于相对转移指令中。指令的相对偏移量是一个 8 位带符号数,用补码表示。

例如,累加器 A 内容判 0 指令:JZ 30H

这条指令是以累加器 A 的内容是否为 0 作为条件的相对转移指令,指令的机器代码为 60H、30H,为双字节指令。其功能为当 A = 0 时,条件满足,则程序执行发生转移 PC←PC + 2 + rel;当 A≠0 时,条件不能满足,则程序顺序执行 PC←PC + 2。相对寻址示意图如图 1.3.7 所示。

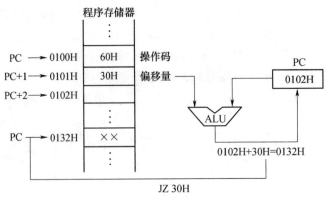

图 1.3.7　相对寻址示意图

80C51 单片机的指令系统中,相对转移指令多数为双字节指令,执行完相对转移指令后,当前的 PC 值应该为这条指令首字节所在单元的地址值(源地址)加2,所以偏移量应该为

$$rel = 目的地址 - (源地址 + 2)$$

但也有三字节的相对转移指令(如"CJNE A, direct, rel"),那么执行完这条指令后当前的 PC 值应该为本指令首字节所在单元的地址值加3,所以偏移量为

$$rel = 目的地址 - (源地址 + 3)$$

相对偏移量 rel 是应该带符号的 8 位二进制数,以补码形式出现。因此程序的转移范围在相对 PC 当前值的 +127 ~ -128 个字节单元之间。

7)位寻址

80C51 单片机在中设有独立的位处理器。位操作指令能对片内 RAM 中的位寻址区和某些有位地址的同时功能寄存器进行为操作,也就是说可对位地址空间的每个位进行位变量传送、状态控制、逻辑运算等操作。

例如,位传送指令:MOV C,04H

该指令完成把位地址 04H 中的内容传送到 CY 中(即把片内 RAM 20H 单元的 D4 位(位地址为 04H)的内容传送到进位标志位 CY 中)。指令的机器代码为 0A2H、04H,为双字节指令。位寻址示意图如图 1.3.8 所示。

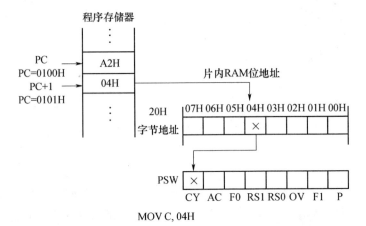

MOV C,04H

图 1.3.8　位寻址示意图

以上介绍了80C51单片机指令系统的7种寻址方式。实际上许多指令本身包含着2个或3个操作数,这时往往就具有几种类型的寻址方式。而我们重点讨论的是源操作数的寻址方式。

1.3.2 汇编语言程序设计的基本方法

1. 程序设计的步骤

1)预完成任务的分析

首先,要对单片机应用系统预完成的任务进行深入的分析,明确系统的设计任务、功能要求和技术指标。其次,要对系统的硬件资源和工作环境进行分析,这是单片机应用系统程序设计的基础和条件。

2)进行算法的优化

算法是解决具体问题的方法。一个应用系统经过分析、研究和明确规定后,对应实现的功能和技术指标可以利用严密的数学方法或数学模型来描述,从而把一个实际问题转化成由计算机进行处理的问题。同一个问题的算法可以有多种,结果也可能不尽相同,所以,应对各种算法进行分析比较,并进行合理的优化。例如,用迭代法解微分方程,需要考虑收敛速度的快慢(即在一定的时间里能否达到精度要求)。而有的问题则受内存容量的限制而对时间要求并不苛刻。对于后一种情况,速度不快但节省内存的算法则应是首选。

3)程序总体设计及流程图绘制

经过任务分析、算法优化后,就可以进行程序的总体构思,确定程序的结构和数据形式,并考虑资源的分配和参数的计算等。然后根据程序运行的过程,勾画出程序执行的逻辑顺序,用图形符号将总体设计思路及程序流向绘制在平面图上,从而使程序的结构关系直观明了,便于检查和修改。通常,应用程序依功能可以分为若干部分,通过流程图可以将其具有一定功能的各部分有机地联系起来,并由此抓住程序的基本线索,对全局可以有一个完整的了解。清晰正确的流程图是编制正确无误的应用程序的基础和条件。所以,绘制一个好的流程图,是程序设计的一项重要内容。

流程图可以分为总流程图和局部流程图。总流程图侧重反映程序的逻辑结构和各程序模块之间的相互关系。局部流程图反映程序模块的具体实施细节。对于简单的应用程序,可以不画流程图。但是当程序较为复杂时,绘制流程图是一个良好的编程习惯。常用的流程图符号有开始和结束符号、工作任务符号、判断分支符号、程序连接符号、程序流向符号等,如图1.3.9所示。

图1.3.9　流程图符号

2. 编制程序的方法和技巧

1)采用模块化程序设计方法

单片机的应用系统程序一般由包含多个模块的主程序和各种子程序组成。各程序模块都要完成一个明确的任务,实现某个具体的功能,如发送、接收、延时、打印和显示等。采用模块化的程序设计方法,就是将这些不同的具体功能程序进行独立设计和分别调试,最后将这些模块程序装配成整体程序并进行联调。

模块化的程序设计方法具有明显的优点。把一个多功能的复杂的程序划分为若干个简单的、功能单一的程序模块,有利于程序的设计和调试,有利于程序的优化和分工,提高了程序的阅读性和可靠性,使程序的结构层次一目了然。

2)尽量采用循环结构和子程序

采用循环结构和子程序可以使程序的长度减少、占用内存空间减少。对于多重循环,注意各重循环的初值和循环结束条件,避免出现"死循环"现象;通用的子程序,除了用于存放子程序入口参数的寄存器外,子程序中用到的其他寄存器的内容应压入堆栈进行现场保护,并要特别注意堆栈操作的压入和弹出的平衡;中断处理子程序除了要保护程序中用到的寄存器外,还应保护标志寄存器。

3. 程序设计的方法

1)顺序程序设计

顺序程序指按顺序依次执行的程序,把完成一系列操作的指令按操作的顺序组成指令序列。这样的程序很简单,也称简单程序或直线程序。

2)循环程序设计

循环程序一般包括以下几个部分:

(1)循环初值。在进入循环之前,要对循环中需要使用的寄存器或存储器赋予规定的初值,主要是循环次数。

(2)循环体。循环程序中要反复执行的部分,是循环结构中的主要部分。

(3)循环修改。每执行一次循环,就要对有关参数进行修改,为进入下一次循环做准备。

(4)循环控制。在程序中根据循环计数器的值或其他条件,控制循环是否应该结束。

循环程序有两种结构形式,如图1.3.10所示。

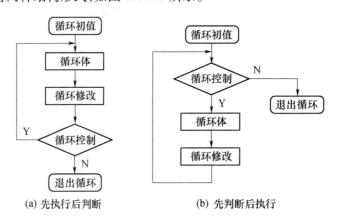

图 1.3.10 循环程序的两种结构

3)分支程序

通常情况下,程序的执行是按照指令在程序存储器存放的顺序进行的,但根据实际需要也可以改变程序的执行顺序,这种程序结构就属于分支结构。分支结构可以分成单分支、双分支和多分支几种情况,如图1.3.11所示。

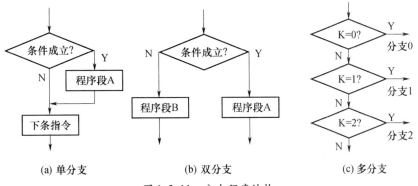

(a) 单分支　　　　　　(b) 双分支　　　　　　(c) 多分支

图1.3.11　分支程序结构

单分支结构如图1.3.11(a)所示。若条件成立,则执行程序段A,然后继续执行该指令下面的指令;如条件不成立,则不执行执行程序段A,直接执行该指令的下条指令。

双分支结构如图1.3.11(b)所示。若条件成立,执行程序段A;否则执行程序段B。

多分支结构如图1.3.11(c)所示。先将分支按序号排列,然后按照序号的值来实现多分支选择。

1.3.3　程序设计举例

1. 顺序程序举例

[例1.3.1]片内RAM的21H单元存放一个十进制数据十位的ASCII码,22H单元存放该数据个位的ASCII码。编写程序将该数据转换成压缩BCD码存放在20H单元。

解:由于ASCII码30H～39H对应BCD码的0～9,所以只保留ASCII码的低4位,而将高4位清0即可。流程图如图1.3.12所示。

实现程序如下:

```
        ORG 0000H
        LJMP START
        ORG 0040H
START:  MOV   A,21H      ;取十位 ASCII 码
        ANL   A,#0FH     ;保留低半字节
        SWAP  A          ;移至高半字节
        MOV   20H,A      ;存于20H单元
        MOV   A,22H      ;取个位 ASCII 码
        ANL   A,#0FH     ;保留低半字节
        ORL   20H,A      ;合并到结果单元
        SJMP  $
        END
```

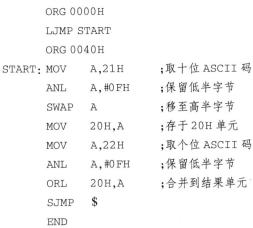

图1.3.12　例1.3.1流程图

2. 分支程序举例

[例1.3.2]设变量 X 以补码的形式存放在片内RAM的30H单元,变量 Y 与 X 的关系是:当 X 大于0时,Y = X;当 X = 0 时,Y = 20H;当 X 小于0时,Y = X + 5。编制程序,根据 X 的大小求 Y 并送回原单元。

解:流程图如图 1.3.13 所示。

实现程序如下:

```
        ORG 0000H
        LJMP START
        ORG 0040H
START:  MOV    A,30H       ;取 X 至累加器
        JZ     NEXT        ;X = 0,转 NEXT
        ANL    A,#80H      ;否,保留符号位
        JZ     DONE        ;X > 0,转结束
        MOV    A,#05H      ;X < 0 处理
        ADD    A,30H
        MOV    30H,A       ;X + 05H 送 Y
        SJMP   DONE
NEXT:   MOV    30H,#20H    ;X = 0,20H 送 Y
DONE:   SJMP   DONE
        END
```

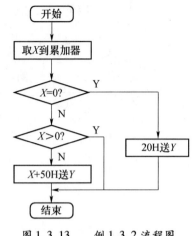

图 1.3.13　例 1.3.2 流程图

3. 多分支程序举例

[例 1.3.3] 根据 R7 的内容 x(转移序号)转向相应的处理程序。

解:设 R7 内容为 0~4,对应的处理程序入口地址分别为 PP0~PP4。流程图如图 1.3.14 所示。

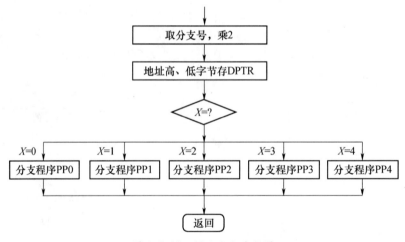

图 1.3.14　例 1.3.3 流程图

实现程序如下:

```
        ORG    0000H
        LJMP   START
        ORG    0040H
START:  MOV    R7,#3       ;以转移序号 3 为例
        ACALL  JPNUM
        AJMP   START
JPNUM:  MOV    DPTR,#TAB   ;置分支入口地址表首址
```

```
        MOV    A,R7
        ADD    A,R7           ;乘2,调整偏移量
        MOV    R3,A
        MOVC   A,@A + DPTR    ;取地址高字节,暂存于R3
        XCH    A,R3
        INC    A
        MOVC   A,@A + DPTR    ;取地址低字节
        MOV    DPL,A          ;处理程序入口地址低8位送DPL
        MOV    DPH,R3         ;处理程序入口地址高8位送DPH
        CLR    A
        JMP    @A + DPTR
TAB:    DW     PP0
        DW     PP1
        DW     PP2
        DW     PP3
        DW     PP4
PP0:    MOV    30H,#0         ;转移序号为0时,置功能号"0"于30H单元
        RET
PP1:    MOV    30H,#1         ;转移序号为1时,置功能号"1"于30H单元
        RET
PP2:    MOV    30H,#2         ;转移序号为2时,置功能号"2"于30H单元
        RET
PP3:    MOV    30H,#3         ;转移序号为3时,置功能号"3"于30H单元
        RET
PP4:    MOV    30H,#4         ;转移序号为4时,置功能号"4"于30H单元
        RET
```

4. 循环程序举例

[例1.3.4]将内部 RAM 的 30H~3FH 单元初始化为 00H。

解:实现程序如下:

```
        ORG    0000H
        LJMP   MAIN
        ORG    0040H
MAIN:   MOV    R0,#30H        ;置初值
        MOV    A,#00H
        MOV    R7,#16
LOOP:   MOV    @R0,A          ;循环处理
        INC    R0
        DJNZ   R7,LOOP        ;循环修改,判结束
        SJMP   $              ;结束处理
        END
```

[例1.3.5] 将内部 RAM 起始地址为 60H 的数据串传送到外部 RAM 中起始地址为 1000H 的存储区域,直到发现"$"字符停止传送。由于循环次数事先不知道,但是循环

条件可以测试到。该程序采用先判断后执行的结构。

解:实现程序如下:

```
        ORG     0000H
        LJMP    MAIN
        ORG     0040H
MAIN:   MOV     R0,#60H          ;置初值
        MOV     DPTR,#1000H
LOOP0:  MOV     A,@R0            ;取数据
        CJNE    A,#24H,LOOP1     ;循环结束?
        SJMP    DONE             ;是
LOOP1:  MOVX    @DPTR,A          ;循环处理
        INC     R0               ;循环修改
        INC     DPTR
        SJMP    LOOP0            ;继续循环
DONE:   SJMP    DONE             ;结束处理
```

【项目实施】

1. 程序编制要点及参考程序

1）程序编制要点

程序流程图如图 1.3.15 所示。

2）参考程序

（1）参考程序 1:

```
        ORG     0000H
LOOP:   MOV     A,#0FEH
        MOV     R2,#8
OUTPUT: MOV     P1,A
        RL      A
        ACALL   DELAY
        DJNZ    R2,OUTPUT
        LJMP    LOOP
DELAY:  MOV     R6,#0
        MOV     R7,#0
DELAYLOOP:                       ;延时程序
        MOV     R2,#80H
DEL1:   MOV     R3,#0FFH
DEL2:   DJNZ    R3,DEL2
        DJNZ    R2,DEL1
        RET
        END
```

（2）参考程序 2:

```
        ORG     0000H
        LJMP    SETUP
```

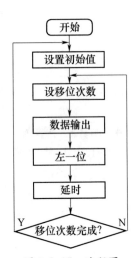

图 1.3.15　流程图

48

```
          ORG       0030H
SETUP: CLR       P1.0              ;第一个灯亮
       LCALL     DELAY             ;调延时子程序
       SETB      P1.0              ;第一个灯灭
       CLR       P1.1              ;第二个灯亮
       LCALL     DELAY             ;调延时子程序
       SETB      P1.1
       ...       ...
       SETB      P1.7              ;第八个灯亮
       LJMP      SETUP             ;转移到第一个灯
DELAY: MOV       R6,#80H           ;延时子程序
DEL1:  MOV       R7,#0
DEL:   DJNZ      R7,DEL
       DJNZ      R6,DEL1
       RET                         ;子程序返回
       END
```

2. 实训的任务和步骤

用 P1 口作输出口,接 8 位逻辑电平显示,程序功能使发光二极管从右到左轮流循环点亮。

（1）使用单片机最小应用系统。关闭该模块电源,用扁平数据线连接单片机 P1 口与 8 位逻辑电平显示模块 JD10。

（2）用串行数据通信线连接计算机与仿真器,把仿真器插到模块的锁紧插座中,注意仿真器的方向:缺口朝上。

（3）打开 Keil uVision2 仿真软件,首先建立本实验的项目文件,接着添加"P1 口输出.ASM"源程序,进行编译,直到编译无误。

（4）进行软件设置,选择硬件仿真,选择串行口,设置波特率为 38400。

（5）打开模块电源和总电源,单击开始调试按钮,单击 RUN 按钮运行程序,观察发光二极管显示情况。发光二极管单只从右到左轮流循环点亮。

【项目评价】

序号	评价指标	评价内容	分值	学生自评	小组评价	教师评价
1	硬件设计	最小应用系统连接是否正确	10			
		ATMEL、Intel 芯片和引脚认识	20			
2	调试	调通循环流水灯实训程序（1）	10			
		调通实训程序（2）	20			
		通电后正确、实验成功	20			
3	安全规范 与提问	是否符合安全操作规范	10			
		回答问题是否准确	10			
	总分		100			
	问题记录和解决方法		记录任务实施中出现的问题和采取的解决方法（可附页）			

【项目拓展】

1. 设被加数存放在内部 RAM 的 20H、21H 单元,加数存放在 22H、23H 单元,若要求和存放在 24H、25H 中,试编写出 16 位无符号数相加的程序(采用大端模式存储)。

2. 编程将片内 RAM 的 50H、51H 单元中的两个无符号中较小的数存于 60H 单元中。

任务 2　单片机指令系统

【教学目标】

1. 掌握 80C51 单片机 111 条汇编语言指令的格式及功能。

2. 熟悉每条指令的功能、操作的对象和结果。重点是数据传送类指令、控制转移类指令。

【任务描述】

80C51 单片机共有 111 条指令,其指令执行时间短,字节少,位操作指令非常丰富。按照指令长度分类,可分为单字节、双字节和三字节指令。按指令执行时间分类,可分为单周期、双周期和四周期指令。本任务分别通过 80C51 定点数运算程序设计实训、逻辑操作实训、控制转移和子程序调用实训来熟悉单片机的基本指令及应用。

项目单元 1　　80C51 定点数运算程序设计实训

【项目描述】

本项目研究 80C51 单片机指令系统中的数据传送指令 28 条,主要用于在单片机内 RAM 和特殊功能寄存器 SFR 之间传送数据,也可用于单片机片内和片外存储单元之间传送数据。算术运算类指令(24 条),数据运算类指令比较丰富,包括加、减、乘、除法指令,功能较强。80C51 单片机的算术运算类指令,仅仅执行 8 位数的算术操作。

【项目分析】

本项目利用 80C51 单片机进行定点数运算程序设计训练。编写程序实现两个 16 位数的减法:7F4DH－2B4EH,结果存入内部 RAM 的 30H 和 31H 单元,30H 单元存差的高 8 位,31H 单元存差的低 8 位。编写程序实现两个数的乘积运算,要求(R1R0)×(R0)＝(R5R4R3)。

【知识链接】

80C51 单片机的指令系统使用了 7 种寻址方式,共有 111 条指令,若按字节数分类,则单字节指令 49 条,双字节 46 条,三字节指令 16 条;若按运算速度分类,则周期指令 64 条,双周期指令 45 条,四周期指令 2 条。由此可见,80C51 单片机的指令系统在占用存储空间和运行时间方面,效率都比较高。按照指令的功能来分类,80C51 单片机的指令系统可分为下面的 5 类。

（1）数据传送类指令（28条）。

（2）算术运算类指令（24条）。

（3）逻辑运算类指令（25条）。

（4）控制转移类指令（17条）。

（5）位操作类指令（17条）。

2.1.1　数据传送类指令

数据传送类指令把第二个"源操作数"中的数据传送到第一个"目的操作数"中去，而"源操作数"的内容保持不变。这类指令在程序中占有较大的比重，是一种最基本最常用的操作。

1. 对片内 RAM 和 SFR 之间的数据传送指令

80C51 单片机片内 RAM 和特殊功能寄存器（SFR）各存储单元之间的数据传送，通常是通过 MOV 指令来实现的，这类指令称为片内 RAM 和 SFR 的一般数据传送指令，如图2.1.1 所示。

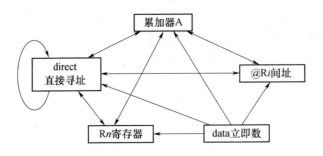

图 2.1.1　80C51 单片机内部 RAM 和 SFR 指令的数据传送方式

（1）以累加器为目的操作数的指令（表2.1.1）。这类指令是把源操作数送入目的操作数 A 中，源操作数的寻址方式分别为寄存器寻址、直接寻址、寄存器间接寻址和立即寻址。

表 2.1.1　以累加器为目的操作数的指令

指 令 名 称	汇 编 格 式	操　作	机 器 代 码	机器周期
以累加器 A 为目的操作数	MOV A,Rn	A←(Rn)	E8H ~ EFH	1
	MOV A,direct	A←(direct)	85H direct	1
	MOV A,@ Ri	A←((Ri))	E6H ~ E7H	1
	MOV A,#data	A←data	74 data	1

例如，若 R1 = 21H,(21H) = 55H,执行指令"MOV A,@ R1"后的结果为：A = 55H,而R1 的内容和 21H 单元的内容均不变。

（2）以寄存器为目的操作数的指令（表2.1.2）。这类指令是把源操作数送入目的操作数 Rn 中，源操作数的寻址方式分别为寄存器寻址、直接寻址和立即寻址。

52

表 2.1.2　以寄存器为目的操作数的指令

指令名称	汇编格式	操作	机器代码	机器周期
以寄存器 Rn 为 目的操作数	MOV Rn,A	Rn←A	F8H ~ FFH	1
	MOV Rn,irect	Rn←(direct)	A8H ~ AFH direct	2
	MOV Rn,#data	Rn←data	78H ~ 7FH data	1

例如,若(50H) = 45H,R5 = 33H,执行指令"MOV R5,50H"后的结果为:R5 = 45H,50H 单元中的内容不变。

注意:工作寄存器相互间、Rn 与 @Ri 之间、@R0 与 @R1 之间没有传送指令。

(3)以直接地址为目的操作数的指令(表2.1.3)。这类指令的功能是把源操作数送入目的操作数 direct 中,源操作数的寻址方式分别为寄存器寻址、直接寻址、寄存器间接寻址和立即寻址。

表 2.1.3　以直接地址为目的操作数的指令

指令名称	汇编格式	操作	机器代码	机器周期
以直接地 址为目的 操作数	MOV direct,A	direct←A	F5H direct	1
	MOV direct,Rn	(direct)←Rn	88H ~ 8FH direct	2
	MOV direct1,direct2	direct2←direct1	85H direct1 direct2	2
	MOV direct,@Ri	direct←((Ri))	86H ~ 87H direct	2
	MOV direct,#data	direct←data	75H direct data	2

直接地址之间的直接传送指令产生机器代码时源地址在前,目的地址在后。如"MOV 40H,41H"对应的机器代码为85H、41H、40H。

例如,R0 = 50H,(50H) = 6AH,(70H) = 2FH,执行指令"MOV 70H,@R0"后的结果为:(70H) = 6AH,R0 中的内容和50H 单元的内容不变。

(4)以寄存器间接地址为目的操作数的指令(表2.1.4)。这类指令的功能是把源操作数送入目的操作数@Ri 中,源操作数的寻址方式分别为寄存器寻址、直接寻址和立即寻址。

注意:在这类指令中,目的操作数@Ri 中的表示方法为单括号,并不表示 Ri 中的内容,而是表示间接地址寄存器 Ri 表示的地址单元。

表 2.1.4　以寄存器间接地址为目的操作数的指令

指令名称	汇编格式	操作	机器代码	机器周期
以寄存器间 接地址为目 的操作数	MOV @Ri,A	(Ri)←A	F6H ~ F7H	1
	MOV @Ri,direct	(Ri)←(direct)	A6H ~ A7H direct	2
	MOV @Ri,#data	(Ri)←data	76H ~ 77H data	1

例如,若 R1 = 30H,(30H) = 22H,A = 34H,执行指令"MOV @R1,A"后的结果为:(30H) = 34H,R1 和 A 当中内容不变。

(5)16 位数据的传送指令(表2.1.5)。这条指令是唯一的 16 位传送指令,将 16 位的立即数送到数据指针 DPTR,其中数据的高 8 位送入 DPH,低 8 位送入 DPL。DPTR 一般用来指示 ROM 空间或外 RAM 空间地址。源操作数的寻址方式为立即寻址。

表 2.1.5　16 位数据的传送指令

指令名称	汇编格式	操作	机器代码	机器周期
16 位数据传送	MOV DPTR,#data16	DPH←data15 ~ 8 DPL←data7 ~ 0	90H data16	2

2. 累加器 A 与片外数据存储器的数据传送指令

CPU 与片外 RAM 的数据传送指令,其助记符为
MOVX,其中的 X 就是 external(外部)的第二个字母,
表示访问片外 RAM。这类指令共有 4 条。图 2.1.2
所示为片外数据存储器图解,其指令格式见表 2.1.6。

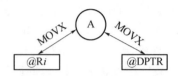

图 2.1.2　片外数据存储器传送指令

表 2.1.6　累加器 A 与片外数据存储器的数据传送指令

指令名称	汇编格式	操作	机器代码	机器周期
累加器 A 与 片外 RAM 的 数据传送	MOVX A,@ DPTR	A←((DPTR))	E0H	2
	MOVX @ DPTR,A	(DPTR)←A	F0H	2
	MOVX A,@ Ri	A←((Ri) + (P2))	E2H ~ E3H	2
	MOVX @ Ri,A	(Ri + P2)←A	F2H ~ F3H	2

这组指令的功能,是在累加器 A 与片外 RAM 或扩展 I/O 之间进行数据传送,且仅为寄存器间接寻址。80C51 单片机只能用这种方式连接在扩展 I/O 口的外部设备进行数据传送。

前两条指令以 DPTR 作为片外 RAM 的 16 位地址指针,由 P0 口送出低 8 位地址,由 P2 口送出高 8 位地址,寻址能力为 64KB。后两条指令用 R0 或 R1 作片外 RAM 的低 8 位地址指针,由 P0 口送出地址码,P2 口送出高 8 位地址确定页数,寻址能力为片外 RAM 空间 256 个字节单元(即为 1 页)。

例如,若 DPTR = 1020H,片外 RAM(1020H) = 54H,执行指令"MOVX A,@ DPTR"的结果为:A = 54H,DPTR 的内容和片外 RAM1020H 单元的内容不变。

例如,若 P2 = 03H,R1 = 40H,A = 7FH,执行指令"MOVX @ R1,A"后的结果为:片外 RAM(0340H) = 7FH,P2 和 R1 及 A 中内容不变。

[例2.1.1]　把片外数据存储器 2040H 单元的内容送入寄存器 R2 中。

解:　
```
MOV    DPTR,#2040H
MOVX   A,@DPTR
MOV    R2,A
```

[例2.1.2]　已知外部 RAM 的 88H 单元中有一数 X,试编写一个能把 X 传送到外部 RAM 的 1818H 单元的程序。

解:外部 RAM 的 88H 单元中的数 X 是不能直接传送到外部 RAM 的 1818H 单元的,编写经过累加器 A 的传送。相应程序为

```
ORG        2000H
```

```
MOV      R0,#88H              ;R0←88H
MOV      DPTR,#88H            ;DPTR←1818H
MOVX     A,@R0                ;A←X
MOVX     @DPTR,A              ;X→1818H
SJMP     $                    ;停机
END
```

上述程序还有其他编程方法,请读者思考。

3. 累加器 A 与程序存储器的数据传送指令

80C51 单片机指令系统提供了两条累加器 A 与程序存储器的数据传送指令,指令助记符采用 MOVC,其中 C 就是 Code(代码)的第一字母,表示读取 ROM 中代码。这是两条极为有用的查表指令。

第一条指令为单字节指令,CPU 读取本指令后,PC 已执行加 1 操作,指向下一条指令的首字节地址。该指令以 PC 作为基址寄存器,累加器 A 的内容为无符号整数,两者相加得到一个 16 位地址,把该地址指出的程序存储器单元的内容送到累加器 A 中。图 2.1.3 所示为程序存储器查表指令图解,其指令格式见表 2.1.7。

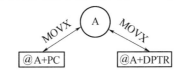

图 2.1.3　程序存储器查表指令图解

表 2.1.7　累加器 A 与程序存储器的数据传送指令

指令名称	汇编格式	操作	机器代码	机器周期
查表	MOVC A,@ A + PC	PC←PC + 1 A←(A + PC)	83H	2
	MOVC A,@ A + DPTR	A←(A + DPTR)	93H	2

例如,设 A = 35H,执行"1000H:MOVC A, @ A + PC "指令后的结果为:首先把累加器 A 中的内容加上本条指令执行后的 PC 值 1001H,然后将程序存储器 1036H 单元的内容送入累加器 A 中,即 A←$(1036H)_{ROM}$。

本指令的优点是不改变 PC 的状态,仅根据累加器 A 的内容就可以取出表格中的数据。缺点是表格只能存放在该查表指令后面的 256 个单元之内,表格的长度受到限制,而且表格只能被一段程序所使用。

第二条指令以 DPTR 作为基址寄存器,累加器的内容作为无符号数,两者相加后得到一个 16 位地址,把该地址指出的程序存储器单元的内容送到累加器 A 中。

例如,设 DPTR = 2010H,A = 40H,执行"MOVC A,@ A + DPTR"指令后的结果为:首先把累加器 A 与 DPTR 的内容相加得 2050H,然后将程序存储器中 2050H 单元中的内容送入累加器 A 中,即 A←$(2050H)_{ROM}$。

本查表指令的执行结果只与 DPTR 和 A 的内容有关,与该指令存放的地址及表格存放地址无关。因此表格的长度和位置可以在 64KB 的程序存储器空间任意改变,而且一个表格可以被多个程序段共享。

[例2.1.3]　把片外数据存储器2042H的内容送入片内RAM的50H中。程序如下：

解：相应程序为

```
MOV     DPTR,#2042H
MOVX    A,@DPTR          ;片外RAM的2042H单元的内容中送入A中
MOV     50H,A            ;由A送入片内RAM50H中
```

[例2.1.4]　把程序存储器0150H单元的内容取出送到片外RAM的1070H中。程序如下：

解：相应程序为

```
MOV     DPTR,#2042H
MOV     A,#00H
MOVC    A,@A+DPTR        ;程序存储器0150H的内容取到A中
MOV     DPTR,#1070H
MOVX    @DPTR,A          ;A的内容送入片外RAM中1070H的有
```

4. 数据交换指令

数据交换指令共有4条,其中字节交换指令3条,半字节交换指令1条。字节交换指令的功能是将累加器A与内部RAM中某一个单元的内容相互交换。半字节交换指令的功能是将累加器A的低4位与Ri所指出的内部存储单元的低4位相互交换。图2.1.4所示为与累加器有关的交换指令图解。其指令格式见表2.1.8。

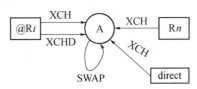

图2.1.4　与累加器有关的交换指令图解

前面3条指令的功能是把累加器A中的内容和片内RAM单元内容相互交换。第4条指令是半字节交换指令,用于把累加器A中的低4位与Ri为间址寻址单元中的低4位相互交换,各自的高4位保持不变。

表2.1.8　数据交换指令

指令名称	汇编格式	操作	机器代码	机器周期
数据交换指令	XCH A,Rn	A$\longleftrightarrow$Rn	C8H ~ CFH	1
	XCH A,direct	A$\longleftrightarrow$(direct)	C5H direct	1
	XCH A,@Ri	A$\longleftrightarrow$((Ri))	C6H ~ C7H	1
	XCHD A,Ri	A$_{0~3}\longleftrightarrow$((Ri))$_{0~3}$	D6H ~ D7H	1

[例2.1.5]　已知外部RAM的20H单元中有一个数X,内部RAM 20H单元有一个数Y,试编出可以使它们相互交换的程序。

解：本题是一个自己交换问题,故可以采用上述3条字节交换指令中的任何一条。若采用第3条字节交换指令,则相应程序为

```
MOV R1,#20H ;R1←20H
MOVX      A,@R1           ;A←X
XCH       A,@R1           ;X→20H,A←Y
MOVX      @R1,A           ;Y→20H(片外 RAM)
```

［例2.1.6］ 已知50H有一个0~9的数,试编出把它变为相应ASCII码的程序。

解:由附录 A 可以知道,0~9的 ASCII 码为30H~39H。进行比较后可以看到,0~9和它的 ASCII 码间仅相差30H,故可以利用半字节交换指令把0~9的数装配成相应的 ASCII 码。相应程序为

```
MOV      R0,#50H         ;R0←50H
MOV      A,#30H          ;A←30H
XCHD     A,@R0           ;A 组形成相应 ASCII 码
MOV      @R0,A           ;ASCII 码送回50H 单元
```

本题还可以把50H单元中的内容直接与30H相加,以形成相应的 ASCII 码。

5. 堆栈操作指令

堆栈操作指令是一种特殊的数据传送指令,其特点是根据堆栈指示器SP中栈顶地址进行数据传送操作。这类指令共有以下两条(表2.1.9)。

第一条指令称为进栈指令(也称压栈指令),用于把 direct 为地址的操作数传送到堆栈中去。这条指令执行时分为两步:①先使 SP 中的栈顶地址加1,使之指向堆栈的新的栈顶单元;②把 direct 中的操作数压入由 SP 指示的栈顶单元。

表2.1.9 堆栈操作指令

指 令 名 称	汇编格式	操 作	机器代码	机器周期
进栈	PUSH direct	SP←SP +1 (SP)←(direct)	COH direct	2
出栈	POP direct	(direct)←((SP)) SP←SP – 1	DOH direct	2

第二条指令称为弹出指令(也叫出栈指令),其功能是把堆栈中的操作数传送到 direct 单元指令执行时仍分为两步:①把由 SP 所指栈顶单元中操作数弹到 direct 单元;②使 SP 中的原栈顶地址减1,使之指向新的栈顶地址。弹出指令不会改变堆栈区存储单元中的内容,堆栈中是不是有数据的唯一标志是 SP 中栈顶地址是否与栈底地址相重合,与堆栈区中是什么数据无关。因此,只有压栈指令才会改变堆栈区(或堆栈)中的数据。

［例2.1.7］ 设(30H)=X,(40H)=Y,试用堆栈作为转存介质编写30H 和40H 单元中内容相交换的程序。

解:堆栈是一个数据区,进栈和出栈数据符合"先进后出"和"后进先出"的已知原则。相应程序为

```
MOV      SP,#70H         ;令栈底地址为70H
PUSH     30H             ;SP←SP +1,71H←X
PUSH     40H             ;SP←SP +1,72H←Y
POP      30H             ;30H←Y,SP←SP –1 =71H
POP      40H             ;40H←X, SP←SP –1 =70H
```

前面三条指令执行后,X 和 Y 均被压入堆栈。其中,X 先入栈,故它在 71H 单元中;Y 后入栈,故它在 72H 单元中;SP 因执行的是两条 PUSH 指令,故它两次加 1 后变为 72H,指向堆栈的新栈顶地址,如图 2.1.5(a)所示。

第四条指令执行时,后入栈的数 Y 最先弹回 30H 单元,SP 减 1 后指向新的栈顶单元 71H。第五条指令执行时,先入栈的 X 被弹入 40H 单元,SP 减 1 后变为 70H,与堆栈栈底地址重合,因而堆栈变空,如图 2.1.5(b)所示。

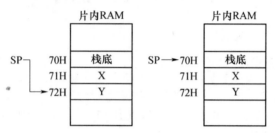

(a) 压入X、Y 两数后的堆栈　(b) 弹出X、Y 两数后的堆栈

图 2.1.5　例 2.1.7 的堆栈变化示意图

2.1.2　算术运算指令

80C51 系列单片机指令系统的算术运算指令包括加、减、乘、除 4 种基本操作。这 4 种基本操作能对 8 位无符号数进行直接运算,借助溢出标志可以对带符号数进行补码运算,借助进位标志可以实现多字节加减运算,也可以压缩 BCD 码运算。

算术运算类指令的执行结果将影响到特殊功能寄存器中的程序状态字 PSW 的进位标志 CY(PSW.7)、辅助进位标志 AC(PSW.6)、溢出标志 OV(PSW.2)、奇偶标志 P(PSW.0)四个标志位(注意:加 1 指令 INC 和减 1 指令 DEC 对这些位无影响,乘除指令不影响 AC 标志位)。图 2.1.6 所示为算术运算类指令图解。

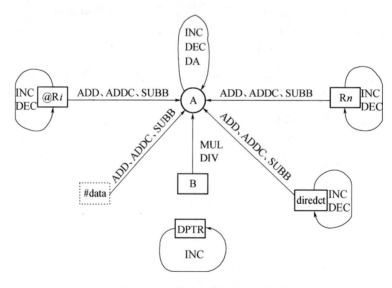

图 2.1.6　算术运算类指令图解

1. 加法指令

加法指令共有 13 条,由不带 CY 加法、带 CY 加法和加 1 指令等三类组成。

(1)不带 CY 加法指令。这类指令的功能是把所指出的字节变量加到累加器 A 中去,运算结果存放在累加器 A 中(表 2.1.10)。

表 2.1.10　不带 CY 的加法指令

指令名称	汇编格式	操作	机器代码	机器周期
不带进位加法	ADD A,Rn	A←A + Rn	28H ~ 2FH	1
	ADD A,direct	A←A + (direct)	25H direct	1
	ADD A,@ Ri	A←A + ((Ri))	26H ~ 27H	1
	ADD A,#data	A←A + data	24Hdata	1

在使用中应注意以下 4 个问题:

① 参加运算的两个操作数必须是 8 位二进制数,操作结果也是一个 8 位二进制数,且对 PSW 中所有标志位产生影响。

② 用户既可以根据编程需要把参加运算的两个操作数看作是无符号数(0 ~ 255),也可以把它们看作是带符号数。若看作是带符号数,则通常是采用补码形式(−128 ~ +127)。例如,若把二进制数 11010011B 看作是无符号数,则该数的十进制值为 211;若把它看作是带符号补码数,则它的十进制值为 −45。

③ 不论把这两个参加运算的操作数看作是无符号还是带符号数,计算机总是按照带符号数法则运算,并产生 PSW 中的标志位。

④ 将参加运算的两个操作数看作是无符号数,则应根据 CY 判断结果操作数是否溢出,若参加运算的两个操作数看作是带符号数,则运算结果是否溢出应判断 OV 标志位。

例如,设 A = 46H,R1 = 5AH,指令"ADD A,R! ;A←A + R1"的执行过程示意图如图 2.1.7 所示。

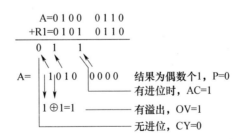

图 2.1.7　不带 CY 的加法指令执行过程示意图

结果:A = A0H,R1 = 5AH(不变)。

(2)带 CY 加法指令。这类指令的功能是同时把所指出的字节变量、进位标志 CY 和累加器 A 的内容相加,相加后的结果存放在累加器 A 中(表 2.1.11)。

表 2.1.11　带 CY 的加法指令

指 令 名 称	汇 编 格 式	操 作	机 器 代 码	机器周期
带进位加法	ADDC A,Rn	A←A + Rn + CY	38H ~ 3FH	1
	ADDC A,direct	A←A + (direct) + CY	35H direct	1
	ADDC A,@ Ri	A←A + ((Ri)) + CY	36H ~ 27H	1
	ADDC A,#data	A←A + data + CY	34Hdata	1

例如,设 A = 85H,(20H) = FFH,CY = 1,指令"ADDC A,20H ;A←A + (20H) + CY"的执行过程示意图如图 2.1.8 所示。

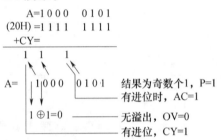

图 2.1.8　带 CY 的加法指令执行过程示意图

结果:A = 85H,(20H) = FFH(不变)。

两个 16 位数相加可以分为两步:第 1 步先加低 8 位,第 2 步再对高 8 位相加。由于高 8 位相加时需要考虑到低 8 位可能产生的进位,第 2 步必须用带进位的加法指令。程序如下:

```
MOV    A,#34H
ADD    A,#0E7H
MOV    30H,A
MOV    A,#12H
ADDC   A,#0FH
MOV    31H,A
```

(3) 加 1 指令。加 1 指令又称为增量(INCrease)指令,共有 5 条,见表 2.1.12。

表 2.1.12　加 1 指令

指令名称	汇 编 格 式	操 作	机 器 代 码	机器周期
加 1	INC A	A←A + 1	04H	1
	INC Rn	Rn←Rn + 1	08H ~ 0FH	1
	INC direct	(direct)←(direct) + 1	05H direct	1
	INC @ Ri	(Ri)←((Ri)) + 1	06H ~ 07H	1
	INC DPTR	DPTR←DPTR + 1	A3H	2

例如,将累加器的内容加 1,有以下两种方法。

```
INC  A        ;单字节指令,只影响奇偶标志位 P,不影响其他标志位
ADD  A,#01H   ;双字节指令,影响 PSW 各标志位(CY,OV,AC,P)
```

60

从标志位状态和指令长度来看,这两条指令是不等价的。

2. 减法指令

在 80C51 单片机指令系统中,减法指令共有 8 条,分为带 CY 和减 1 指令。

(1) 带 CY 减法指令(表 2.1.13)。这组指令的功能是从累加器 A 中减去所指出的字节变量及借位 CY 的值,差值存放在累加器 A 中。

表 2.1.13　带 CY 的减法指令

指令名称	汇编格式	操作	机器代码	机器周期
带借位减法	SUBB A,Rn	A←A – Rn – CY	98H～9FH	1
	SUBB A,direct	A←A –（direct）– CY	95H direct	1
	SUBB A,@ Ri	A←A –（（Ri））– CY	96H～97H	1
	SUBB A,#data	A←A – data – CY	94Hdata	1

在实际使用时应注意以下问题:

① 在单片机内部,减法操作实际上是在控制器控制下采用补码加法来实现的。但在实际应用中,若要判定减法的操作结果,则仍可按二进制减法法则进行。

② 无论相减的两个数是无符号数还是带符号数,减法操作总是按带符号二进制数进行,并能对 PSW 中各标志位产生影响,产生各标志位的法则是:若最高位在减法时有错位,则 CY = 1,否则 CY = 0;若低 4 位在减法时向高 4 位有借位,则 AC = 1,否则 AC = 0;若减法时最高位有借位而次高位无借位或最高位无借位而次高位有借位,则 OV = 1,否则 OV = 0;奇偶校验标志位 P 和加法时的取值相同。

③ 在 MCS – 51 指令中,没有不带 CY 的减法指令,也就是说不带 CY 的减法指令是非法指令,用户不应该用他们来编程和执行。其实,这种不带 CY 的减法指令可以用带 CY 合法减法指令替代,只要在合法的带 CY 减法指令前预先用一条能够清 0CY 的指令即可。这条清 0 指令的格式为

CLR C, CY←0

其中,CLR 是 Clear(清 0)一词的缩写。

例如,设 A = C9H,R2 = 54H,CY = 1,执行指令"SUBB A,R2　　　;A←A – R2 – CY"。执行情况如下:

```
    A = 1 1 0 0 1 0 0 1
  –R2 = 0 1 0 1 0 1 0 0
  –CY =               1
    A = 0 1 1 1 0 1 0 0
```

结果:A = 74H,R@ = 54H(不变);CY = 0,AC = 0,OV = 1,P = 0。

本例中,若看作两个无符号数相减,差为 74H,是正确的;若看作两个带符号数相减,则从负数减去一个正数,结果为正数是错误的,OV = 1 表示运算有溢出。

(2) 减 1 指令(表 2.1.14)。减 1 指令的功能是将操作数指定单元的内容减 1。除奇偶标志外,操作结果不影响 PSW 的标志位。若原单元的内容为 00H,减 1 后下溢为 FFH。其他的情况与加 1 指令类同。

表 2.1.14　带借位的减法指令

指令名称	汇编格式	操作	机器代码	机器周期
减1	DEC A	A←A－1	14H	1
	DEC Rn	Rn←Rn－1	18H ~1FH	1
	DEC direct	(direct)←(direct)－1	15H direct	1
	DEC @ Ri	(Ri)←((Ri))－1	16H~17H	1

3. 乘法指令(表 2.1.15)

表 2.1.15　乘法指令

指令名称	汇编格式	操作	机器代码	机器周期
乘法	MUL AB	BA←A×B	A4H	4

该指令的功能是将累加器 A 与寄存器 B 中的无符号 8 位二进制数相乘,乘积的低 8 位留在累加器 A 中,高 8 位存放在寄存器 B 中。

当乘积大于 FFH 时,溢出标志位(OV)＝1。而标志 CY 总是被清 0。

例如,若(A)＝50H,(B)＝A0H,执行指令 MUL AB 之后,(A)＝00H,(B)＝32H,(OV)＝1,(CY)＝0。

4. 除法指令(表 2.1.16)

表 2.1.16　除法指令

指令名称	汇编格式	操作	机器代码	机器周期
除法	DIV AB	A(商)←A/B;B(余数)	84H	4

该指令的功能是将累加器 A 中的无符号 8 位二进制数除以寄存器 B 中的无符号 8 位二进制数,商的整数部分存放在累加器 A 中,余数部分存放在寄存器 B 中。当除数为 0 时,则结果 A 和 B 的内容不定,且溢出标志位(OV)＝1。而标志 CY 总是被清 0。

例如,若(A)＝FBH(251),(B)＝12H(18),执行指 DIV AB 之后,(A)＝0DH,(B)＝11H,(OV)＝0,(CY)＝0。

5. 十进制调整指令

十进制调整指令是一条专用于 BCD 码的加法指令(表 2.1.17)。此指令的功能是在累加器 A 进行加法运算后,根据 PSW 中标志位 AC、CY 的状态以及 A 中的结果,将 A 的内容进行"加 6 修正"(通过加 00H、06H、60H 或 66H 到累加器上),使其转换成压缩的 BCD 码形式。

表 2.1.17　十进制调整指令

指令名称	汇编格式	操作	机器代码	机器周期
十进制调整	DA A	将 A 的内容转换为 BCD 码	D4H	1

例如, 设 A ＝ 45H(01000101B),表示十进制数 45 的压缩 BCD 码; R5 ＝ 78H(01111000B),表示十进制数 78 的压缩 BCD 码。执行下列指令:

```
ADD     A,R5          ;使 A = BDH(10111101),CY = 0,AC = 0
```

```
        DA      A               ;使 A =23H(00100011),CY =1
```
结果为:A =23H,CY =1,相当于十进制数 123。

在80C51 单片机指令系统中,这条十进制调整指令不能对减法指令的结果进行修正。

【项目实施】

1. 程序编制要点及参考程序

1)程序编制要点

80C51 单片机提供的是字节运算指令,所以在处理多字节数的加减运算时,要合理地运用进位(借位)标志。

2)参考程序

(1) ORG 0000H

```
        LJMP    START
        ORG     0040H
START:  CLR     CY
        MOV     30H,#7FH
        MOV     31H,#4DH
        MOV     R0, #31H
        MOV     A,@R0
        SUBB    A ,#4E
        MOV     @R0,A           ;保存低字节相减结果
        DEC     R0
        MOV     A, @R0
        SUBB    A,#2BH
        MOV     @R0,A           ;保存高字节相减结果
        END
```

(2) ORG 0000H

```
        LJMP    START
        ORG     0040H
START:  MOV     A,R0
        MOV     B,R2
        MUL     AB
        MOV     R3,A
        MOV     R4,B
        MOV     A,R1
        MOV     B,R2
        MUL     AB
        ADD     A,R4
        MOV     R4,A
        CLR     A
        ADDC    A,B
        MOV     R5,A
```

RET

2．实训基本任务与步骤

实训 1：

（1）建工程：名称为 ＊．UV2（说明：＊用英文而不要用中文）。

（2）建源文件：名称为 ＊．asm（说明：＊用英文而不要用中文，且不能与工程名同）。

（3）在工程中添加源文件（说明：子程序紧接着主程序存放，必须在 END 指令前）。

（4）调试并运行程序。

（5）调试并运行程序：观察内部 RAM 30H、31H 单元内容并验证结果。

实训 2：

（1）建工程：名称为 ＊．UV2（说明：＊不要用中文而用英文）。

（2）建源文件：名称为 ＊．asm（说明：＊不要用中文而用英文，且不能与工程名同）。

（3）在工程中添加源文件（说明：子程序紧接着主程序存放，必须在 END 指令前）。

（4）对工程进行汇编、编译。

（5）调试并运行程序：观察寄存器 R5、R4、R3 中的内容并验证结果。

【项目评价】

序号	评价指标	评 价 内 容	分值	学生自评	小组评价	教师评价
1	硬件设计	建工程、建源文件	10			
		对工程进行汇编、编译	20			
2	调试	编写实训程序 1 并调试运行	10			
		编写实训程序 2 并调试运行	20			
		通电后正确、实验成功	20			
3	安全规范与提问	是否符合安全操作规范	10			
		回答问题是否准确	10			
总分			100			
问题记录和解决方法			记录任务实施中出现的问题和采取的解决方法（可附页）			

【项目拓展】

已知两个 8 位无符号乘数分别放在 30H 和 31H 单元中，试编出令它们相乘并把积的低 8 位放入 32H 单元、积的高 8 位放入 323H 单元的程序。若被乘数变为 16 位无符号整数，乘数仍为 8 位无符号整数，则程序应如何编写？

项目单元 2　逻辑操作实训

【项目描述】

本项目研究逻辑运算指令 25 条，可以对两个 8 位二进制数进行与、或、非和异或等逻辑运算,常用来对数据进行逻辑处理,使之适合于传送、存储和输出打印等。在这类指令中,除以累加器 A 为目标寄存器指令外,其余指令均不会改变 PSW 中的任何标志位。

【项目分析】

本项目进行逻辑操作训练,程序的编制应尽量覆盖指令的各种格式,以能够更好地体会数据交换、堆栈的入栈出栈、逻辑运算的实质含义。同时要理解要将内部存储器的内容进行交换必须借助累加器 A,寻址方式可以采用直接寻址和寄存器间接寻址。而半字节交换仅能通过累加器 A 进行。输入给定的程序,继续体验程序的编写规则,观察基本数据交换、堆栈、逻辑操作程序的编写方式和运行结果,为掌握这方面程序的编制做准备。

【知识链接】

2.2.1　逻辑运算类指令

80C51 单片机的运算类指令可分为四大类:对累加器 A 单独进行逻辑操作、对字节变量的逻辑与、逻辑或、逻辑异或操作。指令的操作数都是 8 位,它们在进行逻辑运算操作时都不影响除奇偶标志外的其他标志位。其中逻辑与、逻辑或、逻辑异或操作指令可以实现对某些字节变量的清零、置位、取反功能。图 2.2.1 所示为逻辑运算类指令图解。位逻辑指令将在项目单元 3 中讲述。

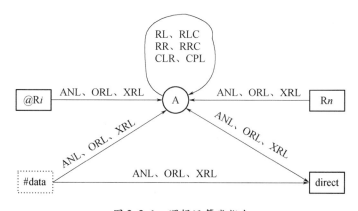

图 2.2.1　逻辑运算类指令

1. 对累加器 A 单独进行的逻辑操作

1) 清零、取反与半字节交换指令

在 MCS-51 中专门安排了一条累加器清 0 和一条累加器取反指令,这两类指令皆为单字节指令(表 2.2.1)。清零指令是将累加器 A 中的所有位全部置 0。取反指令是将累加器 A 中的内容按位取反,即原来为 1 变为 0,原来为 0 变为 1。半字节交换指令是将累加器 A 的两个半字节(高 4 位和低 4 位)内容交换。

表 2.2.1 清 0、取反与半字节交换指令

指令名称		汇编格式	操 作	机器代码	机器周期
简单逻辑操作	清 0	CLA A	A←0	E4H	1
	取反	CPL Rn	A←A	F4H	1
	半字节交换	SWAP A	高4位　低4位	C4H	1

2) 循环移位指令

MCS-51 虽然只有几条对累加器 A 中数据进行移位操作的指令,但已足可以用来处理所有移位问题(表 2.2.2)。

"RL A"和"RLC A"指令都使 A 中的内容逐位左移一位,但"RLC A"将使 CY 连同 A 的内容一起左移循环,A7 进入 CY,CY 进入 A0。

"RR A"和"RRC A"指令的功能类似于"RL A"和"RLC A",仅是 A 中数据移位的方向向右。

表 2.2.2 循环移位指令

指令名称		汇编格式	操 作	机器代码	机器周期
循环移位	左移	左环移 RL A	A7 ← A0	23H	1
		带进位左环移 RLC Rn	CY ← A7 ← A0	33H	1
	右移	右环移 RR A	A7 → A0	03H	1
		带进位右环移 RRC A	CY → A7 → A0	13H	1

例如,若 A=24H,执行"RL A"后 A=48H。

若 A=24H,CY=1,执行"RLC A"后 A=49H,CY=1。

若 A=24H,执行"RR A"后 A=12H。

若 A=24H,CY=1,执行"RRC A"后 A=92H。

2. 逻辑与运算指令

逻辑与运算指令又称逻辑乘指令,共有 6 条(表 2.2.3)。

表 2.2.3 逻辑与运算指令

指令名称	汇编格式	操 作	机器代码	机器周期
逻辑与	ANL A,Rn	A←A∧(Rn)	58H~5FH	1
	ANL A,direct	A←A∧(direct)	55H direct	1
	ANL A,@Ri	A←A∧((Ri))	56H~57H	1
	ANL A,#data	A←A∧data	54H data	1
	ANL direct,A	(direct)←(direct)∧A	52H direct	1
	ANL direct,#data	(direct)←(direct)∧data	53H direct data	2

表 2.2.3 中这组指令又可分为两类:一类是以累加器 A 为目标操作数寄存器的逻辑与指令,该类指令可以把累加器 A 和源地址中操作数按位进行逻辑乘操作,并把操作结果送回累加器 A;另一类是以 direct 为目标地址的逻辑与指令,它们可以把 direct 中的源操作数和源地址中的源操作数按位进行逻辑乘操作,并把操作结果送入 direct 目标单元。

[例 2.2.1]　已知 R0 = 30H,(30H) = AAH,试问 8031 分别执行如下指令后累加器 A 和 30H 单元中的内容是什么?

```
① MOV   A,  #0FFH
   ANL   A,  R0
② MOV   A,  #0FH
   ANL   A,  30H
③ MOV   A,  #0F0H
   ANL   A,  @R0
④ MOV   A,  #80H
   ANL   30H,A
```

解:根据逻辑乘功能,上述指令执行后的操作结果为

①A = 30H,(30H) = AAH　　　②A = 0AH,(30H) = AAH

③A = A0H,(30H) = AAH　　　④A = 80H,(30H) = 80H

在实际编程中,逻辑与指令主要用于从某个存储单元中取出某几位,而把其他位变为 0。

3. 逻辑或运算指令

这组指令与逻辑与指令类似,只是指令所执行的操作不是逻辑乘而是逻辑或。逻辑或运算指令又称逻辑加指令(表 2.2.4),可以用于对某个存储单元或累加器 A 中的数据进行变换,使其中的某些位变为"1"而其余位不变。

表 2.2.4　逻辑或运算指令

指令名称	汇编格式	操　作	机器代码	机器周期
逻辑或	ORL A,Rn	A←A ∨ (Rn)	48H ~ 4FH	1
	ORL A,direct	A←A ∨ (direct)	45H direct	1
	ORL A,@Ri	A←A ∨ ((Ri))	46H ~ 47H	1
	ORL A,#data	A←A ∨ data	44H data	1
	ORL direct,A	(direct)←(direct) ∨ A	42H direct	1
	ORL direct,#data	(direct)←(direct) ∨ data	43H direct data	2

[例 2.2.2]　设 A = AAH,P1 = FFH,试通过编程把累加器 A 中的低 4 位送入 P1 口低 4 位,P1 口高 4 位不变。

解:本有多种求解方法,现在介绍其中一种。

```
ORG    0100H
MOV    R0,A              ;A 中内容暂存 R0
ANL    A,#0FH           ;取出 A 低 4 位,高 4 位位 0
ANL    P1,#0F0H         ;取出 P1 口中高 4 位,低 4 位位 0
ORL    P1,A             ;字节装配
MOV    A,R0             ;恢复 A 中原数
```

67

```
SJMP     $                        ;停机
END
```

4. 逻辑异或指令

这类指令和前两类指令类似,只是指令所进行的操作是逻辑异或,见表2.2.5。

表2.2.5　逻辑异或指令

指令名称	汇编格式	操作	机器代码	机器周期
逻辑或	XRL A,Rn	A←A ⊕ (Rn)	68H～6FH	1
	XRL A,direct	A←A ⊕ (direct)	65H direct	1
	XRL A,@Ri	A←A ⊕ ((Ri))	66H～67H	1
	XRL A,#data	A←A ⊕ data	64H data	1
	XRL direct,A	(direct)←(direct) ⊕ A	62H direct	1
	XRL direct,#data	(direct)←(direct) ⊕ data	63H direct data	2

逻辑异或指令也可以用来对某个存储单元或累加器A中的数据进行变换,使其中某些位变反而其余位不变。

[例2.2.3]　已知外部RAM 30H中有一个数AAH,现欲令它高4位不变和低4位取反,试编出它的相应程序。

解:本题也有多种求解方法,现在介绍其中两种。

(1)利用MOVX A,@Ri类指令。

```
ORG      0100H
MOV      R0,#30H              ;地址30H送R0
MOVX     A,@R0                ;A←AAH
XRL      A,#0FH               ;A←AAH ⊕ 0FH = A5H
MOVX     @R0,A                ;送回30H单元
SJMP     $                    ;停机
END
```

程序中异或指令执行过程为

$$
\begin{array}{r}
(30H) = 1010\ \ 1010B \\
\oplus\quad data = 0000\ \ 1111B \\
\hline
(30H)\quad 1010\ \ 0101B
\end{array}
$$

(2)利用MOVX A,@DPTR类指令。

```
ORG      0200H
MOV      DPTR,#0030H          ;地址0030H送DPTR
MOVX     A,@DPTR              ;A←AAH
XRL      A,#0FH               ;A←AAH ⊕ 0FH = A5H
MOVX     @DPTR,A              ;送回30H单元
SJMP     $                    ;停机
END
```

在程序中,异或指令执行原理和(1)相同。

【项目实施】

1．程序编制要点及参考程序

1）程序编制要点

程序的编制应尽量覆盖指令的各种格式，以能够更好地体会数据交换、堆栈的入栈出栈、逻辑运算的实质含义。

2）参考程序

实训1：字节和半字节交换课题

```
        ORG     0000H
        LJMP    MAIN
        ORG     0030H
MAIN:   MOV     A,#53H
        MOV     R0,#30H
        MOV     R2,#39H
        MOV     30H,#0AAH
        MOV     40H,#5BH
        XCH     A,R2
        XCH     A,@R0
        XCH     A,40H
        SWAP    A
        MOV     R1,A
        SJMP    $
        END
```

实训2：堆栈操作课题

```
        ORG     0000H
        LJMP    MAIN
        ORG     0030H
MAIN:   MOV     SP,#60H
        MOV     R0,#53H
        MOV     R1,#30H
        MOV     30H,#0AAH
        MOV     A,R0
        PUSH    ACC
        PUSH    01H
        PUSH    30H
        MOV     A,#0FFH
        XCH     A,30H
        MOV     R1,A
        POP     30H
        POP     01H
```

```
        POP       ACC
        SJMP      $
        END
```

实训 3：逻辑操作课题

```
        ORG       0000H
        LJMP      MAIN
        ORG       0030H
MAIN:   MOV       A,#53H
        CPL       A
        MOV       R0,A
        RL        A
        MOV       R1,A
        RL        A
        MOV       R2,A
        CLR       C
        RLC       A
        MOV       R3,A
        CLR       A
        RLC       A
        MOV       R4,A
        CLR       A
        SETB      C
        RRC       A
        MOV       R5,A
        SETB      C
        RR        A
        SJMP      $
        END
```

2. 实训的任务和步骤

实训 1：

（1）建工程：名称为 ∗.UV2（说明：∗ 用英文而不要用中文）。

（2）建源文件：名称为 ∗.asm（说明：∗ 用英文而不要用中文,且不能与工程名同）。

（3）在工程中添加源文件（说明：子程序紧接着主程序存放,必须在 END 指令前）。

（4）对工程进行汇编、编译。

（5）调试并运行程序。观察结果,A 的内容应为 B5H,R0 的内容为 30H,R2 的内容为 53H,30H 单元内容为 39H,40H 单元内容为 AAH。

通过这段程序应理解要将内部存储器的内容进行交换必须借助累加器 A,寻址方式可以采用直接寻址和寄存器间接寻址。而半字节交换仅能通过累加器 A 进行。

实训 2：

（1）建工程:名称为 ＊.UV2(说明:＊不要用中文而用英文)。

（2）建源文件:名称为 ＊.asm(说明:＊不要用中文而用英文,且不能与工程名同)。

（3）在工程中添加源文件(说明:子程序紧接着主程序存放,必须在 END 指令前)。

（4）对工程进行汇编、编译。

（5）调试并运行程序:观察结果:累加器 A 的内容应为 53H,R1 的内容为 30H,30H
单元内容为 AAH。

思考:如果 R1 入栈使用 PUSH R1,出栈使用 POP R1 可以吗? 试一试,想想为什么?

实训 3:

（1）建工程:名称为 ＊.UV2(说明:＊用英文而不要用中文)。

（2）建源文件:名称为 ＊.asm(说明:＊用英文而不要用中文,且不能与工程名同)。

（3）在工程中添加源文件(说明:子程序紧接着主程序存放,必须在 END 指令前)。

（4）对工程进行汇编、编译。

（5）调试并运行程序。观察结果:A 累加器的内容应为 40H,R0 的内容应为 6CH,R1
的内容为 D8H,R2 的内容应为 B1H,R3 的内容为 82H,R4 的内容为 01H,R5 的内容为 80H。

【项目评价】

序号	评价指标	评价内容	分值	学生自评	小组评价	教师评价
1	硬件设计	建工程、源文件到位	10			
		对工程进行汇编、编译	20			
2	调试	调试数据交换指令、堆栈操作	10			
		调试逻辑操作指令	20			
		通电后正确、实验成功	20			
3	安全规范与提问	是否符合安全操作规范	10			
		回答问题是否准确	10			
总分			100			
问题记录和解决方法		记录任务实施中出现的问题和采取的解决方法(可附页)				

【项目拓展】

已知:30H 单元中有一正数,试写出求一 X 补码的程序。

项目单元3 控制转移和子程序调用实训

【项目描述】

本项目研究控制转移指令 17 条和位操作指令 17 条,控制转移指令分为无条件转移
指令、条件转移指令、子程序调用和返回指令、空操作指令等。这类指令的共同特点是可
以改变程序执行的流向,或者是使 CPU 转移到另一处执行,或者是继续顺序地执行,执行

后都以改变程序计数器 PC 中的值为目标。位操作指令的操作对象是片内 RAM 的位寻址区(即 20H~2FH)和 SFR 中的 11 个可以位寻址的寄存器,分为位传送、位置位和位清零、位运算以及控制转移指令等。

【项目分析】

编写分支程序,实现以下功能:设变量 X 以补码的形式存放在片内 RAM 的 30H 单元,变量 Y 与 X 的关系是:当 X 大于 0 时,$Y = X$;当 $X = 0$ 时,$Y = 20H$;当 X 小于 0 时,$Y = X + 5$。编制程序,根据 X 的大小求 Y 并送回原单元。

编写程序实现以下功能:控制"1"在累加器 A 中以一定时间间隔移动,移动 10 次后停止。

【知识链接】

2.3.1　控制转移类指令

控制转移指令是任何指令都具有的一类指令,主要以改变程序计数器 PC 中的内容为目的,以便控制程序执行流向。MCS-51 的控制转移指令有 17 条,分为无条件转移指令、条件转移指令、子程序调用与返回指令、空操作指令等四类。

1. 无条件转移指令

无条件转移指令共有 4 条,见表 2.3.1。

表 2.3.1　无条件转移指令

指令名称	汇编格式	操作	机器代码	机器周期
绝对转移	AJMP addr11	PC←PC+2 PC10~PC0←addr1	a10a9a8 0001Ba7~a0	2
长转移	LJMP addr16	PC←addr15~0	00000010B a15~a0	2
相对转移	SJMP rel	PC←PC+2 PC←PC+rel	10000000Brel	2
变址转移	JMP @ A+DPTR	PC←A+DPTR	01110011B	2

(1)绝对无条件转移指令"AJMP addr11"。这是两字节指令,该指令执行时,先将 PC 的内容加 2(这时 PC 指向的是 AJMP 的下一条指令),然后把指令中 11 位地址码传送到 PC10~0,而 PC15~11 保持原内容不变。

在目标地址的 11 位中,前 3 位为页地址,后 8 位为页内地址(每页含 256 个单元)。当前 PC 的高 5 位(即下条指令的存储地址的高 5 位)可以确定 32 个 2KB 段之一。所以,AJMP 指令的转移范围为包含 AJMP 下条指令在内的 2KB 区间。

例如,设"AJMP 27BCH"存放在 ROM 的 1FFEH 和 1FFFH 两地址单元中。在执行该指令时,PC 加 2 指向 2000H 单元。转移目标地址 27BCH 和 PC 加 2 后指向的单元地址 2000H 在同一 2KB 区,因此能够转移到,页号为 7,指令机器码为 E1H,BCH。

如果把存放在 1FFEH 和 1FFFH 两单元的绝对转移指令改为"AJMP 1F00H",这种转移是不能实现的,因为转移目标地址 1F00H 和指令执行时 PC 加 2 后指向的下一单元地址 2000H 不在同一 2KB 区。

(2) 长转移指令"LJMP addr16"。第一字节为操作码,该指令执行时,将指令的第二、三字节地址码分别装入指令计数器 PC 的高 8 位和低 8 位中,程序无条件地转移到指定的目标地址去执行。LJMP 提供的是 16 位地址,因此程序可以转向 64KB 的程序存储器地址空间的任何单元。

例如,若标号"NEWADD"表示转移目标地址 1234H。执行指令 LJMP NEWADD 时,两字节的目标地址将装入 PC 中,使程序转向目标地址 1234H 处运行。

(3) 相对转移指令"SJMP rel"。第一字节为操作码,第二字节为相对偏移量 rel,rel 是一个带符号的偏移字节数(2 的补码),取值范围为 +127 ~ -128(00H~7FH 对应表示 0 ~ +127,80H~FFH 对应表示 -128 ~ -1)。负数表示反向转移,正数表示正向转移。

rel 可以是一个转移目标地址的标号,由汇编程序在汇编过程中自动计算偏移地址,并填入指令代码中。在手工汇编时,可用转移目标地址减转移指令所在的源地址,再减转移指令字节数 2 得到偏移字节数 rel。

例如,标号"NEWADD"表示转移目标地址 0123H,PC 的当前值为 0100H。执行指令 SJMP NEWADD 后,程序将转向 0123H 处执行(此时 rel = 0123H - (0100H + 2) = 21H)。

(4) 间接转移指令"JMP @A + DPTR"。这条指令的功能是把累加器 A 中的 8 位无符号数与数据指针(DPTR)的 16 位数相加,相加之和作为下一条指令的地址送入 PC 中,不改变 A 和 DPTR 的内容,也不影响标志。

间接转移指令采用变址方式实现无条件转移,其特点是转移地址可以在程序运行中加以改变。例如,当把 DPTR 作为基地址且确定时,根据 A 的不同值就可以实现多分支转移,故一条指令可完成多条条件判定转移指令功能。这种功能称为散转功能,所以间接转移指令又称为散转指令。

例如,有一段程序如下:

```
        MOV    DPTR,#TABLE
        JMP    @A + DPTR
TABLE:  AJMP   ROUT0
        AJMP   ROUT1
        AJMP   ROUT2
        AJMP   ROUT3
```

当(A) = 00H 时,程序将转到 ROUT0 处执行;当(A) = 02H 时,程序将转到 ROUT1 处执行;其余类推。

2. 条件转移指令

这类指令是一种在执行过程中需要判断某种条件是否满足而决定要不要转移的指令。某种条件满足则转移,不满足则继续执行原程序。80C51 单片机条件转移指令非常丰富,包括累加器 A 判 0 转移、比较条件转移和减 1 不为 0 转移三类。图 2.3.1 所示为条件转移指令图解。

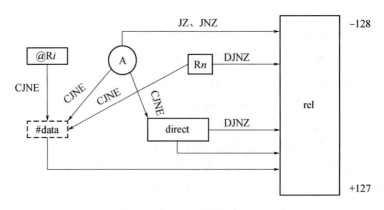

图 2.3.1　为条件转移指令

（1）累加器判 0 转移指令。这组指令执行时均要判断累加器 A 中内容是否为 0,并将其作为转移条件,共有两条,见表 2.3.2。

表 2.3.2　条件转移指令

指 令 名 称		汇编格式	操　作	机器代码	机器周期
判断 A = 0? 转移	0 转移	JZ rel	PC←PC + 2,若 A = 0 则 PC←PC + rel 若 A≠0 则 PC←PC + 2	60H rel	2
	非 0 转移	JNZ rel	PC←PC + 2,若 A≠0 则 PC←PC + rel 若 A = 0 则 PC←PC + 2	70H rel	2

　　［例 2.3.1］　已知 A = 01H,分析执行如下指令后的结果。

```
JZ    LOOP1    ;因为 A≠0,则程序顺序执行
DEC   A        ;A 的内容减 1 后变成 0
JZ    LOOP2    ;因为 A = 0,则程序转移到 LOOP2 处执行
```

（2）减 1 不为 0 转移指令。减 1 条件转移指令有两条(表 2.3.3)。减 1 不为 0 转移指令是把源操作数减 1,结果送回到源操作数中去。如果结果不为 0 则转移。源操作数有寄存器寻址和直接寻址两种方式,允许用户把片内 RAM 单元用作程序循环计数器。

表 2.3.3　减 1 不为 0 转移指令

指令名称	汇编格式	操　作	机器代码	机器周期
减 1 不为 0 转移	DJNZ Rn, rel	PC←PC + 2,Rn←Rn - 1 当 Rn≠0,则 PC←PC + rel 当 Rn = 0 则结束循环,程序往下执行	D8H ~ DFH rel	2
	DJNZ direct, rel	PC←PC + 3,(direct)←(direct) - 1 当(direct)≠0,则 PC←PC + rel 当(direct) = 0 则结束循环,程序往下执行	D5H direct rel	2

例如,由单条 DJNZ 指令来实现软件延时:

```
LOOP:DJNZ    R1,LOOP        ;两个机器周期
```

可写成省略标号的形式:

```
DJNZ      R1,$             ;"$"表示本条指令首字节地址
```

其中,R1 的取值范围为 00H ~ FFH,可实现延时 2 ~ 512 个机器周期(当时钟频率为 12MHz 时,一个机器周期为 1μs)。

(3)比较条件转移指令。比较条件转移指令共有 4 条,见表 2.3.4。

这组指令的功能是对指定的目的字节和源字节进行比较,若它们的值不相等则转移,转移的目标地址为当前的 PC 值加 3 后,再加指令的第三字节偏移量 rel;若目的字节的内容大于源字节的内容,则进位标志清 0;若目的字节的内容小于源字节的内容,则进位标志置 1;若目的字节的内容等于源字节的内容,程序将继续往下执行。

表 2.3.4　比较条件转移指令

指令名称	汇编格式	操作	机器代码	机器周期
比较条件转移	CJNE A, direct, rel	PC←PC + 3,若(direct) < A, 则 PC←PC + rel,且 CY←0 若(direct) > A, 则 PC←PC + rel,且 CY←1 若(direct) = A, 则顺序执行,且 CY←0	B5H direct rel	2
	CJNE A, #data, rel	PC←PC + 3,若 data < A, 则 PC←PC + rel,且 CY←0 若 data > A, 则 PC←PC + rel,且 CY←1 若 data = A, 则顺序执行,且 CY←0	B4H data rel	2
	CJNE Rn, #data, rel	PC←PC + 3,若 data < Rn, 则 PC←PC + rel,且 CY←0 若 data > Rn, 则 PC←PC + rel,且 CY←1 若 data = Rn, 则顺序执行,且 CY←0	B8H ~ BFH data rel	2
	CJNE @Ri, #data, rel	PC←PC + 3,若 data < ((Ri)), 则 PC←PC + rel,且 CY←0 若 data > ((Ri)), 则 PC←PC + rel,且 CY←1 若 data = ((Ri)), 则顺序执行,且 CY←0	B6H ~ B7H data rel	2

［例 2.3.2］ 写出完成下列要求的指令组合。

累加器 A 的内容不等于 55H 时把 A 的内容加上 5;累加器 A 的内容等于 55H 时把 A 的内容减去 5。

解:指令组合如下

```
      CJNE   A,#55H,NEXT1        ;A 的内容和 55H 比较不相等转移到 NEXT1
      CLR    C                   ;顺序执行说明 A 的内容与 55H 相等
      SUBB   A,#05H              ;完成减 5 操作
      SJMP   LAST                ;跳到结束
NXT1:ADD A,#05H                  ;若不相等完成加 5 操作
LAST:SJMP $                      ;动态暂停
```

3. 子程序调用与返回指令

（1）调用与转移指令。MCS-51 有长调用和短调用两条调用指令（表 2.3.5）。

表 2.3.5　子程序调用与返回指令

指令名称	汇编格式	操　作	机器代码	机器周期
短调用	ACALL addr11	$PC \leftarrow (PC) + 2$, $SP \leftarrow (SP) + 1$, $(SP) \leftarrow (PC_{7-0})$, $PC \leftarrow (PC) + 1$, $(SP) \leftarrow (PC_{15-8})$, $PC_{10-0} \leftarrow addr11$ PC_{15-11} 不变	a10a9a810001B a10 ~ a0	2
长调用	LCALL addr16	$PC \leftarrow (PC) + 3$, $SP \leftarrow (SP) + 1$, $(SP) \leftarrow (PC_{7-0})$, $PC \leftarrow (PC) + 1$, $(SP) \leftarrow (PC_{15-8})$, $PC \leftarrow addr15 - 0$	00010010B a15 ~ a0	2
子程序返回	RET	$PC_{15-8} \leftarrow ((SP))$, $SP \leftarrow (SP) - 1$ $PC_{7-0} \leftarrow ((SP))$, $SP \leftarrow (SP) - 1$	22H	2
中断返回	RETI	$PC_{15-8} \leftarrow ((SP))$, $SP \leftarrow (SP) - 1$ $PC_{7-0} \leftarrow ((SP))$, $SP \leftarrow (SP) - 1$	32H	2

这两条指令可以实现子程序的短调用和长调用。目标地址的形成方式与 AJMP 和 LJMP 相似。这两条指令的执行不影响任何标志。

ACALL 指令执行时,被调用的子程序的首址必须设在包含当前指令（即调用指令的下一条指令）的第一个字节在内的 2K 字节范围内的程序存储器中。

LCALL 指令执行时,被调用的子程序的首址可以设在 64K 字节范围内的程序存储器空间的任何位置。

例如,若(SP) = 07H,标号"XADD"表示的实际地址为 0345H,PC 的当前值为 0123H。执行指令 ACALL XADD 后,(PC) + 2 = 0125H,其低 8 位的 25H 压入堆栈的 08H 单元,其高 8 位的 01H 压入堆栈的 09H 单元。(PC) = 0345H,程序转向目标地址 0345H 处执行。

（2）返回指令（表 2.3.5）。

RET 指令的功能是从堆栈中弹出由调用指令压入堆栈保护的断点地址,并送入指令

76

计数器 PC,从而结束子程序的执行。程序返回到断点处继续执行。

RETI 指令是专用于中断服务程序返回的指令,除正确返回中断断点处执行主程序以外,并有清除内部相应的中断状态寄存器(以保证正确的中断逻辑)的功能。

4. 空操作指令

空操作指令也是一条控制指令,见表 2.3.6。

表 2.3.6 空操作指令

指令名称	汇编格式	操作	机器代码	机器周期
空操作	NOP	PC←(PC)+1	00H	1

这条指令不产生任何控制操作,只是将程序计数器 PC 的内容加 1。该指令在执行时间上要消耗 1 个机器周期,在存储空间上可以占用一个字节。因此,常用来实现较短时间的等待或延时等。

2.3.2 位操作类指令

位操作指令有 17 条。位操作指令的操作数不是字节,而是以字节中的某一位(每位取值只能是 0 或 1),故又称为布尔变量操作指令。

位操作指令中的位地址有 4 种表示形式:直接地址方式(如,0D5H)、点操作符方式(如 0D0H.5、PSW.5 等)、位名称方式(如,F0)、伪指令定义方式(如,MYFLAG BIT F0)。以上 4 种形式表示的都是 PSW 中的位 5。

与字节操作指令中累加器 ACC 用字符"A"表示类似的是,在位操作指令中,位累加器要用字符"C"表示(注:在位操作指令中 CY 与具体的直接位地址 D7H 对应)。

1. 位传送指令

位传送指令共有两条,见表 2.3.7。

表 2.3.7 位传送指令

指令名称	汇编格式	操作	机器代码	机器周期
位传送	MOV C, bit	C←(bit)	A2H bit	1
	MOV bit, C	(bit)←C	92H bit	2

这两条指令可以实现指定位地址中的内容与位累加器 CY 的内容的相互传送。

[例 2.3.3] 试通过编程把 00H 位中的内容和 7FH 位中的内容相交换。

解:为了实现 00H 和 7FH 位地址单元中的内容相交换,可以采用 01H 位作为暂存寄存器位,相应程序为

```
MOV C,00H ;CY←(00H 位)
MOV     01H,C          ;暂存 01H 位
MOV     C,7FH          ;CY←(7FH)
MOV     00H,C          ;存入 01H 位
MOV     C,01H          ;00H 位的原内容送 CY
MOV     C,7FH          ;存入 7FH 位
SJMP    $              ;
END
```

在程序中,00H、01H 和 7FH 均为位地址。其中,00H 指 20H 字节单元中的最低位,

01H 是它的次低位,7FH 是 2FH 字节单元中的最高位。

2. 位置位和位清零指令

这类指令共有 4 条,见表 2.3.8。

表 2.3.8　位置位和位清零指令

指令名称		汇编格式	操　作	机器代码	机器周期
位置位和位清零	位清 0	CLR C	C←0	C3H	1
		CLR bit	(bit)←0	C2H bit	1
	位置 1	SETB C	C←1	D3H	1
		SETB bit	(bit)←1	D2H bit	1

这组指令可以把几位标志位 Cy 和位地址中的内容清 0 或置位成"1 状态"。

3. 位运算指令

这类指令共分为与、或、非 3 组,每组各两条指令,见表 2.3.9。

表 2.3.9　位运算指令

指令名称		汇编格式	操　作	机器代码	机器周期
位运算	逻辑与	ANL C,bit	C←C∧(bit)	82H bit	2
		ANL C,/bit	C←C∧($\overline{\text{bit}}$)	B0H bit	2
	逻辑或	ORL C, bit	C←C∨(bit)	72H bit	2
		ORL C, /bit	C←C∨($\overline{\text{bit}}$)	A0H bit	2
	逻辑非	CPL C	C←$\overline{\text{C}}$	B3H	1
		CPL bit	(bit)←$\overline{(\text{bit})}$	B2H bit	1

在这组指令中,除最后一条外,其余指令执行时均不改变 bit 中的内容,CY 既是源操作数寄存器,又是目的操作数寄存器。

这组指令常用于电子电路的逻辑设计。

[例 2.3.4]　设 M、N 和 W 都代表位地址,试编程完成 M、N 中内容的异或操作。

解:由于 MCS – 51 指令系统中无异或指令,所以位异或操作必须用位操作指令来实现。位异或运算的算式是 W =(M)∧($\overline{\text{N}}$)+(M)∧($\overline{\text{N}}$),相应程序为

```
MOV    C,N       ;CY←(N)
ANL    C,/M      ;CY←(M̄)∧(N)
MOV    W,C       ;暂存于 W
MOV    C,W       ;CY←(M)
ANL    C,/N      ;CY←(M)∧(N̄)
ORL    C,W       ;CY←(M̄)∧(N)+(M)∧(N̄)
MOV    W,C       ;存入 W
SJMP   $         ;结束
```

END

显然,采用位操作指令进行电子电路的逻辑设计与采用字节型逻辑指令相比节约存储单元,运算十分方便。

4. 位控制转移指令

位控制转移指令共有 5 条,分为 CY 内容为条件的转移指令和以位地址中内容为条件的转移指令两类。图 2.3.2 为位条件转移指令图解。其指令格式见表 2.3.10 和 2.3.11。

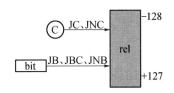

图 2.3.2 为位条件转移指令图解

(1) 以 CY 内容为条件的转移指令,这组指令共有两条,见表 2.3.10 所示。

表 2.3.10 以 CY 内容为条件的转移指令

指 令 名 称		汇编格式	操　作	机 器 代 码	机器周期
以 Cy 内容为条件	Cy = 1 转移	JC rel	PC←PC+2,若 Cy=1 则 PC←PC+rel 若 Cy=0,顺序执行	40H rel	2
	Cy = 0 转移	JNC rel	PC←PC+2,若 Cy=0 则 PC←PC+rel 若 Cy=1,顺序执行	50H rel	2

第一条指令执行时,机器先判断 CY 中的值。若 CY=1,则程序发生转移;若 CY=0,则程序不发生转移,继续执行原程序。第二条指令执行的情况与第一条指令恰好相反,若 CY=0,则程序发生转移;若 CY=1,则程序不发生转移,继续执行原程序。

这两条指令是相对转移指令,都是以 CY 中的值来决定程序是否需要转移。因此,这组指令常与比较条件转移指令 CJNE 连用,以便根据 CJNE 指令执行过程中形成的 CY 进一步决定程序的流向或形成三分支模式。

[例 2.3.5] 已知内部 RAM 的 M1 和 M2 单元中各有一个无符号 8 位二进制数。试编程比较它们的大小,并把大数送到 MAX 单元。

解:相应程序为

```
        MOV     A,M1            ;A←(M1)
        CJNE    A,M2,LOOP       ;若 A≠(M2),则 LOOP,形成 Cy 标志
LOOP:   JNC     LOOP1           ;若 A≥(M2),则 LOOP1
        MOV     A,M2            ;若 A<(M2),则 A←(M2)
LOOP1:  MOV     MAX,A           ;大数→MAX
        RET                     :返回
```

(2) 以位地址中内容为条件的转移指令。这组指令共有 3 条,见表 2.3.11。

表 2.3.11　以位地址中内容为条件的转移指令

指令名称		汇编格式	操　作	机器代码	机器周期
以位地址中内容为条件	(bit)=1 转移	JB bit,rel	PC←PC+3,若(bit)=1, 则 PC←PC+rel 若(bit)=0,顺序执行	20H bit rel	2
	(bit)=0 转移	JNB bit,rel	PC←PC+3,若(bit)=0, 则 PC←PC+rel 若(bit)=1,顺序执行	30H bit rel	2
	(bit)=1 位清0转移	JBC bit,rel	PC←PC+3,若(bit)=1, 则 bit←0,PC←PC+rel 若(bit)=0,顺序执行	10H bit rel	2

这类指令可以根据位地址 bit 中的内容来决定程序的流向。其中,第一条指令和第三条指令的作用相同,只是 JBC 指令执行后还能把 bit 位清零,一条指令起到了两条指令的作用。

[例2.3.6]　已知从外部 RAM 的 2000H 开始有一个输入数据缓冲区,该缓冲区中的数据以回车符 CR(ASCII 码为 0DH)为结束标志,试编写一个程序能把正数送入从 30H (片内 RAM)开始的正数区,并把负数送入 40H 开始的负数区。

解:相应程序为

```
        MOV    DPTR,#2000H      ;缓冲区起始地址送 DPTR
        MOV    R0,#30H          ;正数区指针送 R0
        MOV    R1,#40H          ;负数区指针送 R1
NEXT:   MOVX   A,@DPTR          ;从外部 RAM 取数
        CJNE   A,#0DH,COMP      ;若 A≠0DH,则转 COMP
        SJMP   DONE             ;若 A=0DH,则转 DONE
COMP:   JB     ACC.7,LOOP       ;若为负数,则转 LOOP
        MOV    @R0,A            ;若为正数,则送正数区
        INC    R0               ;修改正数区指针
        INC    DPTR             ;修改缓冲区指针
        SJMP   NEXT             ;循环
LOOP:   MOV    @R1,A            ;若为负数,则送负数区
        INC    R1               ;修改负数区指针
        INC    DPTR             ;修改缓冲区指针
        SJMP   NEXT             ;循环
DONE:   RET                     ;返回
        END
```

至此,已经介绍了 80C51 的 111 条指令,这些指令是程序设计的基础,需要应正确理解并掌握。

【项目实施】

1. 项目训练程序编制要点及参考程序

1) 程序编制要点

尽量掌握利用控制转移指令、子程序调用指令编制程序的方法。

2）参考程序

实训1：

```
        ORG     0000H
        LJMP    START
        ORG     0040H
START:  MOV     A,30H          ;取X至累加器
        JZ      NEXT           ;X=0,转NEXT
        ANL     A,#80H         ;否,保留符号位
        JZ      DONE           ;X>0,转结束
        MOV     A,#05H         ;X<0处理
        ADD     A,30H
        MOV     30H,A          ;X+05H送Y
        SJMP    DONE
NEXT:   MOV     30H,#20H       ;X=0,20H送Y
DONE:   SJMP    DONE
        END
```

实训2：

```
        ORG     0000H
        LJMP    MAIN
        ORG     0030H
MAIN:   MOV     SP,#60H
        MOV     R2,#10
        MOV     A,#01H
LOOP:   LCALL   YANSH
        RL      A
        DEC     R2
        CJNE    R2,#00H,LOOP
        SJMP    $
YANSH:  PUSH    02H            ;R2内容入栈
        MOV     R2,#255
YANSH1: MOV     R3,#255
        DJNZ    R3,$
        DJNZ    R2,YANSH1
        POP     02H            ;R2内容出栈
        RET
        END
```

2. 实训的任务和步骤

实训1：

（1）建工程：名称为 ＊.UV2（说明：＊用英文而不要用中文）。

（2）建源文件：名称为 ＊.asm（说明：＊用英文而不要用中文,且不能与工程名同）。

（3）在工程中添加源文件（说明：子程序紧接着主程序存放,必须在 END 指令前）。

（4）对工程进行汇编、编译。

（5）调试并运行程序。

① 给 RAM30H 送入一个正数,如(30H)=58H,执行程序,观察分支走向。

② 给 RAM30H 送入零,如(30H)=00H,执行程序,观察是否将数字 20H 送入 30H 单元。

③ 给 RAM30H 送入一个负数,如(30H)=80H,执行程序,观察分支走向,判断程序是否正确。

实训 2:

(1)建工程:名称为 * . UV2(说明:*用英文而不要用中文)。

(2)建源文件:名称为 * . asm(说明:*用英文而不要用中文,且不能与工程名同)。

(3)在工程中添加源文件(说明:子程序紧接着主程序存放,必须在 END 指令前)。

(4)对工程进行汇编、编译。

(5)调试并运行程序。

① 打开各观察窗口,全速运行程序。同时观察 ACC 的变化情况。体会子程序调用的过程、数据的入栈和出栈。

② 复位处理器,选择"单步"运行,观察程序每一步执行的情况。

③ 复位处理器,选择"跟踪"运行,观察程序每一步执行的情况。

【项目评价】

序号	评价指标	评价内容	分值	学生自评	小组评价	教师评价
1	硬件设计	建工程、源文件到位	10			
		对工程进行汇编、编译	20			
2	调试	调试运行控制转移指令程序	10			
		调试子程序调用指令程序	20			
		通电后正确、实验成功	20			
3	安全规范与提问	是否符合安全操作规范	10			
		回答问题是否准确	10			
总分			100			
问题记录和解决方法			记录任务实施中出现的问题和采取的解决方法(可附页)			

【项目拓展】

1. 试编写一程序,令片内 RAM 中的 DAT 为起始地址的数据块中的连续 10 个无符号数相加,并将和送到 SUM 单元,设相加结果不超过 8 位二进制数所能表示的范围。

2. 已知以外部 RAM 2000H 为起始地址的存储区有 20 个带符号的补码数,请编写程序把正数和正零取出来存放到内部 RAM20H 为起始地址的存储区(负数和负零不作处理)。

3. 编写能求 20H 和 21H 单元内两数差的绝对值,并把操作结果|(20H)-(21H)|保留在 30H 单元的程序。

任务3　单片机的中断与定时系统

【教学目标】

1. 掌握中断的概念、MCS−51 单片机的中断源。重点是单片机的中断源,中断响应的条件和中断优先级的应用。
2. 掌握特殊功能寄存器 TCON、SCON、IE 和 TMOD 的设置方法。
3. 了解定时/计数器的结构、工作原理、初始化及应用。重点是定时/计数器工作原理和初始化。

【任务描述】

中断及定时/计数器的应用是单片机应用的重要方面,因此如何来设置与中断有关的寄存器,熟练使用定时/计数器对开发单片机应用系统是非常有必要的。所以,我们用 80C51 单片机外部中断、定时/计数器训练的两个项目来熟悉单片机中断及定时/计数器的应用。

项目单元1　80C51 单片机外部中断实训

【项目描述】

本项目研究 MCS−51 单片机的 5 个中断源,即两个外部中断($\overline{INT0}$、$\overline{INT1}$);两个片内定时/计数器(T0、T1)的溢出中断;一个串行口中断。用于中断控制的寄存器 TCON、SCON、IE 和 IP 用来控制中断的类型、中断的开/关和各种中断源的优先级别,以及中断响应的条件与过程。

【项目分析】

在循环流水灯电路的基础上设计中断接口电路,将按键信号转变成外部中断的请求信号,按键每按一下,灯循环移一位。

【知识链接】

3.1.1　80C51 单片机中断系统的概念

1. 中断

什么是中断? 我们从一个生活中的例子引入。你正在家中看书,突然电话铃响了,你放下书本,去接电话,和来电话的人交谈,然后放下电话,回来继续看你的书。这就是生活中的"中断"现象,就是正常的工作过程被外部的事件打断了。

仔细研究一下生活中的中断,对于学习单片机的中断也很有好处。第一,什么可以引起中断,生活中很多事件可以引起中断:有人按了门铃了,电话铃响了,闹钟铃响了,你烧的水开了等,诸如此类的事件,我们把可以引起中断的称为中断源,单片机中也有一些可以引起中断的事件,80C51中一共有5个:两个外部中断,两个计数/定时器中断,一个串行口中断。

第二,中断的嵌套与优先级处理:设想一下,我们正在看书,电话铃响了,同时又有人按了门铃,你该先做哪样呢? 如果你正在等一个很重要的电话,你一般不会去理会门铃的;反之,你正在等一个重要的客人,则可能就不会去理会电话了。如果不是这两者(既不等电话,也不是等人上门),你可能会按通常的习惯去处理。总之这里存在一个优先级的问题,单片机中也是如此。优先级的问题不仅仅发生在两个中断同时产生的情况,也发生在一个中断已产生,又有一个中断产生的情况,比如你正接电话,有人按门铃的情况,或你正开门与人交谈,又有电话响了的情况。

第三,中断的响应过程:当有事件产生,进入中断之前必须先记住现在看书到第几页了,或拿一个书签放在当前页的位置,然后去处理不同的事情(因为处理完了,还要回来继续看书):电话铃响要到放电话的地方去,门铃响要到门那边去,即不同的中断,要在不同的地点处理,而这个地点通常是固定的。计算机中也是采用的这种方法,5个中断源,每个中断产生后都到一个固定的地方去找处理这个中断的程序,当然在去之前首先要保存下面将执行的指令的地址,以便处理完中断后回到原来的地方继续往下执行程序。具体地说,中断响应可以分为以下几个步骤:

(1)保护断点,即保存下一将要执行的指令的地址,就是把这个地址送入堆栈。

(2)寻找中断入口,根据5个不同的中断源所产生的中断,查找5个不同的入口地址。以上工作是由计算机自动完成的,与编程者无关。在这5个入口地址处存放有中断处理程序(这是程序编写时放在那里的,如果没把中断程序放在那里,就错了,中断程序就不能被执行到)。

(3)执行中断处理程序。

(4)中断返回:执行完中断指令后,就从中断处返回到主程序,继续执行。

究竟单片机是怎么样找到中断程序所在位置,又怎么返回的呢? 稍后再论述。

计算机具有实时处理能力,能对外界发生的事件进行及时处理,这是依靠它们的中断系统来实现的。

CPU在处理某一事件A时,发生了另一事件B请求CPU迅速去处理(中断发生);CPU暂时中断当前的工作,转去处理事件B(中断响应和中断服务);待CPU将事件B处理完毕后,再回到原来事件A被中断的地方继续处理事件A(中断返回),这一过程称为中断,如图3.1.1所示。

引起CPU中断的根源,称为中断源。中断源向CPU提出中断请求。CPU暂时中断原来的事务A,转去处理事件B。对事件B处理完毕后,再回到原来被中断的地方(即断点),称为中断返回。实现上述中断功能的部件称为中断系统(中断机构)。

随着计算机技术的应用,人们发现中断技术不仅解决了快速主机与慢速I/O设备的数据传送问题,而且还具有如下优点:

(1)分时操作。CPU可以分时为多个I/O设备服务,提高了计算机的利用率。

(2)实时响应。CPU能够及时处理应用系统的随机事件,系统的实时性大大增强。

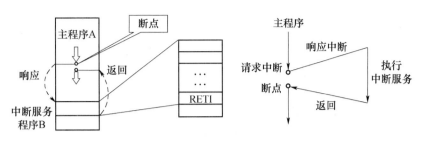

图 3.1.1　中断过程示意图

（3）可靠性高。CPU 具有处理设备故障及掉电等突发性事件的能力,从而使系统可靠性提高。

2. 中断系统的结构

80C51 单片机的中断系统有 5 个中断源,2 个优先级,可实现二级中断嵌套。由片内中断允许寄存器 IE 控制 CPU 是否响应中断请求,由中断优先级寄存器 IP 安排各中断源的优先级,同一优先级内各中断源同时提出中断请求时,由内部的查询逻辑确定其响应次序。

80C51 单片机的中断系统由中断请求标志位(在相关的特殊功能寄存器中)、中断允许—寄存器 IE、中断优先级寄存器 IP 及内部硬件查询电路组成,如图 3.1.2 所示,该图从逻辑上描述了 80C51 单片机中断系统的整体工作机制。

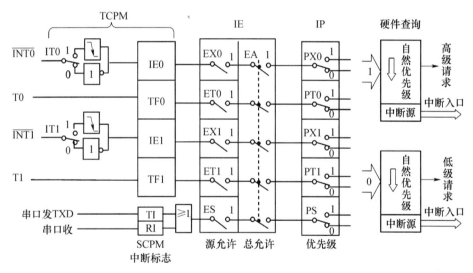

图 3.1.2　80C51 中断系统结构图

3. 中断源

80C51 单片机有 5 个中断源:

（1）$\overline{\text{INT0}}$,外部中断 0。可由 IT0(TCON.0)选择其为低电平有效还是下降沿有效。当 CPU 检测到 P3.2 引脚上出现有效的中断信号时,中断标志 IE0(TCON.1)置 1,向 CPU 申请中断。

（2）$\overline{\text{INT1}}$,外部中断 1。可由 IT1(TCON.2)选择其为低电平有效还是下降沿有效。当 CPU 检测到 P3.3 引脚上出现有效的中断信号时,中断标志 IE1(TCON.3)置 1,向 CPU

申请中断。

（3）TF0（TCON.5），片内定时/计数器 T0 溢出中断请求标志。当定时/计数器 T0 发生溢出时，置位 TF0，并向 CPU 申请中断。

（4）TF1（TCON.7），片内定时/计数器 T1 溢出中断请求标志。当定时/计数器 T1 发生溢出时，置位 TF1，并向 CPU 申请中断。

（5）RI（SCON.0）或 TI（SCON.1），串行口中断请求标志。当串行口接收完一帧串行数据时置位 RI 或当串行口发送完一帧串行数据时置位 TI，向 CPU 申请中断。

4. 中断请求标志

在中断系统中，采用哪种中断，选择哪种触发方式，要由 TCON 和 SCON 的相应位规定。TCON 和 SCON 都属于特殊功能寄存器，字节地址分别为 88H 和 98H，可进行位寻址。

1）触发方式设置及中断标志

TCON 是定时/计数器控制寄存器，它锁存 2 个定时/计数器的溢出中断标志和外部中断INT0和INT1的中断标志，与中断有关的各位定义格式见表 3.1.1。

表 3.1.1　TCON 中各位定义的格式

位	D7	D6	D5	D4	D3	D2	D1	D0
TCON	TF1	TR1	TF0	TR0	IE1	IT1	IE0	IT0
位地址	8FH	8EH	8DH	8CH	8BH	8AH	89H	88H

IT0——外部中断 0 触发方式控制位。当 IT0 = 0 时，为电平触发方式，当外部中断INT0的引脚（P3.2）为低电平时，就会产生中断请求；当 IT0 = 1 时，为下降沿触发方式，当外部中断INT0的引脚（P3.2）加负跳变脉冲时，就会产生中断请求。

IE0——外部中断 0 中断请求标志位。当在 P3.2 引脚加有效的中断触发信号时，IE0被硬件置为"1"，CPU 响应该中断时，由内部的硬件自动清为 0。有时为了调试中断服务程序，会人为地把它设置为"1"，模拟仿真使程序进入中断服务程序运行。

IT1——外部中断 1 触发方式选择位。功能与 IT0 相似。

IE1——外部中断 1 中断请求标志位。功能与 IE0 相似。

TF0——定时/计数器 T0 溢出中断请求标志位。定时/计数器产生中断请求的方式与外部中断不同，在内部的计数器计满溢出时，内部硬件电路置位 TF0，当 CPU 响应该中断时，由内部的硬件电路自动清 0。也可以人为设置来模拟仿真调试定时器的中断服务程序。

TF1——定时/计数器 T1 溢出中断请求标志位。功能与 TF0 相似。

2）SCON 的中断标志

SCON 是串行口控制寄存器，与中断有关的是其低两位 TI 和 RI。其各位定义格式见表 3.1.2。

表 3.1.2　SCON 中各位定义的格式

位	D7	D6	D5	D4	D3	D2	D1	D0	字节地址（98H）
位地址	9FH	9EH	9DH	9CH	9BH	9AH	99H	98H	
SCON	SM0	SM1	SM2	REN	TB8	RB8	TI	RI	

RI——串行口接收中断标志位。当允许串行口接收数据时,每接收完一个串行帧,由硬件置位 RI。同样,RI 必须由软件清除。

TI——串行口发送中断标志位。当 CPU 将一个发送数据写入串行口发送缓冲器时,就启动了发送过程。每发送完一个串行帧,由硬件置位 TI。CPU 响应中断时,不能自动清除 TI,TI 必须由软件清除。

5. 80C51 中断的控制

1) 中断允许控制

中断是否能够被响应和执行,要看相应的中断是否被允许,80C51 系列单片机的各个中断是否允许是由中断允许控制寄存器 IE 来控制的,IE 的字节地址是 A8H,可以进行位寻址,各位定义的格式见表3.1.3。

表3.1.3 IE 中各位定义的格式

位	D7	D6	D5	D4	D3	D2	D1	D0
位地址	AFH	—	—	ACH	ABH	AAH	A9H	A8H
IE	EA	—	—	ES	ET1	EX1	ET0	EX0

EX0——外部中断 $\overline{INT0}$ 中断允许控制位。EX0 = 1,$\overline{INT0}$ 被允许(开中断);EX0 = 0,$\overline{INT0}$ 被禁止(关中断)。

ET0——定时/计数器 T0 中断允许控制位。ET0 = 1,T0 开中断;ET0 = 0,T0 关中断。

EX1——外部中断 $\overline{INT1}$ 中断允许控制位。EX0 = 1,$\overline{INT1}$ 被允许;EX0 = 0,$\overline{INT1}$ 被禁止。

ET1——定时/计数器 T1 中断允许控制位。ET1 = 1,T1 开中断;ET1 = 0,T1 关中断。

ES——串行口中断允许控制位。ES = 1,串行口开中断;ES = 0,串行口关中断。

EA——中断系统总允许控制位。EA = 0,关闭所有中断,只有在 EA = 1 的前提下开通某一个中断源的允许控制位,该中断才能被 CPU 响应。

2) 中断优先级控制

80C51 单片机中断可分为两个优先级:高优先级和低优先级。低优先级的中断程序可以被高优先级的中断,又叫中断嵌套。在同一个优先级内还存在自然优先级,自然优先级从高到低的顺序为:$\overline{INT0}$、T0、$\overline{INT1}$、T1、串行口。如果几个中断在同一优先级,又同时产生中断请求,那么 CPU 首先会响应 $\overline{INT0}$。每一个中断源都可以任意地设置为高优先级或低优先级。我们通常把系统需要优先处理的任务设置为高优先级,其他设置为低优先级。80C51 单片机中断的优先级由中断优先级控制寄存器 IP 来控制,其字节地址为B8H,可以位操作,各位定义格式见表3.1.4。

表3.1.4 IP 中各位定义的格式

位	D7	D6	D5	D4	D3	D2	D1	D0
位地址	—	—	—	BCH	BBH	BAH	B9H	B8H
IP	—	—	—	PS	PT1	PX1	PT0	PX0

PX0——外部中断 $\overline{INT0}$ 中断优先级控制位。PX0 = 1,$\overline{INT0}$ 设置为高优先级;PX0 = 0,

$\overline{INT0}$设置为低优先级。

　　PT0——定时/计数器 T0 优先级控制位,功能同上。

　　PX1——外部中断 0 优先级控制位,功能同上。

　　PT1——定时/计数器 T1 优先级控制位,功能同上。

　　PS ——串行口优先级控制位,功能同上。

　　同一优先级中的中断申请不止一个时,则有直到优先权排队问题。同一优先级的中断优先权排队,由中断系统硬件确定的自然优先级形成,其排列见表 3.1.5。

表 3.1.5　各中断源响应优先级及中断服务程序入口表

中　断　源	中断标志	中断服务程序入口	优先级顺序
外部中断 0($\overline{INT0}$)	IE0	0003H	最高
定时/计数器 0(T0)溢出中断	TF0	000BH	↓
外部中断 1($\overline{INT1}$)	IE1	0013H	↓
定时/计数器 1(T1)溢出中断	TF1	001BH	↓
串行口中断	RI 或 TI	0023H	最低

　　80C51 单片机的中断优先级有三条原则:

　　(1) CPU 同时接收到几个中断时,首先响应优先级别最高的中断请求。

　　(2) 正在进行的中断过程不能被新的同级或低优先级的中断请求所中断。

　　(3) 正在进行的低优先级中断服务,能被高优先级中断请求所中断。

　　为了实现上述后两条原则,中断系统内部设有两个用户不能寻址的优先级状态触发器。其中一个置 1,表示正在响应高优先级的中断,它将阻断后来所有的中断请求;另一个置 1,表示正在响应低优先级中断,它将阻断后来所有的低优先级中断请求。

3.1.2　80C51 单片机的中断处理过程

　　1. 中断响应条件

　　CPU 响应中断的条件:①中断源有中断请求;②此中断源的中断允许位为 1;③CPU 开中断(即 EA = 1)。同时满足时,CPU 才有可能响应中断。

　　CPU 执行程序过程中,在每个机器周期的 S5P2 期间,中断系统对各个中断源进行采样。这些采样值在下一个机器周期内按优先级和内部顺序被依次查询。

　　如果某个中断标志在上一个机器周期的 S5P2 时被置成 1,那么它将于现在的查询周期中及时被发现。接着 CPU 便执行一条由中断系统提供的硬件 LCALL 指令,转向被称作中断向量的特定地址单元,进入相应的中断服务程序。

　　若遇以下任一条件,硬件将受阻,不产生 LCALL 指令:

　　(1) CPU 正在处理同级或高优先级中断。

　　(2) 当前查询的机器周期不是所执行指令的最后一个机器周期。即在完成所执行指令前,不会响应中断,从而保证指令在执行过程中不被打断。

　　(3) 正在执行的指令为 RET、RETI 或任何访问 IE 或 IP 寄存器的指令。即只有在这些指令后面至少再执行一条指令时才能接受中断请求。

　　若由于上述条件的阻碍中断未能得到响应,当条件消失时该中断标志却已不再有效,那么该中断将不被响应。就是说,中断标志曾经有效,但未获响应,查询过程在下个机器周期将重新进行。

2. 中断响应过程

如果中断响应条件满足,CPU 就响应中断。中断响应过程如下:

(1) 保护断点。断点就是 CPU 响应中断时程序计数器(PC)的内容,它指示被中断程序的下一条指令的地址——断点地址。CPU 自动把断点地址压入堆栈,以备中断处理完成后,自动从堆栈取出断点地址送入 PC,然后返回主程序断点处,继续执行被中断的程序。

(2) 给出中断服务程序的入口地址。程序计数器(PC)自动装入中断入口地址(中断向量),执行相应的中断服务程序。

(3) 保护现场。为了使中断处理不影响主程序的运行,相应把断点处有关寄存器的内容和标志位的状态压入堆栈进行保护。现场保护要在中断服务程序开始处通过编程实现。

(4) 中断服务。中断响应过程的前两步是由中断系统内部自动完成的,而中断服务程序则要由用户编写程序来完成。

(5) 恢复现场。在中断服务结束后,返回主程序前,把保存的现场数据从堆栈中弹出,送回原来的位置。恢复现场也通过编程来实现。

3. 中断返回

中断服务程序的最后一条指令必须是中断返回指令 RETI。RETI 指令能使 CPU 结束中断服务程序的执行,返回到曾经被中断过的程序处,继续执行主程序。RETI 指令的具体功能是:

(1) 将中断响应时压入堆栈保存的断点地址从栈顶弹出送回 PC,CPU 从原来中断的地方继续执行程序。

(2) 将相应中断优先级状态触发器清 0,通知中断系统中断服务程序已执行完毕。

注意:不能用 RET 指令代替 RETI 指令,因为用 RET 指令虽然也能控制 PC 返回到原来中断的地方,但 RET 指令没有清 0 中断优先级状态触发器功能,中断控制系统会认为中断仍在进行,其后果是与此同级的中断请求将不被响应,所以中断服务程序结束时必须使用 RETI 指令。

若用户在中断服务程序中进行了入栈操作,则在 RETI 指令执行前应进行相应的出栈操作,使栈顶指针 SP 与保护断点后的值相同,即在中断服务程序中 PUSH 指令与 POP 指令必须成对使用,否则不能正确返回断点。

最后,关于外部中断的触发方式作两点说明。

前面已经提到,外部中断 INT0 和 INT1 有两种触发方式:电平触发方式和边沿触发方式。

(1) 若外部中断定义为电平触发方式,中断标志位的状态随 CPU 在每个机器周期采样到的外部中断输入随引脚的电平变化而变化,这样能提高 CPU 对外部中断请求的响应速度。但外部中断源若有请求,必须把有效的低电平保持到请求获得响应时为止,不然就会漏掉;而在中断服务程序结束之前,中断源又必须撤消其有效的低电平,否则中断返回之后将再次产生中断。

电平触发方式适合于外部中断输入以低电平输入且中断服务程序能清除外部中断请求源的情况。例如,并行接口芯片 8255 的中断请求线在接受读或写操作后即被复位,因此,以其去请求电平触发方式的中断比较方便。

(2) 若外部中断定义为边沿触发方式,在相继连续的两次采样中,一个周期采样到外部中断输入为高电平,下一个周期采样为低电平,则在 IE0 或 IE1 中将锁存一个逻辑 1。即便是 CPU 暂时不能响应,中断申请标志也不会丢失,直到 CPU 响应此中断时才清 0。这样,为保证下降沿能被可靠地采样到,外中断引脚上的高低电平(负脉冲的宽度)均至少要保持一个机器周期(晶振频率为 12MHz 时,为 1μs)。

边沿触发方式适合于以负脉冲形式输入的外部中断请求,如 ADC0809 的转换结束标志信号 EOC 为正脉冲,经反相后就可以作为 80C51 的中断输入。

例如,在循环流水灯电路基础上设计中断接口电路,将按键信号转变成外部中断的请求信号,如图 3.1.3 所示。要求:按键每按一次,灯循环移一位。

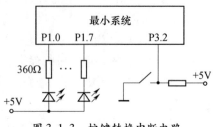

图 3.1.3　按键转换中断电路

按键不按时 P3.2 引脚被上拉为高电平,按键按下时被拉为低电位,在按下的过程中 P3.2 引脚有下降沿信号。不管是低电平还是下降沿,都可以作为中断请求信号。本例使用下降沿触发。程序按照初始化、入口地址、服务程序的步骤编写,切忌按照指令先后顺序编写。

程序如下:

```
           ORG    0000H
           LJMP   SETUP        ;程序开头,跳过入口地址区
           ORG    0003H        ;外中断 0 入口地址
           LJMP   INEX0P       ;转移到它的服务程序
           ORG    0030H
SETUP:     MOV    A,#0FEH      ;亮灯初始信息
           SETB   IT0          ;选择下降沿触发方式
           SETB   EX0          ;开通允许位
           SETB   EA           ;开通总的允许位
MAIN:      SJMP   MAIN         ;主程序,等待
INEX0P:                        ;中断服务程序
           MOV    P1,A         ;信息送 P1 显示
           RL     A            ;A 中内容循环左移一位
           RETI                ;中断返回
           END
```

系统上电复位后,从头执行,先转移到初始化区,对外中断 0 初始化,然后在主程序处等待,有按键按下时,产生中断请求,CPU 响应中断到其入口地址 0003H 处执行,转移其服务程序运行,点亮灯,并将灯的信息左移一位,为下次中断做准备,执行返回指令返回到断点(注意本例的断点就是主程序。断点地址和入口地址有本质区别,中断返回是返回到断点地址,而不是它的入口地址,入口地址是响应中断时进入中断服务程序的入口,也就是服务程序的开头),等待下一次按键中断。

MCS-51 系列单片机的外部中断只有两个,当有多个外部信号需要使用中断方式工作时,可采用扩展的方法,如图 3.1.4 所示。

将多个信号通过"与"门加到中断引脚上,再将这些信号分别接单片机的口作为输入

信号,多路信号共用同一个中断,任一信号是低电平或下降沿,与门输出也是低电平或下降沿,从而产生中断请求。在中断服务程序中首先要根据引脚电平判断是哪个信号产生请求,这时可以通过输入口将信号读到单片机内部,执行信号请求处理的任务。定时/计数器也可以作为中断使用,详见本任务项目2的内容。

单外部中断源示例。图 3.1.5 所示为采用单外部中断源数据采集系统示意图。将 P1 口设置成数据输入口,外围设备每准备好一个数据时,发出一个选通信号(正脉冲),使 D 触发器 Q 端置 1,经 Q 端向INT0送入一个低电平中断请求信号。如前所述,采用电平触发方式时,外部中断请求标志 IE0(或 IE1)在 CPU 响应中断时不能由硬件自动消除。因此,在响应中断后,要设法撤除 INT0的低电平。撤除INT0的方法是,将P3.0线与D 触发器复位端相连,只要在中断服务程序中,由 P3.0 输出一个负脉冲,就能使 D 触发器复位,INT0无效,从而清除 IE0 标志。

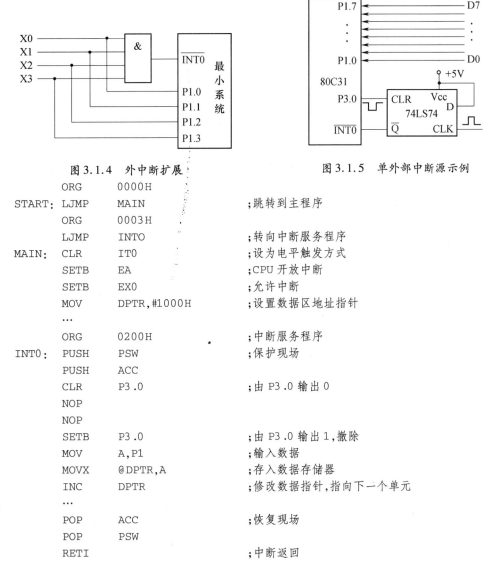

图 3.1.4　外中断扩展

图 3.1.5　单外部中断源示例

```
        ORG    0000H
START:  LJMP   MAIN              ;跳转到主程序
        ORG    0003H
        LJMP   INT0              ;转向中断服务程序
MAIN:   CLR    IT0               ;设为电平触发方式
        SETB   EA                ;CPU 开放中断
        SETB   EX0               ;允许中断
        MOV    DPTR,#1000H       ;设置数据区地址指针
        ...
        ORG    0200H             ;中断服务程序
INT0:   PUSH   PSW               ;保护现场
        PUSH   ACC
        CLR    P3.0              ;由 P3.0 输出 0
        NOP
        NOP
        SETB   P3.0              ;由 P3.0 输出 1,撤除
        MOV    A,P1              ;输入数据
        MOVX   @DPTR,A           ;存入数据存储器
        INC    DPTR              ;修改数据指针,指向下一个单元
        ...
        POP    ACC               ;恢复现场
        POP    PSW
        RETI                     ;中断返回
```

【项目实施】

1. 程序编制要点及参考程序

1）程序编制要点

按键不按时，P3.2 引脚被上拉为高电平，按键按下时被拉为地，在按下的过程中，P3.2引脚有下降沿信号。不管是低电平还是下降沿，都可以作为中断的请求信号。本实训使用下降沿触发。程序按照初始化、入口地址、服务程序的步骤编写，切忌按照指令先后顺序编写。

2）参考程序

```
            ORG     0000H
            LJMP    SETUP
            ORG     0003H
            LJMP    0030H
SETUP：MOV     A,#0FE
            SETB    IT0
            SETB    EX0
            SETB    EA
MAIN：SJMP     MAIN
INEXOP：MOV     P1,A
            RL      A
            RETI
            END
```

2. 实训的任务和步骤

（1）汇编、编译该程序，生成可执行文件。按 F5 运行程序。

（2）在 P3 窗口的 P3.2 位单击鼠标（模拟外部中断 0 引脚信号），观察 P1 窗口变化。

（3）利用单片机最小系统板演示该程序运行情况。

【项目评价】

序号	评价指标	评价内容	分值	学生自评	小组评价	教师评价
1	硬件设计	按照图 3.1.3 连接到位	10			
		发光二极管连接到位	20			
2	调试	调试运行循环流水灯程序	10			
		操作运行循环流水灯系统	20			
		通电后正确、实验成功	20			
3	安全规范与提问	是否符合安全操作规范	10			
		回答问题是否准确	10			
总分			100			
问题记录和解决方法			记录任务实施中出现的问题和采取的解决方法（可附页）			

在 80C51 单片机的 $\overline{\text{INT1}}$ 引脚外接脉冲信号,要求每送来有关脉冲,把片内 40H 单元内的数值加 1,若 40H 单元计满则进位 41H 单元,利用中断结构,编制有关脉冲计数程序。

项目单元 2   定时/计数器实训

【项目描述】

本项目研究定时/计数器的 3 种工作方式,即方式 0、方式 1、方式 2。熟练使用定时/计数器。

【项目分析】

本项目研究定时/计数器中断的使用,用单片机定时/计数器系统产生一首乐曲。

【知识链接】

3.2.1 MCS–51 单片机内部定时/计数器

MCS–51 单片机内部除有并行和串行 I/O 接口外,还带有二进制 16 位的定时/计数器,8031/80C51 有 2 个这样的定时/计数器,8032/8052 有 3 个这样的定时器/计数器,可实现定时控制、延时、对外部事件计数和检测等功能,在工业检测、自动控制以及智能仪表等方面起着重要的作用。定时/计数器也是一种中断设备,当定时或计数达到终点时,即产生中断,而 CPU 则响应中断,执行中断服务程序,来完成定时控制、延时、对外部事件计数和检测等功能。

单片机中的定时/计数器除了可以作为计数用外,还可以用作定时器。只要计数脉冲的间隔相等,那么计数值就代表了时间的流逝。其实,单片机中的定时器和计数器是一个东西,只不过计数器记录的是外界发生的事情,而定时器则是由单片机提供一个非常稳定的计数源,然后把计数源的计数次数转化为定时器的时间。

1. 定时/计数器的结构和工作原理

1) 定时/计数器的结构

80C51 单片机内有两个 16 位定时/计数器,即定时/计数器 0(T0)和定时/计数器 1(T1)。16 位定时/计数器实际上 16 位加 1 计数器。其中 T0 由两个 8 位特殊功能寄存器 TH0 和 TL0 构成;T1 由两个 8 位特殊功能寄存器 TH1 和 TL1 构成。这两组寄存器用来存放定时或计数初值。80C51 单片机的定时/计数器的结构框图如图 3.2.1 所示。

TMOD 是定时/计数器的工作方式寄存器,确定工作方式和功能;TCON 是控制寄存器,控制 T0、T1 的启动和停止及设置溢出标志。

2) 定时/计数器的工作原理

作为定时/计数器的加 1 计数器输入的计数脉冲有两个来源,一个是由系统的时钟振荡器输出脉冲经 12 分频后送来;另一个是 T0 或 T1 引脚输入的外部脉冲源。每来一个脉冲计数器加 1,当加到计数器为全 1 时,再输入一个脉冲就使计数器回零,且计数器的溢出使 TCON 中 TF0 或 TF1 置 1,向 CPU 发出中断请求(定时/计数器中断允许时)。如果定时/计数器工作于定时模式,则表示定时时间已到;如果工作于计数模式,则表示计数值已满。可见,由溢出时计数器的值减去计数初值才是加 1 计数器的计数值。

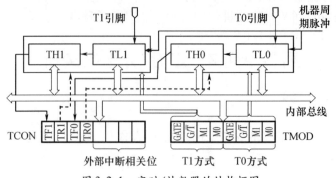

图 3.2.1　定时/计数器的结构框图

设置为定时器模式时,加 1 计数器是对内部机器周期计数(1 个机器周期等于 12 个振荡周期,即计数频率为晶振频率的 1/12)。计数值 N 乘以机器周期 T_{cy} 就是定时时间 t 。

设置为计数器模式时,外部事件计数脉冲由 T0 或 T1 引脚输入到计数器。在每个机器周期的 S5P2 期间采样 T0、T1 引脚电平。当某周期采样到一高电平输入,而下一周期又采样到一低电平时,则计数器加 1,更新的计数值在下一个机器周期的 S3P1 期间装入计数器。

由于检测一个从 1 到 0 的下降沿需要 2 个机器周期,因此要求被采样的电平至少要维持一个机器周期。当晶振频率为 12MHz 时,最高计数频率不超过 1/2MHz,即计数脉冲的周期要大于 2μs。

2. 定时/计数器的控制

80C51 单片机定时/计数器的工作由两个特殊功能寄存器控制。TMOD 用于设置其工作方式;TCON 用于控制其启动和中断申请。

1)定时/计数器工作模式控制寄存器(TMOD)

字节地址为 89H,初始值为 00H,不能按位寻址,只能以字节设置工作模式,低 4 位用于设置 T0,高 4 位用于设置 T1。其格式见表 3.2.1。

表 3.2.1　TMOD 的位定义

TMOD	D7	D6	D5	D4	D3	D2	D1	D0
位定义	GATE	$C/\overline{T}$	M1	M0	GATE	$C/\overline{T}$	M1	M0

GATE:门控位。GATE = 0 时,只要用软件使 TCON 中的 TR0 或 TR1 为 1,就可以启动定时/计数器工作;GATA = 1 时,要用软件使 TR0 或 TR1 为 1,同时外部中断引脚$\overline{INT0}$或$\overline{INT1}$也为高电平时,才能启动定时/计数器工作。即此时定时器的启动条件,加上了$\overline{INT0}$或$\overline{INT1}$引脚为高电平这一条件。

$C/\overline{T}$:定时/计数模式选择位。$C/\overline{T} = 0$ 为定时模式;$C/\overline{T} = 1$ 为计数模式。

M1、M0:工作模式选择位。定时/计数器对应有 4 种工作方式,由 M1、M0 进行设置,见表3.2.2。

表3.2.2　定时/计数器工作方式设置表

M1	M0	工作方式	功　　能
0	0	方式0	13位定时/计数器
0	1	方式1	16位定时/计数器
1	0	方式2	8位自动重装的定时/计数器
1	1	方式3	T0分成两个独立的8位定时/计数器;T1此方式停止计数

2）定时/计数器控制寄存器(TCON)

字节地址为88H,初始值为00H,可以进行位寻址。TCON的低4位用于控制外部中断,已在前面介绍。TCON的高4位用于控制定时/计数器的启动和中断申请。其格式见表3.2.3。

表3.2.3　TCON的位地址和位定义

TCON	D7	D6	D5	D4	D3	D2	D1	D0
位地址	8FH	8EH	8DH	8CH	8BH	8AH	89H	88H
位定义	TF1	TR1	TF0	TR0	IE1	IT1	IE0	IT0

TF1——中断请求标志位。T1计数溢出时由硬件自动置TF1为1。CPU响应中断后TF1由硬件自动清0。T1工作时,CPU可随时查询TF1的状态。所以,TF1可用作查询测试的标志。TF1也可以用软件置1或清0,同硬件置1或清0的效果一样。

TR1——T1运行控制位。TR1置1时,T1开始工作;TR1置0时,T1停止工作。TR1由软件置1或清0。所以,用软件可控制定时/计数器的启动与停止。

TF0——T0溢出中断请求标志位,其功能与TF1类同。

TR0——T0运行控制位,其功能与TR1类同。

3. 定时/计数器的工作方式

1）方式0

当M1、M0的组合为00时,定时/计数器工作于方式0,如图3.2.2所示。

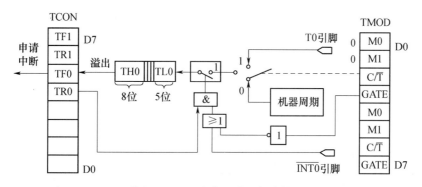

图3.2.2　T0方式0的逻辑结构

方式0为13位计数,由TL0的低5位(高3位未用)和TH0的8位组成。TL0的低5位溢出时向TH0进位,TH0溢出时,置位TCON中的TF0标志,向CPU发出中断请求。

95

$C/\overline{T} = 0$ 时为定时器模式,且有:

$$N = t / T_{cy}$$

式中, t 为定时时间, N 为计数个数, T_{cy} 为机器周期。

通常,在定时/计数器的应用中要根据计数个数求出 TH1、TL1 和 TH0、TL0 中的计数初值。计数初值计算的公式为

$$X = 2^{13} - N$$

式中, X 为计数初值,计数个数为 1 时,初值为 8191,计数个数为 8192 时,初值为 0。即初值在 8191 ~ 0 范围内,计数范围为 1 ~ 8192。另外,定时器的初值还可以采用计数个数直接取补法获得。

$C/\overline{T} = 1$ 时为计数模式,计数脉冲是 T0 引脚上的外部脉冲。

门控位 GATE 具有特殊的作用。当 GATE = 0 时,经反相后使或门输出为 1,此时仅由 TR0 控制与门的开启,与门输出 1 时,控制开关接通,计数开始;当 GATE = 1 时,由外中断引脚信号控制或门的输出,此时控制与门的开启由外中断引脚信号和 TR0 共同控制。当 TR0 = 1 时,外中断引脚信号引脚的高电平启动计数,外中断引脚信号引脚的低电平停止计数。这种模式常用来测量外中断引脚上正脉冲的宽度。

2) 方式 1

当 M1、M0 的组合为 01 时,定时/计数器工作于方式 1,其电路结构和操作方法与方式 0 基本相同。它们的差别仅在于计数的位数不同,如图 3.2.3 所示。

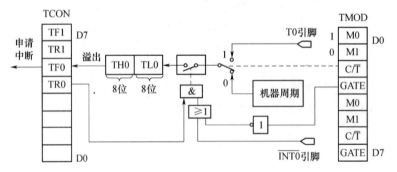

图 3.2.3 方式 1 的逻辑结构

方式 1 的计数位数是 16 位,由 TL0 作为低 8 位,TH0 作为高 8 位,组成了 16 位加 1 计数器。计数个数与计数初值的关系为

$$X = 2^{16} - N$$

可见,计数个数为 1 时,初值为 65535;计数个数为 65536 时,初值 X 为 0。即初值在 65535 ~ 0 范围内,计数范围为 1 ~ 65536。

3) 方式 2

当 M1、M0 的组合为 10 时,定时/计数器工作于方式 2,其逻辑结构如图 3.2.4 所示。

方式 2 为自动重装初值的 8 位计数方式。TH0 为 8 位初值寄存器。当 TL0 计满溢出时,由硬件使 TF0 置 1,向 CPU 发出中断的请求,并将 TH0 中的计数初值自动送入 TL0。TL0 从初值重新进行加 1 计数。周而复始,直至 TR0 = 0 才会停止。计数个数与计数初值的关系为

96

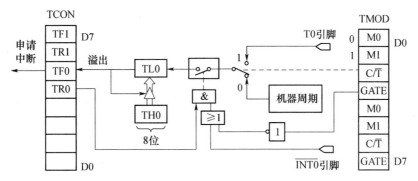

图 3.2.4　方式 2 的逻辑结构

$$X = 2^8 - N$$

可见,计数个数为 1 时,初值 255;计数个数为 256 时,初值 X 为 0。即初值在 255 ~ 0 范围内,计数范围为 1 ~ 256。

由于工作方式 2 时省去了用户软件重装常数的程序,所以特别适合于用作较精确的脉冲信号发生器。

4)方式 3

方式 3 只适用于定时/计数器 T0,定时器 T1 处于方式 3 时相当于 TR1 = 0,停止计数。

当 M1、M0 的组合为 11 时,定时/计数器工作于方式 3,其逻辑结构如图 3.2.5 所示。

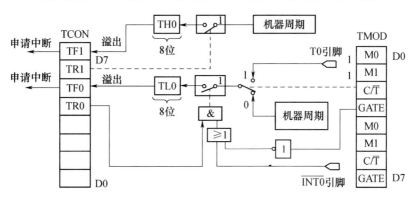

图 3.2.5　方式 3 的逻辑结构

方式 3 时,T0 分成两个独立的 8 位计数器 TL0 和 TH0,TL0 使用 T0 的所有控制位:C/$\overline{\text{T}}$、GATE、TR0、TF0 和 $\overline{\text{INT0}}$。当 TL0 计数溢出时,由硬件使 TF0 置 1,向 CPU 发出中断的请求。而 TH0 固定为定时方式(不能进行外部计数),并且借用了 T1 的控制位 TR1、TF1。因此,TH0 的启、停受 TR1 控制,TH0 的溢出将置位 TF1。

在 T0 工作在方式 3 时,因 T1 的控制位 C/$\overline{\text{T}}$、M1M0 并未交出,原则上 T1 仍可按方式 0、1、2 工作,只是不能使用运行控制位 TR1 和溢出标志位 TF1,也不能发出中断请求信号。方式设定后,T1 将自动运行,如果要停止工作,只需将其定义为方式 3 即可。

在单片机的串行通信应用中,T1 常作为串行口波特率发生器,而且工作在方式 2。这时将 T0 设置为方式 3,可以使单片机的定时/计数器资源得到充分利用。

3.2.2　定时/计数器的应用举例

定时/计数器在多数场合是利用它计满溢出产生中断请求标志的特性来工作,它使用的步骤与外中断使用步骤类似,分硬件和软件两个方面。

1. 硬件

定时/计数器在对外部信息或事件进行计数时,需要通过适当的电路将其转换成脉冲信号,再加到定时/计数器的引脚上。由于内部的计数器是对引脚上的负跳变进行计数,对输入脉冲信号也有要求。单片机检测到负跳变需要 2 个机器周期,当在前一个机器周期检测到高电平,在下个机器周期检测到低电平时,就确认一个负跳变,内部的计数器加1,因此外部被测脉冲信号的周期不能小于 2 个机器周期,即最高频率不能超过系统时钟频率的 1/24。对于高频信号可以进行适当的分频,再送给定时/计数器,通过软件处理分频的倍数。另外脉冲信号高电平和低电平的宽度不宜小于机器周期的宽度。

2. 软件

(1)初始化。80C51 单片机的定时/计数器是可编程的。因此,在利用定时/计数器进行定时或计数之前,先要通过软件对它进行初始化。

初始化程序应完成如下工作:

① 对 TMOD 赋值,以确定 T0 和 T1 的工作方式。

② 计算初值,并将其写入 TH0、TL0 或 TH1、TL1。

③ 中断方式时,则对 IE 赋值,开放中断。

④ 使 TR0 或 TR1 置位,启动定时/计数器定时或计数。

(2)入口地址。工作在中断方式时,在程序结构上需要用伪指令定义中断的入口地址,形式和外部中断一样,如 T0 的入口地址可用下面的指令:

```
ORG    000BH
LJMP   INETOP        ;转移到服务程序
```

INETOP 为 T0 服务程序的名称,和子程序的名称类似。

(3)服务程序。和外部中断服务程序功能一样,定时器的服务程序,就是定时或计数到时需要做的事情。定时器服务程序的内容包括计数器初值的重装,异步都设置在服务程序的开头。

如果定时/计数器不是工作在中断方式,则应用步骤的“入口地址”和“服务程序”可以省去。

3. 定时/计数器

使用定时/计数器是单片机内部功能模块,灵活运用它,不仅能够节约硬件资源,而且还能使程序简练、控制灵活。在使用定时/计数器时应注意以下几个方面。

(1)设置中断向量。定时/计数器中断向量的设定与外部中断向量类似,其中断向量分别是 0BH 和 1BH。通常会在地址上使用“JMP ×××”指令,跳转到中断子程序,在中断子程序中提供真正的服务。例如,希望 T0 中断后执行×××中断子程序,则中断向量设置如下:

```
ORG    0             ;程序从 0 开始
LJMP   START         ;跳至 START
ORG    0BH           ;定时器 T0 中断
LJMP   ×××          ;执行×××中断子程序
    ⋮
```

（2）中断设置。中断设置包括开启中断开关（IE）、中断优先级设置（IP）、中断信号（TCON）、设置新的堆栈地址等。可以利用 MOV 指令、SETB 指令或 CLR 指令，进行字节或位设置。

（3）应根据所要求的定时时间的程度和定时的重复性，合理限制定时器的工作模式。

（4）定时/计数器的初始化，包括设置 TMOD、写入初值等。

（5）若定时/计数器用于计数方式时，外部脉冲必须从 P3.4（T0）或 P3.5（T1）引脚输入，且外部脉冲的最高频率不能超过时钟频率的 1/24。

［例 3.2.1］ 利用定时/计数器 T0 的方式 1，产生 10ms 的定时，并使 P1.0 引脚上输出周期为 20ms 的方波，采用中断方式，设系统时钟频率为 12MHz。

解：（1）求 T0 的方式控制字 TMOD。

M1M0 = 01，GATE = 0，C/T = 0，可取方式控制字为 01H。

（2）计算计数初值 X。

由于晶振为 12MHz，所以机器周期 T_{cy} 为 $1\mu s$。所以，

$$N = t/T_{cy} = 10 \times 10 - 3/1 \times 10 - 6 = 10000$$
$$X = 65536 - 10000 = 55536 = D8F0H$$

即应将 D8H 送入 TH0 中，F0H 送入 TL0 中。

（3）实现程序如下。

```
        ORG    0000H
        LJMP   MAIN              ;跳转到主程序
        ORG    000BH             ;T0 的中断入口地址
        LJMP   DVT0              ;转向中断服务程序
        ORG    0100H
MAIN:   MOV    TMOD,#01H         ;置 T0 工作于方式 1
        MOV    TH0,#0D8H         ;装入计数初值
        MOV    TL0,#0F0H
        SETB   ET0               ;T0 开中断
        SETB   EA                ;CPU 开中断
        SETB   TR0               ;启动 T0
        SJMP   $                 ;等待中断
DVT0:   CPL    P1.0              ;P1.0 取反输出
        MOV    TH0,#0D8H         ;重新装入计数值
        MOV    TL0,#0F0H
        RETI                     ;中断返回
        END
```

［例 3.2.2］ 编写程序，实现用定时/计数器 T0 定时，使 P1.7 引脚输出周期为 2s 的方波。设系统的晶振频率为 12MHz。

解：采用定时 20ms，然后再计数 50 次的方法实现。

（1）确定方式字。

T0 在定时的方式 1 时：M1M0 = 01，GATE = 0 ，C/T = 0，方式控制字为 01H。

（2）求计数初值 X。

由于晶振频率为 12MHz,所以机器周期 T_{cy} 为 1μs。所以,
$$N = 20\text{ms}/1\mu\text{s} = 20000$$
$$X = 65536 - 20000 = 4\text{E}20\text{H}$$

即应将 4E 送 TH0, 20H 送 TL0。

（3）实现程序如下。

```
            ORG     0000H
            LJMP    MAIN
            ORG     000BH
            LJMP    DVT0
            ORG     0030H
MAIN:       MOV     TMOD,#01H        ;置 T0 于模式 1
            MOV     TH0,#4EH         ;装入计数初值
            MOV     TL0,#20H         ;首次计数值
            MOV     R7,#50           ;计数 50 次
            SETB    ET0              ;T0 开中断
            SETB    EA               ;CPU 开中断
            SETB    TR0              ;启动 T0
            SJMP    $                ;等待中断
DVT0:       DJNZ    R7,NT0
            MOV     R7,#50
            CPL     P1.7
NT0:        MOV     TH0,#4EH
            MOV     TL0,#20H
            SETB    TR0
            RETI
            END
```

［例 3.2.3］ 测量 INT0 引脚上出现的正脉冲宽度,并将结果(以机器周期的形式)存放在 30H 和 31H 两个单元中。

解:被测信号与计数的关系如图 3.2.6 所示。将 T0 设置为方式 1 的定时方式,且 GATE = 1,计数器初值为 0,将 TR0 置 1。INT0引脚上出现高电平时,加 1 计数器开始对机器周期计数,当INT0引脚上信号变为低电平时,停止计数然后读出 TH0、TL0 的值。程序如下:

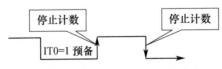

图 3.2.6　被测信号与计数的关系

```
            ORG     0000H
            AJMP    MAIN
            ORG     0200H
MAIN:       MOV     TMOD,#09H        ;置 T0 为定时器方式 1,GATE = 1
            MOV     TH0,#00H         ;置计数初值
```

```
        MOV    TL0,#00H
        MOV    R0,#31H              ;置地址指针初值(指向低字节)
L1:     JB     P3.2,L1             ;高电平等待
        SETB   TR0                 ;当INT0由高变低时使 TR0 =1,准备好
L2:     JNB    P3.2,L2             ;等待INT0变高
L3:     JB     P3.2,L3             ;已变高,启动定时,直到INT0变低
        CLR    TR0                 ;INT0由高变低,停止定时
        MOV    @R0,TL0             ;存结果
        DEC    R0
        MOV    @R0,TH0
        SJMP   $
        END
```

【项目实施】

一、定时/计数器应用实训

1. 程序编制要点及参考程序

1) 程序编制要点

本实训是利用 89C51 端口定时器输出控制端口,驱动扬声器发声。要产生音频脉冲,只要算出某一音频的周期(1/频率),然后将此周期除以 2,即为半周期的时间。利用定时器定时这个半周期时间,每当定时到后就将输出脉冲的 I/O 口反相,然后重复定时此半周期时间再对 I/O 反相,就可在 I/O 脚上得到此频率的脉冲。利用内部定时器使其工作在计数器模式,改变计数值 TH0 及 TL0 以产生不同的频率。节拍的控制是通过调用 125ms 延时子程序的次数来实现的。设单片机晶振频率为 f_0,乐谱中音符的频率为 f,定时器 T0 以模式 1 工作,则与音符半周期对应的定时器 T0 的定时初值 N 为

$$N = 2^{16} - \frac{f_0}{2 \times 12f}$$

例如,设单片机晶振频率为 8MHz,C 调"1"音符(中)对应的频率为 524Hz,其半周期定时初值为 FD83H。音符、频率和定时初值三者之间的关系见表 3.2.4。

表 3.2.4　音符、频率和定时初值三者之间的关系

C 调音符(低)	1	2	3	4	5	6	7
频率 f/Hz	263	294	330	349	392	440	494
定时初值	FB0D	FB92	FC0E	FC45	FCAE	FD0A	FD5D
C 调音符(中)	1	2	3	4	5	6	7
频率 f/Hz	524	588	660	698	784	880	988
定时初值	FD83	FDC9	FE07	FE22	FE57	FE86	FEAF
C 调音符(高)	1	2	3	4	5	6	7
频率 f/Hz	1046	1175	1318	1397	1568	1760	1976
定时初值	FEC1	FEE4	FF02	FF11	FF2B	FF43	FF57

各曲调值 1/4 节拍对应的时间见表 3.2.5。

表 3.2.5　曲调值 1/4 节拍对应的时间

曲 调 值	延时时间/ms
调 4/4	125
调 3/4	187
调 2/4	250

程序流程图如图 3.2.7 所示。

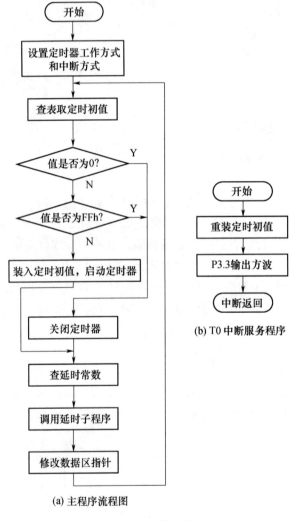

(a) 主程序流程图

(b) T0 中断服务程序

图 3.2.7　程序流程图

2）参考程序

```
ORG    0000H
LJMP   START
```

102

```
        ORG    000BH
        LJMP   WAVE
        ORG    0030H
START:  MOV    SP,#50H
        MOV    TMOD,#01H
        SETB   ET0
        SETB   EX0
MAIN:   MOV    DPTR,#TAB
LOOP:   CLR    A
        MOVC   A,@A+DPTR
        MOV    R1,A
        INC    DPTR
        CLR    A
        MOVC   A,@A+DPTR
        MOV    R0,A
        ORL    A,R1
        JZ     NEXT0
        MOV    A,R0
        ANL    A,R1
        CJNE   A,#0FFH,NEXT
        LCALL  NEXT0
        LJMP   MAIN
NEXT:   MOV    TH0,R1
        MOV    TL0,R0
        SETB   TR0
        SJMP   NEXT1
NEXT0:  CLR    TR0
NEXT1:  CLR    A
        INC    DPTR
        MOVC   A,@A+DPTR
        MOV    R2,A
LOOP1:  LCALL  D200
        DJNZ   R2,LOOP1
        INC    DPTR
        LJMP   LOOP
D200:   MOV    R3,#0AH
D200A:  MOV    R4,#0C8H
D200B:  MOV    R5,#0FBH
D200C:  DJNZ   R5,D200C
        DJNZ   R4,D200B
```

```
        DJNZ   R3,D200A
        RET
WAVE:   MOV    TH0,R1
        MOV    TL0,R0
        CPL    P3.3
        RETI
TAB:    DB 0FEH,57H,02H
        DB 0FEH,57H,02H
        DB 0FEH,0C1H,02H
        DB 0FEH,0C1H,02H
        DB 0FFH,02H,03H
        DB 0FEH,2BH,01H
        DB 0FEH,0E4H,02H
        DB 0FEH,0C1H,02H
        DB 0FFH,02H,0CH
        DB 0FEH,0E4H,04H
        DB 0FEH,0C1H,02H
        DB 0FFH,02H,02H
        DB 0FEH,0E4H,02H
        DB 0FEH,0C1H,02H
        DB 0FEH,0AFH,04H
        DB 0FEH,86H,03H
        DB 0FEH,57H,11H
        DB 0FFH,0FFH
        END
```

2. 实训的任务和步骤

INT1 输出音频信号接音频驱动电路,使蜂鸣器发声。

(1)使用单片机最小应用系统和蜂鸣器模块。蜂鸣器模块的短路帽 J1 插到 V_{CC} 方向,用导线将 INT1 接到蜂鸣器输入端。

(2)用串行数据通信线连接计算机与仿真器,把仿真器插到模块的锁紧插座中。注意仿真器的方向:缺口朝上。

(3)打开 KeiL uVision2 仿真软件,首先建立本实验的项目文件,然后添加建立好的 ASM 文件,进行编译,直到编译无误。

(4)全速运行程序,扬声器发出"锦绣河山美如画"的声音。

二、定时器串联应用实训

1. 实训任务

实现发光二极管闪烁(发光 2s,熄灭 2s)。P0 口外接 8 个发光二极管,引脚 P1.0 与 P3.5 相连,设 f_{osc} =6MHz, T0 与 T1 串联使用(T0 方式 1 定时,T1 方式 2 计数)。

2. 实训目的

灵活使用单片机定时器,利用定时器串联实现长时间延时。

3. 实训准备

(1) 分析题目要求,在 Proteus 中绘制原理图(图 3.2.8)。

(2) 根据实训任务设计出相应的程序。

分析:如前面所述,如果每次定时 0.1s,T0 的计数初值 =3C B0H。

每 0.1s 对 P1.0 取反一次,这样 T1 计数 10 次,可得 2s。

根据定时/计数方式有,T1 的计数初值 = 256 - T1 的计数次数 = 256 - 10 = 246。

设置 TMOD。T0 方式 1 定时,与外部脉冲无关,TMOD 的低 4 位为 0001;T1 方式 2 计数,与外部脉冲无关,TMOD 的高 4 位为 0110。

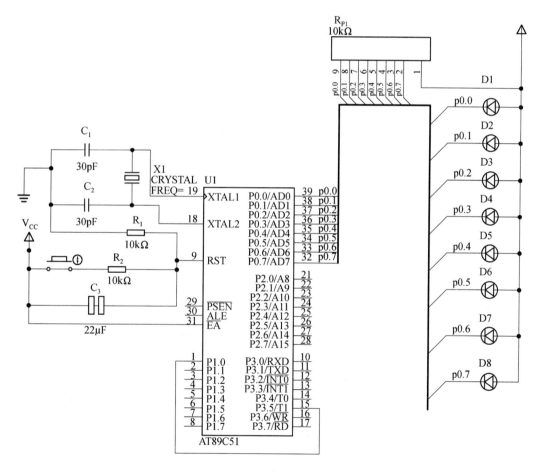

图 3.2.8　控制发光二极管闪烁原理图

参考的编制程序(中断方式)如下:

```
ORG  0000H
AJMP MAIN
ORG  000BH        ;T0 中断入口地址
AJMP SFT0
```

```
        ORG   001BH        ;T1 中断入口地址
        AJMP  SFT1
        ORG   0050H
MAIN: MOV   A,#0FFH
        MOV   IE,#8AH       ;开中断
        MOV   IP,#0          ;设置中断优先级
        MOV   TMOD,#61H    ;设置 TMOD,T0 方式 1 定时,T1 方式 2 计数
        MOV   TH0,#3CH      ;设置定时初值,定时 0.1s
        MOV   TL0,#0B0H
        MOV   TH1,#246      ;设置计数初值,计 10 次
        MOV   TL1,#246
        CLR   P1.0           ;设置 P1.0 为低电平
        SETB  TR0            ;启动 T0
        SETB  TR1            ;启动 T1
        SJMP  $              ;等待中断
        ORG   0200H         ;T1 中断服务程序
SFT1:  CPL   A             ;控制发光二极管
        MOV   P0,A
        RETI
        ORG   0400H         ;T0 中断服务程序
SFT0:  MOV   TH0,#3CH     ;重新设置计数初值
        MOV   TL0,#0B0H
        CPL   P1.0
WAIT:  RETI
        END
```

【项目评价】

序号	评价指标	评价内容	分值	学生自评	小组评价	教师评价
1	硬件设计	连接单片机最小系统	10			
		连接蜂鸣器	20			
2	调试	编写和调试运行实训程序	10			
		调试仿真器和计算机的连接	20			
		通电后正确、实验成功	20			
3	安全规范与提问	是否符合安全操作规范	10			
		回答问题是否准确	10			
	总分		100			
	问题记录和解决方法		记录任务实施中出现的问题和采取的解决方法(可附页)			

附　歌曲《我为祖国献石油》简谱：

【项目拓展】

1. 已知单片机的振荡频率 6MHz，试编写程序，利用 T1 产生 500ms 的延时，在 P1.1 引脚产生周期为 1s 的方波。

2. 假设系统时钟频率为 6MHz，编写 T0 产生 1s 的定时程序。

任务4　单片机的通信

【教学目标】

1. 掌握串行通信的基础知识、串行通信与并行通信的特点。重点是串行通信与并行通信的特点及适用范围。

2. 掌握串行口的工作方式及特点。重点是串行口的4种工作方式及特点。

3. 了解 MCS – 51 单片机串行通信的应用。

【任务描述】

串行通信是一种能把二进制数据按位传送的通信,故它所需传输线条数极少,特别适用于分级、分层和分布式控制系统以及远程通信。CPU 与外部设备之间的数据传输是通过输入/输出接口电路实现的。输入/输出接口按数据传输方式可分为并行和串行接口。并行接口与外部设备之间用4根、8根或16根数据线同时传输4位、8位或16位二进制数,数据是并行传输的;串行接口与外部设备之间在一根数据线上,一位位串行传输二进制数据。本任务研究 RS – 232 串口通信、RS – 485 串口通信实训。

项目单元1　RS – 232 串口通信实训

【项目描述】

单片机80C51 串行口经 RS 232 电平转换后,与 PC 机串行口相连。PC 机使用串口调试应用程序 V2.2. exe,实现上位机与下位机的通信。本项目实训使用查询法接收和发送资料。上位机发出指定字符,下位机收到后返回原字符。波特率设为4800。

【项目分析】

本项目研究在 PC 机或 MCS – 51 单片机与外部设备的串行通信中,根据数据传输方向的不同,有单工、半双工和全双工三种方式。在 MCS – 51 单片机内部有一个可编程的全双工串行异步通信接口,通过软件编程可以用作异步收发器,也可做同步移位寄存器用,串行通信接口的控制寄存器有两个,分别是串行口控制寄存器 SCON 和电源控制寄存器 PCON。80C51 单片机的串行口有4种工作方式。

【知识链接】

4.1.1　计算机串行通信的基础知识

随着多微机系统的广泛应用和计算机网络技术的普及,计算机的通信功能显得越来越重要。计算机通信是指计算机与外部设备或计算机与计算机之间的信息交换。

1．计算机串行通信的基本概念

在计算机系统中，CPU 与外部通信的基本方式有两种：并行通信——数据的各位同时传送；串行通信——数据一位一位顺序传送。

1）并行通信和串行通信

并行通信的特点：各位数据同时传送，传送速度快、效率高。但有多少数据位就需要有多少根数据线，因此传送成本高。在集成电路芯片的内部、同一插件板上各部件之间、同一机箱内各插件板之间的数据传送都是并行的。并行数据传送的距离通常小于 30m。

并行通信通常是将收发设备的所有数据位用多条数据线连接并同时传送，如图4.1.1所示。

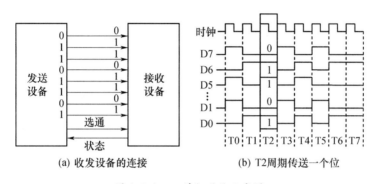

(a) 收发设备的连接　　　　(b) T2周期传送一个位

图 4.1.1　　　并行通信示意图

并行通信时除了数据线外还有通信控制线。发送设备在发送数据时要先检测接收设备的状态，若接收设备处于可以接收数据的状态，发送设备就发出选通信号。在选通信号的作用下各数据位信号同时传送到接收设备。可以看出，传送一个字节仅用了一个周期。

串行通信的特点：数据传送按位顺序进行，最少只需一根传输线即可完成，成本低，但速度慢。计算机与远程终端和终端之间的数据传送通常都是串行的。串行数据传送的距离可以从几米到几千千米。

串行通信是将数据字节分成一位一位的形式在一条传输线上逐个地传送，串行通信示意图如图4.1.2所示。串行通信时，数据发送设备先将数据代码由并行形式转换成串行形式，然后一位一位地逐个放在传输线路上进行传送；数据接收设备将接收的串行位形式的数据转换成并行形式进行存储或处理。串行通信必须采取一定的方法进行数据传送的起始及停止控制。

2）异步通信与同步通信

对于串行通信，数据信息和控制信息都要在一条线上实现。为了对数据和控制信息进行区分，收发双方要事先约定共同遵守的通信协议。通信协议约定内容包括：同步方式、数据格式、传输速率、校验方式。

依发送与接收时钟的配置方式，串行通信可以分为异步通信和同步通信。

（1）异步通信方式（Asynchronous Communication）。异步通信指通信的发送与接收设

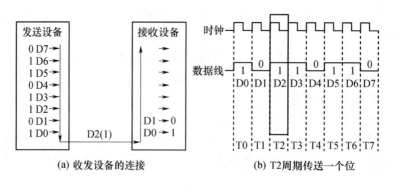

(a) 收发设备的连接　　　　　　　(b) T2周期传送一个位

图 4.1.2　串行通信示意图

备使用各自的时钟控制数据的发送和接收过程。为使双方的收发协调,要求发送和接收设备的时钟尽可能一致。异步通信示意图如图 4.1.3 所示。

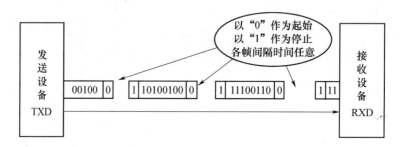

图 4.1.3　异步通信示意图

异步通信是以字符(构成的帧)为单位进行传输,字符与字符之间的间隙(时间间隔)是任意的,但每个字符中的各位是以固定的时间传送的,即字符之间是异步的(字符之间不一定有"位间隔"的整数倍的关系),但同一字符内的各位是同步的(各位之间的距离均为"位间隔"的整数倍)。

异步通信也要求发送设备与接收设备传送数据的同步,采用的办法是使传送的每一个字符都以起始位 0 开始,以停止位 1 结束。这样,传送的每一帧都用起始位来进行收发双方的同步。停止位和间隙作为时钟频率偏差的缓冲,即使收发双方时钟频率略有偏差,积累的误差也仅限制在本帧之内。异步通信的帧格式如图 4.1.4 所示。

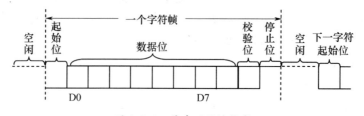

图 4.1.4　异步通信帧格式

由图 4.1.4 可见,异步通信的每帧数据由四部分组成:起始位(1 位)、数据位(8 位)、奇偶校验位(1 位,可无校验位)和停止位(1 位)。各部分功能如下。

110

① 起始位:位于字符帧开头,只占一位,始终为逻辑 0(低电平),用于向接收设备表示发送端开始发送一帧信息。

② 数据位:紧跟在起始位之后,用户根据情况可取 5 位、6 位、7 位或 8 位,低位在前高位在后。若所传数据为 ASCII 字符,则常取 7 位。

③ 奇偶校验位:位于数据位之后,仅占一位,用来表征串行通信采用奇校验还是偶校验,用户根据需要决定。

④ 停止位:位于字符帧末尾,为逻辑 1(高电平),通常取 1 位、1.5 位或 2 位,用于向接收端表示一帧字符信息已发送完毕,也为发送下一帧字符做准备。

异步通信的特点是不要求收发双方时钟的严格一致,实现容易,设备开销较小,但每个字符要附加 2~3 位用于起止位,各帧之间还有间隔,因此传输效率不高。

(2) 同步通信方式(Synchronous Communication)。同步通信时要建立发送方时钟对接收方时钟的直接控制,使双方达到完全同步。同步通信传输效率高。

由于 80C51 的串行口属于通用的异步收发器(UART),所以只讨论异步通信。

3) 串行通信的方式

在串行通信中,数据是在两个站之间传送的。按照数据传输方向及时间关系可分为单工、半双工和全双工三种传送方式,如图 4.1.5 所示。

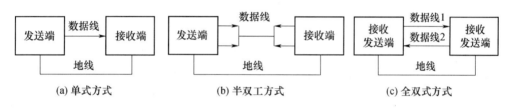

图 4.1.5　三种串行通信方式

(1) 单工方式。在单工方式下通信线的一端接发送器,另一端接接收器,它们形成单向连接,只允许数据按照一个固定方向传送。如图 4.1.5(a)所示,数据只能单方向传送。

(2) 半双工方式。在半双工方式下,系统中的每个通信设备都由一个发送器和一个接收器组成,通过收发开关接到通信线上,如图 4.1.5(b)所示。在这种方式下,数据能够实现双方向传送,但任何时刻只能由其中的一方发送数据,另一方接收数据。其收发开关并不是实际的物理开关,而是由软件控制的电子开关,通信线两端通过半双工协议进行功能切换。

(3)全双工方式。虽然半双工比单工方式灵活,但它的效率依然很低,可以通过采用信道划分技术来克服它的这个缺点。在图 4.1.5(c)所示的全双工方式中,不是交替发送和接收,而是同时发送和接收。全双工通信系统的每端都含有发送器和接收器,数据可以同时在两个方向上传送。

需要注意的是,尽管许多串行通信接口电路具有全双工功能,但在实际应用中,大多数情况下只工作于半双工方式,即两个工作站通常并不同时收发。这种用法并无害处,虽然没有充分发挥效率,但简单、实用。

111

4）串行通信的错误校验

（1）奇偶校验。在发送数据时,数据位尾随的 1 位为奇偶校验位(1 或 0)。奇校验时,数据中"1"的个数与校验位"1"的个数之和应为奇数;偶校验时,数据中"1"的个数与校验位"1"的个数之和应为偶数。接收字符时,对"1"的个数进行校验,若发现不一致,则说明传输数据过程中出现了差错。

（2）代码和校验。代码和校验是发送方将所发数据块求和(或各字节异或),产生一个字节的校验字符(校验和)附加到数据块末尾。接收方接收数据的同时对数据块(除校验字节外)求和(或各字节异或),将所得的结果与发送方的"校验和"进行比较,相符则无差错,否则即认为传送过程中出现了差错。

（3）循环冗余校验。这种校验是通过某种数学运算实现有效信息与校验位之间的循环校验,常用于对磁盘信息的传输、存储区的完整性校验等。这种校验方法纠错能力强,广泛应用于同步通信中。

5）传输速率与传输距离

（1）传输速率。比特率是每秒钟传输二进制代码的位数,单位是位/秒(b/s)。如每秒钟传送 240 个字符,而每个字符格式包含 10 位(1 个起始位、1 个停止位、8 个数据位),这时的比特率为

$$10\text{bit} \times 240 \text{个} /\text{s} = 2400 \text{ b/s}$$

波特率表示每秒钟调制信号变化的次数,单位是波特(Baud)。波特率和比特率不总是相同的,对于将数字信号 1 或 0 直接用两种不同电压表示的所谓基带传输,比特率和波特率是相同的。所以,也经常用波特率表示数据的传输速率。

（2）传输距离与传输速率的关系。串行接口或终端直接传送串行信息位流的最大距离与传输速率及传输线的电气特性有关。当传输线使用每 0.3m(约 1 英尺)有 50pF 电容的非平衡屏蔽双绞线时,传输距离随传输速率的增加而减小。当比特率超过 1000 b/s 时,最大传输距离迅速下降,如 9600 b/s 时最大距离下降到只有 76m(约 250ft)。

2. 串行通信接口标准

串行通信接口主要有 RS-232-C、RS-422-A、RS-485 等三种,其中 RS-232-C 常用于数控系统与计算机的连接,RS-422-A 和 RS-485 则用于数控系统与网络和外围设备的连接。

RS-232-C 标准:RS-232 是美国电子工业协会(EIA)于 1962 年制定的标准。1969 年修订为 RS-232-C,后来又多次修订。由于内容修改的不多,所以人们习惯于早期的名字"RS-232-C"。RS-232-C 定义了数据终端设备(DTE)与数据通信设备(DCE)之间的物理接口标准。它规定了接口的机械特性、功能特性和电气特性几方面内容。

1）机械特性

RS-232-C 接口规定使用 25 针连接器,连接器的尺寸及每个插针的排列位置都有明确的定义。一般的应用中并不一定用到 RS-232-C 定义的全部信号,这时常采用 9 针连接器替代 25 针的连接器。

2）功能特性

RS-232-C 接口的主要信号线的定义见表 4.1.1。

表 4.1.1 RS-232-C 接口主要信号线定义

插针序号	信号名称	功　能	信号方向
1	PGND	保护接地	
2(3)	TXD	发送数据(串行输出)	DTE→DCE
3(2)	RXD	接收数据(串行输入)	DTE←DCE
4(7)	RTS	请求发送	DTE→DCE
5(8)	CTS	允许发送	DTE←DCE
6(6)	DSR	DCE 就绪(数据建立就绪)	DTE←DCE
7(5)	SGND	信号接地	
8(1)	DCD	载波检测	DTE←DCE
20(4)	DTR	DTE 就绪(数据终端准备就绪)	DTE→DCE
22(9)	RI	振铃指示	DTE←DCE
注:插针序号栏中,括号内为9针非标准连接器的引脚号			

3)电气特性

RS-232-C 采用负逻辑电平,规定(-3V ~ -25V)为逻辑"1",(+3V ~ +25V)为逻辑"0"。-3V ~ +3V 是未定义的过渡区。TTL 电平与 RS-232-C 逻辑电平的比较如图 4.1.6 所示。

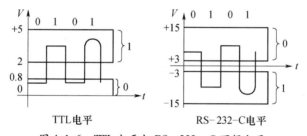

图 4.1.6　TTL 电平与 RS-232-C 逻辑电平

由于 RS-232-C 逻辑电平与通常的 TTL 电平不兼容,为了实现与 TTL 电路的连线,需要外加电平转换电路(如 MAX232)。

4)过程特性

过程特性规定了信号之间的时序关系,以便正确地接收和发送数据。如果通信双方均具备 RS-232-C 接口(如 PC 机),它们可以直接连接,不必考虑电平转换问题。

对于单片机与普通的 PC 机通过 RS-232-C 的连接,就必须考虑电平转换问题,因为 80C51 单片机串行口不是标准的 RS-232-C 接口。

远程 RS-232-C 通信需要调制解调器,其连接如图 4.1.7 所示。

近程 RS-232-C 通信时(距离 <15m),可以不使用调制解调器,如图 4.1.8 所示。

对于 PC 机,采用无联络线方式时,串口驱动语句要用汇编指令。如果采用高级语言的标准函数或汇编语言的中断调用,就要采用联络线短接方式。

5)采用 RS-232-C 接口存在的问题

(1)传输距离短、速率低;

(2)有电平偏移;

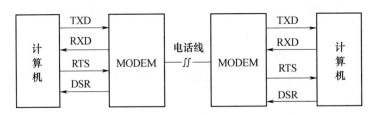

图 4.1.7 远程 RS - 232 - C 通信连接

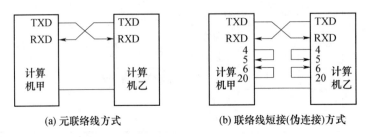

(a) 元联络线方式   (b) 联络线短接(伪连接)方式

图 4.1.8 近程 RS - 232 - C 通信连接

（3）抗干扰能力差。

4.1.2 80C51 单片机串行接口

1. 80C51 单片机串行口的结构

80C51 串行口的内部简化结构如图 4.1.9 所示。图中有两个物理上独立的接收、发送缓冲器 SBUF，它们占用同一个地址，可同时发送、接收数据（全双工）。发送缓冲器只能写入，不能读出；接收缓冲器只能读出，不能写入。定时器 T1 作为串行通信的波特率发生器，T1 溢出率先经过 2 分频（也可以不分频）再经过 16 分频作为串行发送或接收的移位脉冲。

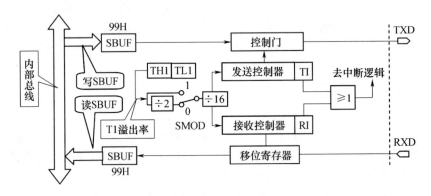

图 4.1.9 80C51 串行口内部简化结构

接收缓冲器是双缓冲结构，由于在前一个字节从接收缓冲器 SBUF 读走之前，已经开始接收第二个字节（串行移入至移位寄存器），若在第二个字节接收完毕而前一个字节仍未读走时，就会丢失前一个字节的内容。

串行口的发送和接收都是以 SBUF 的名称进行读或写的，当向 SBUF 发出"写"指令时（如 MOV SBUF, A 指令），即是向发送缓冲器 SBUF 装载并开始由 TXD 引脚向外串行地发送一帧数据,发送完后便使发送中断标志 TI = 1;当串行口接收中断标志位 RI = 0时,置允许位 REN = 1 就会启动接收过程,一帧数据进入输入移位寄存器,并装载到接收 SBUF 中,同时使 RI = 1。执行读 SBUF 指令(如 MOV A,SBUF 指令),则可以由接收缓冲器 SBUF 取出信息送累加器 A,并存于某个指定的位置。

对于发送缓冲器,因为发送时 CPU 是主动的,所以不会产生重叠错误。

2. 80C51 串行口的控制寄存器

SCON 是一个特殊功能寄存器,用以设定串行口的工作方式、接收/发送控制以及设置状态标志。字节地址为 98H,可进行位寻址,其格式见表 4.1.2。

表 4.1.2　SCON 各位名称及地址

SCON	D7	D6	D5	D4	D3	D2	D1	D0
位名称	SM0	SM1	SM2	REN	TB8	RB8	TI	RI
位地址	9FH	9EH	9DH	9CH	9BH	9AH	99H	98H

(1) SM0 和 SM1 为工作方式选择位,可选择 4 种工作方式,见表 4.1.3。

表 4.1.3　串行口的工作方式

SM0	SM1	方　式	说　明	波特率
0	0	0	移位寄存器	$f_{osc}/12$
0	1	1	10 位 UART(8 位数据)	可变
1	0	2	11 位 UART(9 位数据)	$f_{osc}/64$ 或 $f_{osc}/32$
1	1	3	11 位 UART(9 位数据)	可变

(2) SM2:多机通信控制位,主要用于方式 2 和方式 3。当接收机的 SM2 = 1 时,可以利用收到的 RB8 来控制是否激活 RI(RB8 = 0 时不激活 RI,收到的信息丢弃;RB8 = 1 时,收到的数据进入 SBUF,并激活 RI,进而在中断服务中将数据从 SBUF 读走)。当 SM2 = 0时,不论收到的 RB8 为 0 和 1,均可以使收到的数据进入 SBUF,并激活 RI(即此时 RB8 不具有控制 RI 激活的功能)。通过控制 SM2,可以实现多机通信。

在方式 0 时,SM2 必须是 0。在方式 1 时,若 SM2 = 1,则只有接收到有效停止位时,RI 才置 1。

(3) REN:允许串行接收位。由软件置 REN = 1,则启动串行口接收数据;若软件置 REN = 0,则禁止接收。

(4) TB8:在方式 2 或方式 3 中,是发送数据的第 9 位,可以用软件规定其作用。可以用作数据的奇偶校验位,或在多机通信中,作为地址帧/数据帧的标志位。

在方式 0 和方式 1 中,该位未用。

(5) RB8:在方式 2 或方式 3 中,是接收到数据的第 9 位,作为奇偶校验位或地址帧/数据帧的标志位。在方式 1 时,若 SM2 = 0,则 RB8 是接收到的停止位。

(6) TI:发送中断标志位。在方式 0 时,当串行发送第 8 位数据结束时,或在其他方式,串行发送停止位的开始时,由内部硬件使 TI 置 1,向 CPU 发中断申请。在中断服务程序中,必须用软件将其清 0,取消此中断申请。

(7) RI:接收中断标志位。在方式 0 时,当串行接收第 8 位数据结束时,或在其他方式,串行接收停止位的中间时,由内部硬件使 RI 置 1,向 CPU 发中断申请。也必须在中断服务程序中,用软件将其清 0,取消此中断申请。

电源控制寄存器 PCON(97H)。在电源控制寄存器 PCON 中只有一位 SMOD 与串行口工作有关,其格式见表 4.1.4。

表 4.1.4 电源控制寄存器格式

PCON	D7	D6	D5	D4	D3	D2	D1	D0
位名称	SMOD	—	—	—	—	—	—	—

SMOD:波特率倍增位。在串行口方式 1、方式 2、方式 3 时,波特率与 SMOD 有关,当 SMOD =1 时,波特率提高 1 倍。复位时,SMOD =0。

3. 80C51 串行口的工作方式

80C51 串行接口可设置为 4 种工作方式,由串行控制寄存器 SCON 中 SM0、SM1 决定。

1) 方式 0

串行口设置为方式 0 时,串行口为同步移位寄存器的输入输出方式,主要用于扩展并行输入或输出口。数据由 RXD(P3.0)引脚输入或输出,同步移位脉冲由 TXD(P3.1) 引脚输出。发送和接收均为 8 位数据,低位在先,高位在后。波特率固定为 $f_{osc}/12$。

(1) 方式 0 输出。方式 0 的数据输出时序如图 4.1.10 所示。

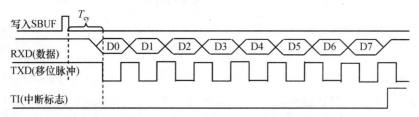

图 4.1.10 方式 0 数据输出时序

执行"写入 SBUF"指令后,就启动了串行口的发送过程。内部的定时逻辑在"写入 SBUF"脉冲后,经过一个完整的机器周期(T_{cy}),输出移位寄存器的内容逐次送 RXD 引脚输出。移位脉冲由 TXD 引脚输出,它使 RXD 引脚输出的数据移入外部移位寄存器。当数据的最高位 D7 移至输出移位寄存器的输出位时,再移位一次后就完成了一个字节的输出,这时中断标志 TI 置 1。如果还要发送下一个字节数据,必须用软件先将 TI 清 0。

(2) 方式 0 输入。方式 0 的数据输入时序如图 4.1.11 所示。

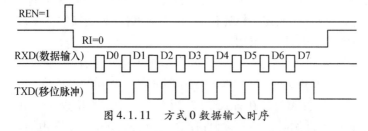

图 4.1.11 方式 0 数据输入时序

在 RI 为 0 的条件下,用指令"SETB REN"使接收允许位 REN =1 时,就会启动串行口的接收过程。RXD 引脚为串行输入引脚,移位脉冲由 TXD 引脚输出。当接收完一帧

116

数据后,内部控制逻辑自动将输入移位寄存器中的内容写入 SBUF,并使接收中断标志 RI 置1。如果还要再接收数据,必须用软件将 RI 清0。

2) 方式1

串行口定义为方式1时,是10位帧格式。TXD 为数据发送引脚,RXD 为数据接收引脚,传送一帧数据的格式如图4.1.12 所示。其中1位是起始位,8位是数据位,1位是停止位。

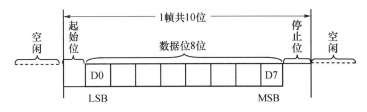

图4.1.12　串行口方式1的帧格式

(1) 串行发送。当执行一条写 SBUF 的指令时,就启动了串行口发送过程。在发送移位时钟(由波特率决定)的同步下,从 TXD 引脚先送出起始位,然后是8位数据位,最后是停止位。一帧10位数据发送完后,中断标志位 TI 置1。方式1的发送时序如图4.1.13所示。

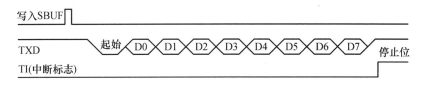

图4.1.13　方式1的发送时序

(2) 串行接收。方式1的接收时序如图4.1.14 所示。

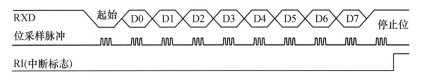

图4.1.14　方式1的接收时序

在 RI =0 的条件下,用软件置 REN 为1时,接收器以所选择波特率的16倍速率采样 RXD 引脚电平,检测到 RXD 引脚输入电平发生负跳变时,则说明起始位有效,将其移入输入移位寄存器,并开始接收这一帧信息的其余位。接收过程中,数据从输入移位寄存器右边移入,起始位移至输入移位寄存器最左边时,控制电路进行最后一次移位。当 RI = 0,且 SM2 =0(或接收到的停止位为1)时,将接收到的9位数据的前8位数据装入接收 SBUF,第9位(停止位)进入 RB8,并置 RI =1,向 CPU 请求中断。

3) 方式2和方式3

串行口工作于方式2或方式3时,为11位的帧格式。TXD 为数据发送引脚,RXD 为数据接收引脚,传送一帧数据的格式如图4.1.15 所示。

117

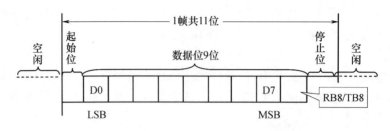

图 4.1.15 串行口方式 2、方式 3 的帧格式

由此可见,此时起始位 1 位,数据 9 位(含 1 位附加的第 9 位,发送时为 SCON 中的 TB8,接收时为 RB8),停止位 1 位,一帧数据为 11 位。方式 2 的波特率固定为晶振频率的 1/64 或 1/32,方式 3 的波特率由定时器 T1 的溢出率决定。

(1) 串行发送。CPU 向 SBUF 写入数据时,就启动了串行口发送过程。SCON 中的 TB8 写入输出移位寄存器的第 9 位,8 位数据装入 SBUF。方式 2 和方式 3 的发送时序如图 4.1.16 所示。

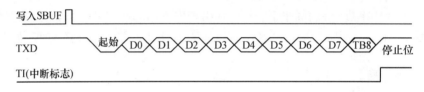

图 4.1.16 方式 2 和方式 3 的发送时序

开始时,先把起始位 0 输出到 TXD 引脚,然后再发送数据位 D0 位到 TXD 引脚,之后每一个移位脉冲都使输出移位寄存器的各位向低端移动一位,并由 TXD 引脚输出。

第一次移位时,停止位 1 移入输出移位寄存器的第 9 位上,以后每次移位高端都会移入 0。当停止位移至输出位时,检测电路能检测到这一条件,使控制电路进行最后一次移位,并置 TI = 1,向 CPU 请求中断。

(2) 串行接收。在 RI = 0 的条件下,用软件置 REN 为 1 时,接收器以所选择波特率的 16 倍速率采样 RXD 引脚电平,检测到 RXD 引脚输入电平发生负跳变时,则说明起始位有效,将其移入输入移位寄存器,开始接收这一帧数据。接收时序如图 4.1.17 所示。

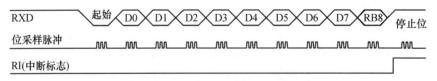

图 4.1.17 方式 2、方式 3 的接收时序

接收时,数据从输入移位寄存器右边移入,一个完整的帧除了起始位和停止位之外还包含 9 位信息。当 SM2 = 0 或当 SM2 = 1 且 RB8 = 1 时,接收到的信息会自动地装入 SBUF,并置 RI 为 1,向 CPU 请求中断。而当 SM2 = 1,但 RB8 = 0 时,数据将不被接收,且不置位 RI。

4. 80C51 波特率确定与初始化步骤

在串行通信中,收发双方对发送或接收数据的速率要有约定。通过软件可对单片机串行口编程为四种工作方式,其中方式0和方式2的波特率是固定的,而方式1和方式3的波特率是可变的,由定时器T1的溢出率来决定。

串行口的四种工作方式对应三种波特率。由于输入的移位时钟的来源不同,所以,各种方式的波特率计算公式也不相同。

方式0的波特率 = $f_{osc}/12$

方式2的波特率 = $(2^{SMOD}/64) \cdot f_{osc}$

方式1的波特率 = $(2^{SMOD}/32) \cdot (T1\ 溢出率)$

方式3的波特率 = $(2^{SMOD}/32) \cdot (T1\ 溢出率)$

当T1作为波特率发生器时,最典型的用法是使T1工作在自动再装入的8位定时器方式(即方式2,且TCON的TR1 = 1,以启动定时器)。这时溢出率取决于TH1中的计数值。

$$T1\ 溢出率 = f_{osc} / \{12 \times [256 - (TH1)]\}$$

在单片机的应用中,常用的晶振频率为12MHz和11.0592MHz。所以,选用的波特率也相对固定。常用的串行口波特率及各参数的关系见表4.1.5。

表4.1.5 常用的串行口波特率及各参数的关系

串口工作方式及波特率/(b/s)		f_{osc}/MHz	SMOD	定时器 T1		
				$C/\overline{T}$	工作方式	初值
方式1、方式3	62.5K	12	1	0	2	FFH
	19.2K	11.0592	1	0		FDH
	9600	11.0592	0	0	2	FDH
	4800	11.0592	0	0	2	FAH
	2400	11.0592	0	0	2	F4H
	1200	11.0592	0	0	2	E8H

串行口之前,应对其进行初始化,主要是设置产生波特率的定时器1、串行口控制和中断控制。具体步骤如下:

(1)确定T1的工作方式(编程TMOD寄存器);

(2)计算T1的初值,装载TH1、TL1;

(3)启动T1(编程TCON中的TR1位);

(4)确定串行口控制(编程SCON寄存器)。

串行口在中断方式工作时,要进行中断设置(编程IE、IP寄存器)。

【项目实施】

1. 程序编制要点及参考程序

1)程序编制要点

RS232串行通信实训电路如图4.1.18所示。

119

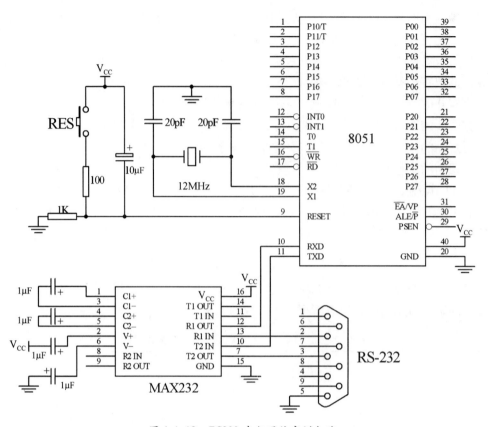

图 4.1.18　RS232 串行通信实训电路

80C51 串行口经 232 电平转换后,与 PC 机串行口相连。PC 机使用串口调试应用程序 V2.2.exe,实现上位机与下位机的通信。本实验使用查询法接收和发送资料。上位机发出指定字符,下位机收到后返回原字符。波特率设为 4800。

2）参考程序

```
            ORG     00H
            JMP     START
            ORG     20H
START:  MOV     SP,#60H
            MOV     SCON,#01010000B V    ;设定串行方式:8 位异步,允许接收
            MOV     TMOD,#20H            ;设定计数器 1 为模式 2
            ORL     PCON,#10000000B      ;波特率加倍
            MOV     TH1,#0F3H            ;设定波特率为 4800
            MOV     TL1,#0F3H
            SETB    TR1                  ;计数器 1 开始计时
AGAIN:  JNB     RI,$                 ;等待接收
            CLR     RI                   ;清接收标志
            MOV     A,SBUF               ;接收数据缓冲
            MOV     SBUF,A               ;送发送数据
            JNB     TI,$                 ;等待发送完成
```

120

```
CLR    TI                          ;清发送标志
SJMP   AGAIN
END
```

2. 实训基本任务和步骤

（1）单片机最小应用系统的 RXD、TXD 分别接 232 总线串行口的 RXD、TXD，平行 9 孔串行线插入 232 总线串行口。232 总线串行口的 J12 两只短路帽打到 232 串行口处。

（2）打开串口调试 V2.2.exe 应用程序，选择下列属性：

波特率——4800　　　　数据位——8

奇偶校验——无　　　　停止位——1

（3）把 89S52 芯片插到最小系统中，用 ISP 下载器下载 80C51 通信.HEX，在 V2.2.exe"发送的字符/数据"区输入字符/数据，按手动发送，接收区收到相同的字符/数据，或者按自动发送，接收区将接受到发送的字符/数据（注：自动发送的时间可以在串口调试助手中改动）。

【项目评价】

序号	评价指标	评价内容	分值	学生自评	小组评价	教师评价
1	硬件设计	单片机 80C51 连接到位	10			
		RXD、TXD 与 RS-232 连接	20			
2	调试	调试运行实训程序	10			
		调试发送、接收字符/数据程序	20			
		通电后正确、实验成功	20			
3	安全规范与提问	是否符合安全操作规范	10			
		回答问题是否准确	10			
	总分		100			
	问题记录和解决方法		记录任务实施中出现的问题和采取的解决方法（可附页）			

【项目拓展】

请用中断法编出串行口方式 1 下的发送程序。设单片机主频为 6MHz，定时器 T1 用作波特率发生器，波特率为 2400，发送字符块在内部 RAM 的起始地址为 TBLOCK 单元，字符块长度为 LEN。要求奇校验位在数据第 8 位发送，字符快 LEN 率先发送。

项目单元 2　RS-485 串口通信实训

【项目描述】

本项目研究单片机串行通信应用，MCS-51 单片机的串行通信技术其应用分为双机通信和多机通信。

【项目分析】

本项目研究在单片机的串行口上使用 RS-485。

【知识链接】

4.2.1　80C51 单片机双机通信技术

1. 硬件连接

如果两个 80C51 单片机应用系统相距很近,在一个电路板上或同处于一个机箱内,将它们的串行口直接相连,即 TXD 和 RXD 引出线交叉相连,可实现双机通信,如图 4.2.1 (a)所示。若两个子系统不在一个机箱内,且相距有一定距离(几米或几十米),这时就采用 RS-232-C 接口进行连接,如图 4.2.1(b)所示。

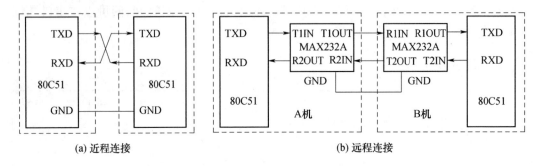

图 4.2.1　近程与远程连接的比较

电平转换器典型器件是 MAX232,它采用单 +5V 电源就可以完成 TTL 与 RS-232-C 电平的转换。该芯片需要 4 个 $1\mu F \sim 22\mu F$ 的钽电容器(有时在 V_{CC} 与 GND 间还要加一个 $0.1\mu F$ 的去耦电容,以减小噪声对它的影响)。MAX232 的逻辑结构及与单片机的连接如图 4.2.2 所示。

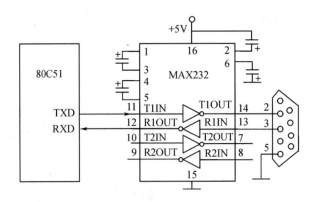

图 4.2.2　MAX232 的逻辑结构与单片机连接

2. 通信协议

采用方式 1 进行通信,每帧信息为 10 位,波特率为 2400,T1 工作在定时器方式 2,振荡频率选用在 11.0592MHz,TH1 = TL1 = 0F4H,PCON 寄存器的 SMOD 位为 0。

首先设 A 机是发送方,B 机是接收方。当 A 机发送时,先发送一个"E1"联络信号,B机收到后回答一个"E2"应答信号,表示同意接收。当 A 机收到应答信号"E2"后,开始发送数据,每发送一个数据字节都要计算"校验和",假定数据块长度为 16 个字节,起始地址为 40H,一个数据块发送完毕后立即发送"校验和"。B 机接收数据并转存到数据缓冲区,起始地址也为 40H,每接收到一个数据字节便计算一次"校验和",当收到一个数据块后,再接收 A 机发来的"校验和",并将它与 B 机求出的校验和进行比较。若两者相等,说明接收正确,B 机回答 00H;若两者不相等,说明接收不正确,B 机回答 0FFH,请求重发。A 机接到 00H 后结束发送。若收到的答复非零,则重新发送数据一次。

3. 流程图及程序

1）流程图（图 4.2.3）

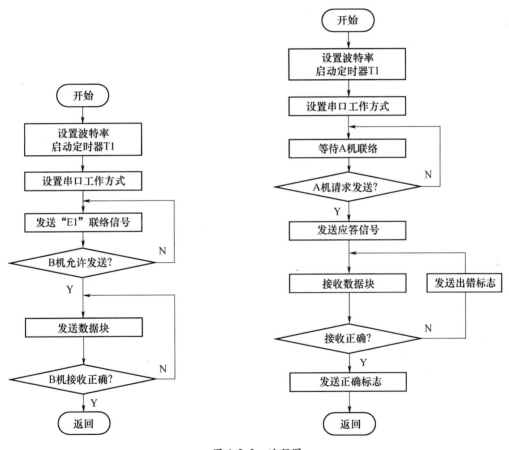

图 4.2.3　流程图

2）参考程序

A 机程序如下:

```
        ORG     0000H
        LJMP    AMAIN
        ORG     0040H
AMAIN:  MOV     SP,#5FH
        MOV     TMOD,#20H        ;定时器 1 置方式 2
```

```
            MOV      TH1,#0F4H          ;装载定时器初值,波特率2400
            MOV      TL1,#0F4H
            MOV      SCON,#50H
            MOV      PCON,#00H          ;SMOD=0
            SETB     TR1                ;启动定时器
            CALL     INIT               ;调试用数据产生
DIALOG:     MOV      A,#0E1H
            CALL     TXBYTE             ;发送"E1"联络信号
            CALL     RXBYTE
            CJNE     A,#E2H,DIALOG      ;B机允许发送
RETX:       CALL     TXDATA             ;发送数据块
            CALL     RXBYTE
            CJNE     A,#00H,RETX        ;B机接收正确?
            AJMP     DIALOG
TXBYTE:     MOV      SBUF,A             ;发送字节子程序
            JNB      TI,$
            CLR      TI
            RET
RXBYTE:     JNB      RI,$               ;接收字节子程序
            MOV      A,SBUF
            CLR      RI
            RET
TXDATA:     MOV      R7,#15             ;发送数据块子程序
            MOV      R0,#40H
            MOV      R6,#00H
LDATA:      MOV      A,@R0
            CALL     XBYTE
            MOV      A,R6
            ADD      A,@R0              ;求校验和
            MOV      R6,A               ;保存校验和
            INC      R0
            DJNZ     R7,LDATA           ;整个数据块是否发送完毕
            MOV      A,R6               ;发送校验和
            CALL     TXBYTE
            RET
INIT:       MOV      R0,#40H            ;调试用数据产生子程序
            MOV      R7,#15
            MOV      A,#30H
L0:         MOV      @R0,A
            INC      A
            INC      R0
            DJNZ     R7,L0
            RET
```

124

```
                    END
```

B 机程序如下：

```
          ORG     0000H
          LJMP    BMAIN
          ORG     0040H
BMAIN:    MOV     SP,#5FH              ;定时器1置方式2
          MOV     TMOD,#20H           ;装载定时器初值,波特率2400
          MOV     TH1,#0F4H
          MOV     TL1,#0F4H
          MOV     SCON,#50H
          MOV     PCON,#00H           ;SMOD=0
          SETB    TR1                 ;启动定时器
WDIALOG:  CALL    RXBYTE
          CJNE    A,#0E1H,WDIALOG     ;等待联络
          MOV     A,#0E2H
          CALL    TXBYTE              ;发送"E2"应答信号
RERX:     CALL    RXDATA              ;接收数据块
          XRL     A,R6                ;校验和正确?
          JNZ     NO                  ;不正确,转NO
          MOV     A,#00H              ;正确
          CALL    TXBYTE
          AJMP    WDIALOG
NO:       MOV     A,#0FFH
          CALL    TXBYTE
          AJMP    RERX
TXBYTE:   MOV     SBUF,A              ;发送字节子程序
          JNB     TI,$
          CLR     TI
          RET
RXBYTE:   JNB     RI,$                ;接收数据块子程序
          MOV     A,SBUF
          CLR     RI
          RET
RXDATA:   MOV     R7,#15
          MOV     R0,#40H
          MOV     R6,#00H
LDATA:    CALL    RXBYTE
          MOV     @R0,A
          MOV     A,R6
          ADD     A,@R6               ;求校验和
          MOV     R6,A                ;保存校验和
          INC     R0
          DJNZ    R7,LDATA            ;整个数据块是否发送完毕
```

125

```
          CALL      RXBYTE
          RET
          END
```

4.2.2 单片机与 PC 机的通信

1. 硬件连接

普通的 PC 机至少有一个标准的 RS – 232 – C 串行接口,用于与具有标准 RS – 232 – C 串行接口的外围设备或另一台计算机交换数据。

为了与具有标准 RS – 232 – C 串行接口的 PC 机进行通信,单片机芯片的引脚电平必须用电平转换器(如 MAX232 等)转换成 RS – 232 – C 电平,并用 9 针的标准连接器引出。

由于单片机的 TXD 和 RXD 引脚由连接器的连接方法有两种情况,所以产生了两种不同的连接形式。一是直通连接形式,如图 4.2.4 所示;二是交叉连接形式,如图 4.2.5 所示。

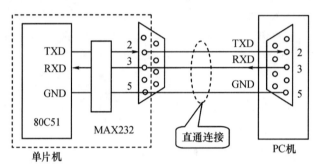

图 4.2.4　单片机与 PC 机的直通连接

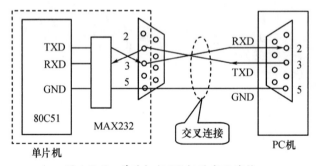

图 4.2.5　单片机与 PC 机的交叉连接

2. 通信协议

采用串行口方式 1 进行通信,一帧信息为 10 位;波特率为 1200,T1 工作在定时器方式 2,振荡频率选用 11.0592MHz,查表可得 TH1 = TL1 = 0F4H,PCON 寄存器的 SMOD 位为 0。

首先 PC 机向单片机发送“E1”命令,请求单片机传输数据。单片机正确地收到“E1”命令后,将数据缓冲区的内容传送向 PC 机。预传送的数据共 16B,起始地址为 40H。下一次再传输数据时,PC 机要再次发送“E1”命令。

3. 程序设计

单片机端程序流程图 4.2.6 所示。

126

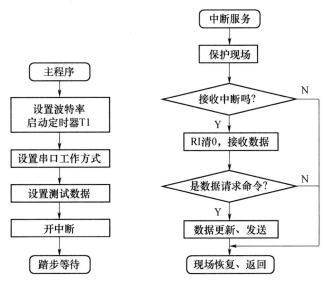

图 4.2.6　单片机端程序流程图

1）单片机端程序

```
           ORG     0000H
           LJMP    0023H
           JMP     SINT
           ORG     0040H
MAIN:      MOV     SP,#5FH
           MOV     TMOD,#23H
           MOV     SCON,#50H
           MOV     TH1,#0E8H
           MOV     TL1,#0E8H
           SETB    TR1
           MOV     R4,#00H          ;置测试初值(可任意)
           SETB    ES
           SETB    EA
           SJMP    $
SINT:      PUSH    ACC
           PUSH    PSW
           JNB     RI,QUIT
           CLR     RI
           MOV     A,SBUF
           CJNE    A,#0E1H,QUIT
           CALL    UPDATA           ;缓冲区更新
           CALL    TX16             ;发送数据
QUIT:      POP     PSW
           POP     ACC
           RETI
TX16:      MOV     R7,#16           ;数据更新子程序,可用数据采集程序替换
```

```
            MOV     R0,#40H
L1:         MOV     SBUF,@R0
            JNB     TI,$
            CLR     TI
            INC     R0
            DJNZ    R7,L1
            RET
UPDATA:     MOV     R7,#16
            MOV     R0,#40H
            MOV     A,R4
L2:         MOV     @R0,A
            INC     A
            INC     R0
            INC     R4
            DJNZ    R7,L2
            RET
            END
```

2）PC 机端程序

PC 机端程序可以采用汇编语言、C 语言、VB、VC 等进行开发。这里仅给出 C 语言的测试程序如下。

```c
#include <stdio.h>
#include <stdlib.h>
#include <dos.h>
#include <conio.h>
void init(void)                      /*初始化16650(与8250兼容)*/
{
  outportb(0x3fb,0x80);
   outportb(0x3f8,0x60);             /*波特率1200*/
  outportb(0x3f9,0);
  outportb(0x3fb,0x03);             /*8个数据位,1个停止位,无校验位*/
   clrscr();
}
void tcom()                          /*发送"E1"命令函数/
{
  unsigned char x;
  outportb(0x3f8,0xe1);
  loop:
  x=inportb(0x3fd);
  x=x&0x20;
    if(x==0) goto loop;
}
  unsigned char rdata()             /*接收数据字节函数*/
```

128

```
      {
      unsigned char a;
      loop:
      a = inportb(0x3fd);
      a = a&0x01;
      if(a! =1) goto loop;
      else
        {
        a = inportb(0x3f8);
        return(a);
        }
      }
  main( )
    {
    int i;
    unsigned char a,b;
    init( );
    puts("PRESS KEY,0 +CR—— ——EXIT");
    while(1)
      {
        a = getchar( );
        if(a = =0x30) exit(0);
        tcom( );
        for(i =0;i <16,i + +)
          {
          b = rdata( );
          printf("% x/n",b);
          }
      }
    }
```

4.2.3 利用查询方式进行双机通信

下面分别介绍甲机发送,乙机接收,双方都用查询方式进行通信的程序编制。

1. 甲机发送

编程把甲机片内 RAM 中 70H ~9FH 单元中的数据从串行口输出。定义以工作方式 2 发送,TB8 作奇偶校验位。其中 f_{osc} =6MHz,波特率为 187.5,所以 SMOD =1。

发送端参考程序如下:

```
SEN:  MOV    SCON,#80H        ;设置串行口为方式 2
      MOV    PCON,#80H        ;SMOD =1
      MOV    R1,#70H          ;设数据块指针
      MOV    R7,#20H          ;设数据块长度
TRS:  MOV    A,@R1            ;取数据
      MOV    C,P
```

```
            MOV     TB8,C           ;奇偶位送 TB8
            MOV     SUBF,A          ;启动发送
WAIT:  JBC      TI,CONT          ;判断一帧是否发完
            AJMP    WAIT
CONT:  INC      R1               ;更新数据单元
            DJNZ    R7,TRS           ;循环发送至结束
            RET
```

2. 乙机接收

编程使乙机接收 32 字节数据并存入片外 2000H ~ 201FH 单元中。接收过程要求判断奇偶校验位 RB8。若出错,置 F0 标志为 1;正确,则置 F0 标志为 0,然后返回。

在进行双机通信时,两机应用相同的工作方式和波特率,故接收端参考程序如下。

```
RECE:   MOV     SCON,#80H        ;设置串行口为方式 2
            MOV     PCON,#80H        ;SMOD = 1
            MOV     DPTR,# 2000H     ;设置数据块指针
            MOV     R6,#20H          ;设置数据块长度
            SETB    REN              ;允许接收
WAIT:   JBC      RI,READ          ;判断一帧是否接收完
            AJMP    WAIT
READ:   MOV     A,SUBF           ;读一帧数据
            JNB      PSW.0,PZ         ;奇偶位 P 为 0,则转
            JNB      RB8,ERR          ;P = 1,RB8 = 0,则出错
            SJMP    RIGHT            ;两者全为 1,则正确
PZ:      JB       RB8,ERR          ;P = 0,RB8 = 1,则出错
RIGHT:  MOVX    @DPTR,A          ;正确存放数据
            INC      DPTR             ;修改指针
            DJNZ    R6,WAIT          ;判断数据块接收完否
            CLR      PSW.5            ;接收正确,且接收完,清 F0 标志
            RET                       ;返回
ERR:    SETB    PSW.5            ;出错,置 F0 标志为 1
            RET                       ;返回
```

4.2.4 采用中断方式进行双机通信

在许多场合,双机通信的接收方采用中断方式来接收数据,以提高 CPU 的工作效率;发送方仍采用查询方式发送数据。

1. 甲机发送

将片外数据存储器 2000H ~ 20FFH 单元中数据向乙机发送,在发送之前将数据长度发送给乙机,当发送完 256 个字节后,再发送一个累加校验和。

发送的波特率为 2400,两机晶振均为 6MHz。双机都工作于方式 1,定时/计数器 1 按方式 1 工作,经计算,初值为 F3H,SMOD = 1。发送端参考程序如下:

```
TRT:    MOV     TMOD,#20H
            MOV     TH1,#0F3H
            MOV     TL1,#0F3H
            SETB    TR1              ;定时器设置,启动定时器
```

```
        MOV     SCON,#50H       ;串口初始化
        MOV     PCON,#80H       ;SMOD = 1
REP:    MOV     DPTR,#2000H
        MOV     R5,#00H         ;长度寄存器初始化
        MOV     R4,#00H         ;校验和寄存器初始化
        MOV     SBUF,R5         ;发送长度
L1:     JBC     T1,L2           ;等待发送
        AJMP    L1
L2:     MOVX    A,@DPTR         ;读取数据
        MOV     SBUF,R5         ;发送数据
        ADD     R4,A            ;形成校验和
        INC     DPTR
L4:     JBC     TI,L3
        APM     L4
L3:     DJNZ    R5,L2           ;判断是否发送完256个字节的数据
        MOV     SBUF,R4         ;发送校验码
L6:     JBC     TI,L5
        LJMP    L6
L5:     JBC     RI,L7           ;等待乙机回答
        LJMP    L5
L7:     MOV     A,SBUF
        JZ      L8              ;发送正确返回
L8:     RET                     ;发送出错,重发
```

2. 乙机接收

乙机接收甲机发送的数据,并写入以 3000H 为首址的片外数据存储器中,首先接收数据长度,然后接收 256B 的数据,再接收校验码,进行累加校验,数据传送结束后,向甲机发送一个状态字,表示正确或出错,出错则要求重发。接收采用中断的方式,设置两个标志位来判断接收到的信息是数据块长度还是校验和。接收端参考程序如下:

```
        ORG     0000H           ;转初始化程序
        LJMP    CSH
        ORG     0023H
        LJMP    INTC
        ORG     1000H
CSH:    MOV     TMOD,#20H
        MOV     TH1,#0F3H
        MOV     TL1,#0F3H
        SETB    TR1             ;定时/计数器设置,启动定时/计数器
        MOV     SCON,#50H       ;串口初始化
        MOV     PCON,#80H       ;SMOD = 1
        SETB    7FH
        SETB    7FH             ;标志位初始化置1
        MOV     41H,#0F3H
        MOV     40H,#0F3H
```

```
        MOV     44H,#0F3H            ;累加器和寄存器清零
        SETB    EA                  ;开中断
        SETB    ES                  ;允许串行口中断
        LJMP    $                   ;等待接收数据
        .....
INTC:   CLR     EA                  ;关中断
        CLR     RI                  ;清除中断标志
        PUSH    DPH                 ;保护现场
        PUSH    DPL
        PUSH    A
        JB      7FH,CHANG           ;是数据块长度吗
        JB      7EH,DATA            ;是数据块吗
SUM:    MOV     A,SUBF              ;接收校验和
        CJNE    A,44H,ERR           ;判断发送是否正确
RIGHT:  MOV     A,#00H
        MOV     SBUF,A              ;正确,发00H
WAIT1:  JNB     TI,WAIT1
        CLR     TI
        SJMP    RETURN
ERR:    MOV     A,#0FFH             ;出错,发FFH
        MOV     SBUF,A
WAIT2:  JNB     TI,WAIT2
        CLR     TI
        SJMP    AGAIN
CHANG:  MOV     A,SBUF              ;接收长度
        MOV     42H,A
        CLR     7FH                 ;清长度标志
        SJMP    RETURN
DATA:   MOV     DPH,41H
        MOV     DPL,40H
        MOV     A,SBUF              ;接收数据
        MOVX    @DPTR,A
        INC     DPTR
        MOV     41H,DPH
        MOV     40H,DPL
        ADD     A,44H               ;形成累加和
        MOV     44H,A
        DJNZ    42H,RETURN
        CLR     7EH                 ;数据接收完,清数据标志位
        SJMP    RETURN
AGAIN:  SETB    7FH                 ;恢复标志
        SETB    7EH
        MOV     44H,#00H            ;累加器和寄存器清零
        MOV     41H,#30H
        MOV     40H,#00H            ;恢复接收数据缓冲区首址
```

132

```
RETURN:  POP    A                        ;恢复现场
         POP    DPL
         POP    DPH
         SETB   EA                        ;开中断
         RETI
```

　　双机通信不仅适用于 MCS－51 单片机之间,也可用于 MCS－51 单片机与异种机之间的通信,例如 80C51 单片机与通用微机的通信等。MCS－51 单片机与异种机间的通信一般是通过双方的串行口进行通信。

【项目实施】

1. 程序编制要点及参考程序

1）程序编制要点

　　RS－485 接口具有较强的抗干扰性,数据传输的距离较远,在一些应用中常常需要把 RS－232 标准的信号转换为 RS－485 的标准信号进传输。图 4.2.7 中所示电路允许数据在 RS－232/RS－485 这两个不兼容的串行数据接口间传递。传输速度为 480b/s 时,传输距离可达 1750m。图 4.2.7 中双 RS－232 收发器 IC1 将主机(PC)输出的 RS－232 电平转换为 TTL 电平,驱动高速 RS－485 收发器 IC2 的输入,倒相器使 IC2、IC3 在收到起始位时被激活。

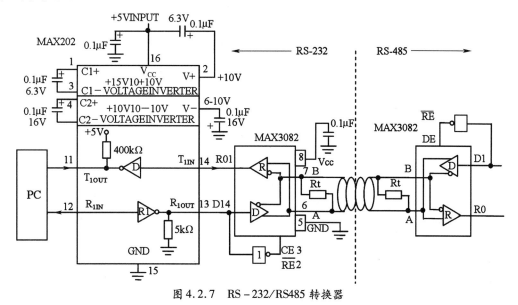

图 4.2.7　RS－232/RS485 转换器

　　开始工作时,主机发送数据给相应的远端单元(从机),数据格式以零电平为起始位,起始位后跟随一个字节的地址和一个字节的数据,激活相应的从机。被激活的从机应答两个字节的数据,然后置于接收模式,等待下一序列。因为只有主机对发送器作初始化,从机只在被激活后应答,所以传输线上不可能出现数据冲突。当从机处于接收模式($RE = DE = 0$),$V_a - V_b > 200mV$ 时,输出 R0 = 1。发送器通常为关闭状态,只有当接收到一个零起始位后处于发送模式。

　　主机必须与从机采用同一地为参考点,为保证静态条件下 $V_a - V_b > 200mV$,避免在

RS-485 芯片上附加额外的上拉电阻和下拉电阻，MAX3082 提供了一个失效保护功能，可保证在 -50mV ~ +200mV 较窄的门限范围内输出 R0 = 1。

2）参考程序

```
        ;晶振 11.0592MHz、485 通信 Send.ASM、发送 1,2,3,……
        R_W485      BIT P3.2
        ORG         0000H
        JMP         START
        ORG         0100H
START:  MOV         SP,#60H
        MOV         SCON,#01010000B        ;设定串行方式 1:8 位异步,允许接收
        MOV         TMOD,#20H              ;设定计数器 1 为模式 2
        ORL         PCON,#10000000B        ;波特率加倍
        MOV         TH1,#0F4H              ;设定波特率为 4800
        MOV         TL1,#0F4H
        SETB        TR1                    ;计数器 1 开始计时
SEND:   SETB        R_W485                 ;发送控制
        MOV         A,#0
AGAIN:  MOV         SBUF,A                 ;送发送数据
        JNB         TI,$                   ;等待发送完成
        CLR         TI                     ;清发送标志
        ACALL       Delay500mS
        INC         A
        SJMP        AGAIN
Delay500mS:
        MOV         R5, #8
DelayLoop1:
        MOV         R6, #0ffh
DelayLoop2:
        MOV         R7, #0ffh
        DJNZ        R7, $
        DJNZ        R6, DelayLoop2
        DJNZ        R5, DelayLoop1
        RET
        END
        ;晶振 11.0592MHz;485 通信 Receive.ASM;接收 1,2,3,……并送数码显示
        DBUF         DATA       030H
        BIT_COUNT DATA 040H
        TIMER        DATA       041H
        DATA_IN      DATA       020H
        DATA_OUT     DATA       021H
        CLK          BIT        P1.6
        DAT          BIT        P1.7
```

134

```
           R_W485          BIT     P3.2
           ORG             0000H
           JMP             main
           ORG             0100H
main:      MOV             SCON,#01010000B        ;设定串行方式1:8位异步,允许接收
           MOV             TMOD,#20H              ;设定计数器1为模式2
           ORL             PCON,#10000000B        ;波特率加倍
           MOV             TH1,#0F4H              ;设定波特率为4800
           MOV             TL1,#0F4H
           SETB            TR1                    ;计数器1开始计时
           CLR             A
           ACALL           TOBCD
           ACALL           DISPLAY
RECEIVE:   CLR             R_W485                 ;发送控制
MLOOP:     JNB             RI,$                   ;等待接收
           CLR             RI                     ;清接收标志
           MOV             A,SBUF                 ;接收数据缓冲
           ACALL           TOBCD
           MOV             A,DBUF+2
           JNZ             TODISP
           MOV             DBUF+2,#0FH            ;消影
           MOV             A,DBUF+1
           JNZ             TODISP
           MOV             DBUF+1,#0FH
           MOV             A,DBUF
           JNZ             TODISP
           MOV             DBUF,#0FH
TODISP:    ACALL           DISPLAY
           ACALL           DELAY
           SJMP            MLOOP
TOBCD:     MOV             B,#100
           DIV             AB
           MOV             DBUF+2,A
           MOV             A,B
           MOV             B,#10
           DIV             AB
           MOV             DBUF+1,A
           MOV             A,B
           MOV             DBUF,A
           RET
DELAY:     LCALL           DELAY1
           LCALL           DELAY1
           LCALL           DELAY1
```

```asm
            LCALL       DELAY1
            LCALL       DELAY1
            RET
DELAY1:     MOV         R1, #0
DLOOP:      DJNZ        R1, DLOOP
            DJNZ        R0, DELAY1
            RET
Delay2:     MOV         R5, #2
A0:         MOV         R6, #20
A1:         MOV         R7, #50
DELAYLOOP:  NOP
            NOP
            DJNZ        R7, DELAYLOOP
            DJNZ        R6, A1
            DJNZ        R5, A0
            RET
DISPLAY:    ANL         P2,#00H                     ; CS7279 有效
            MOV         DATA_OUT,#10100100B         ; A4H,复位命令
            CALL        SEND
            MOV         DATA_OUT,#10000000B         ;7279 芯片按模式 0 译码,在第一个
                                                    数码管上显示
            CALL        SEND
            MOV         DATA_OUT,DBUF
            CALL        SEND
            MOV         DATA_OUT,#10000001B         ;7279 芯片按模式 0 译码,在第二个
                                                    数码管上显示
            CALL        SEND
            MOV         DATA_OUT,DBUF + 1
            CALL        SEND
            MOV         DATA_OUT,#10000010B         ;7279 芯片按模式 0 译码,在第三个
                                                    数码管上显示
            CALL        SEND
            MOV         DATA_OUT,DBUF + 2
            CALL        SEND
            RET
SEND:       MOV         BIT_COUNT,#8                ; 发送字符子程序
            ANL         P2,#00H
            CALL        LONG_DELAY
SEND_LOOP:  MOV         C,DATA_OUT.7
            MOV         DAT,C
            SETB        CLK
            MOV         A,DATA_OUT
            RL          A
            MOV         DATA_OUT,A
            CALL        SHORT_DELAY
```

136

```
         CLR              CLK
         CALL             SHORT_DELAY
         DJNZ             BIT_COUNT,SEND_LOOP
         CLR              DAT
         RET
LONG_DELAY: MOV           TIMER,#80            ;延时约 200 μs
DELAY_LOOP: DJNZ          TIMER,DELAY_LOOP
         RET
SHORT_DELAY: MOV          TIMER,#6             ;延时约 20 μs
SHORT_LP:  DJNZ           TIMER,SHORT_LP
         RET
         END
```

2. 实训的任务和步骤

深刻理解 MAX485(75176)芯片的作用,学会在单片机的串行口上使用 RS-485。

(1)甲(发送机)、乙机(接收机)的最小系统中的 RXD,TXD,INT0 分别接 232/485 单元的 RXD,TXD,R/D485;J12 短路帽打在 485 处,两台箱子 COM2 的 A—A、B—B 用导线相连。

(2)乙机(接收机)的 7279 阵列式键盘的 J9 四只短路帽打在上方,J10 打在 V_{CC} 处,用 8P 排线将 JD7 和 8 位动态数码显示的 JD11 相连,JD8 和 JD12 相连。

(3)用串行数据通信线连接计算机与仿真器,把仿真器插到模块的锁紧插座中,注意仿真器的方向:缺口朝上。

(4)打开 Keil uVision2 仿真软件,首先建立本实验的项目文件,甲机添加建立的发送文件,进行编译,直到编译无误,乙机添加建立的接收文件,进行编译,直到编译无误。

(5)全速运行,观察乙机接收的数据变化(对接收的数据累加显示)。

【项目评价】

序号	评价指标	评 价 内 容	分值	学生自评	小组评价	教师评价
1	硬件设计	单片机最小系统图 4.2.7 的连接	10			
		RXD、TXD、INT0 与 RS232/485 串行 RXD、TXD、R/D485 接口连接到位	20			
02	调试	调试并行运行实训程序	10			
		计算机与仿真机的连接	20			
		通电后正确、实验成功	20			
3	安全规范与提问	是否符合安全操作规范	10			
		回答问题是否准确	10			
		总分	100			
	问题记录和解决方法		记录任务实施中出现的问题和采取的解决方法(可附页)			

【项目拓展】

按照图 4.2.8 编写主机和从机的通信程序,要求通信波特率为1200。

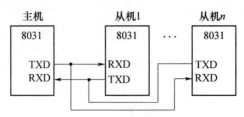

图 4.2.8　主从式多机通信

提示:本题程序由主机程序和从机程序组成。主机程序装于主机,从机程序在所有从机中运行,但各从机中的本机地址 SLAVE 是互不相同的。在多机通信中,主从机之间除传送从机地址和数据(由发送数据第 9 位指示)外,还应当传送一些供主机或从机识别的命令和状态字。本题假设有如下的命令和状态字。

(1)两条控制命令为:00H 主机发送从机接收命令;01H 从机发送主机接收命令。

(2)从机状态字。ERR—0 合法命令;1 非法命令。TRDY—0 从机发送未就绪;1 从机发送已就绪。RRDY—0 从机接收未就绪;1 从机接收已就绪。

任务 5　MCS – 51 单片机系统的扩展

【教学目标】

1．熟练掌握单片机系统扩展方法。
2．掌握单片机并行扩展总线。
3．熟悉单片机存储器的扩展。重点是程序存储器和数据存储器的扩展方法。

【任务描述】

MCS – 51 单片机外部扩展都是通过地址总线、数据总线和控制总线进行的。MCS – 51 的 I/O 端口的扩展方法有两种：①借用外部 RAM 的地址来控制 I/O 端口；②采用并行 I/O 接口芯片来扩展 I/O 端口，以便它能和更多外设联机工作。

项目单元 1　80C51 系统扩展实训

【项目描述】

本项目研究 MCS – 51 单片机外部扩展，选择合适类型的存储器芯片、工作速度匹配、合适的存储器容量、合理分配存储器地址空间、合理选择译码方法等。

【项目分析】

本实训利用 8155 可编程并行口芯片，实现数据的输入、输出。实训中 8155 的 PA 口、PB 口作为输出口，主要用于数据 I/O 传送，它们都是数据口，因此只有输入、输出两种工作方式。

8155 是一种可编程多功能接口芯片，功能丰富，使用方便，特别适合于扩展少量 RAM 和定时器/计数器的场合。本实训 8155 的端口地址由单片机的 P0 口和 P2.7 以及 P2.0 决定。控制口的地址为 7F00H；PA 口的地址为 7F01H；PB 口的地址为 7F02H。

【知识链接】

5.1.1　存储器扩展基础

单片机存储器包括片内程序存储器、片外程序存储器、片内数据存储器和片外数据存储器，其中片内的程序存储器和片内数据存储器属于单片机内部结构，当外接程序存储器芯片和数据存储器芯片时，就构成了对单片机存储器的扩展。因此，单片机存储器的扩展实际包括程序存储器的扩展和数据存储器的扩展两个方面。

1. 85C51 单片机存储器扩展系统的构成

85C51 单片机具有很强的外部扩展功能，其外部扩展都是通过三总线进行的。

（1）地址总线（AB）。地址总线用于传送单片机输出的地址信号,宽度为 16 位,可以寻址 64KB 的外 ROM 和外 RAM。由 P0 口经锁存器提供低 8 位地址线 A0～A7,P2 口提供高 8 位地址线 A8～A15。由于 P0 口是数据、地址分时复用,所以 P0 口输出的低 8 位地址必须用地址锁存器进行锁存。

（2）数据总线（DB）。数据总线是由 P0 口提供的,宽度为 8 位。

（3）控制总线（CB）。控制总线实际上是单片机输出的一组控制信号。

80C51 单片机通过三总线扩展外部设备的总体结构图如图 5.1.1 所示。

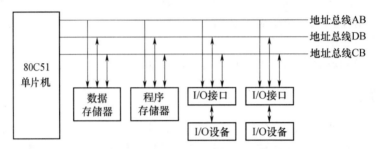

图 5.1.1　80C51 单片机三总线扩展外部设备系统结构图

地址锁存器一般选用带三态缓冲输出的 8D 锁存器 74LS373。74LS373 的逻辑功能及与 80C51 系列单片机的连接方法如图 5.1.2 所示。

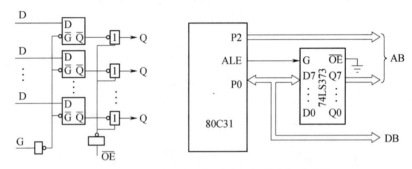

图 5.1.2　74LS373 的逻辑功能及与单片机的连接

图中 74LS373 是具有输出三态门的电平允许 8D 锁存器。当使能端（G）为高电平时,锁存器的数据输出端 Q 的状态与数据输入端 D 相同（透明的）。当 G 端从高电平返回到低电平时（下降沿后）,输入端的数据就被锁存在锁存器中,数据的输入端 D 的变化不再影响端 Q 的输出。

2. 片外 ROM 操作时序

在 80C51 系列单片机应用系统的扩展中,经常要进行 ROM 的扩展,其扩展方法较为简单容易,这是由单片机的优良扩展性能决定的。单片机的地址总线为 16 位,扩展的片外 ROM 的最大容量为 64KB,地址范围是 0000H～FFFFH。扩展的片外 RAM 的最大容量也为 64KB,地址范围也是 0000H～FFFFH。由于 80C51 采用不同的控制信号和指令（CPU 对 RAM 的读操作由 PSEN 控制,指令用 MOVC;CPU 对 RAM 读操作用 RD 控制,指令用 MOVX）,所以尽管 ROM 与 RAM 的地址是重叠的（物理地址是独立的）,也不会发生混乱。80C51 对片内和片外 ROM 的访问使用相同的指令,两者的选择是由硬件实现的。当 EA ＝0 时,选择片外 ROM;当 EA ＝1 时,选择片内 ROM。

140

由于超大规模集成电路制造工艺的发展,芯片集成度越来越高,扩展 ROM 时使用的 ROM 芯片数量越来越少,因此芯片选择多采用线选法,地址译码法用的较少。ROM 与 RAM 共享数据总线和地址总线。

访问片外 ROM 的时序如图 5.1.3 所示。

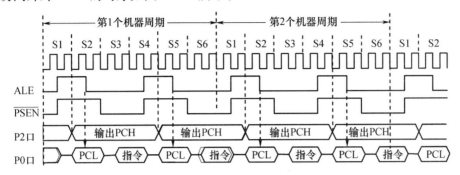

图 5.1.3　片外 ROM 的操作时序

从图中可见,地址锁存允许信号 ALE 上升为高电平后,P2 接口输出高 8 位地址 PCH,P0 接口输出低 8 位地址 PCL;ALE 下降为低电平后,P2 接口信息保持不变,而 P0 接口将用来读取片外 ROM 中的指令码。因此,低 8 位地址要在 ALE 降为低电平之前由外部地址锁存器锁存起来。在 PSEN 输出负跳变选通片外 ROM 后,P0 接口转为输入状态,读入片外 ROM 的指令字节。

从图中还可以看出,80C51 系列单片机的 CPU 在访问片外 ROM 的一个机器周期内,信号 ALE 出现 2 次(正脉冲),ROM 选通信号也有 2 次有效,这说明在一个机器周期内,CPU 两次访问片外 ROM,即在一个机器周期内可以处理两个字节的指令代码,所以在 80C51 系列单片机指令系统中有很多单周期双字节指令。

3. ROM 芯片及扩展方法

能够作为片外 ROM 的芯片主要有 EPROM 存储器和 E^2PROM 存储器。

1) EPROM 存储器及扩展

常用的 EPROM 芯片有 2732、2764、27128、27256、27512 等。常用的 EPROM 芯片技术特性见表 5.1.1。

表 5.1.1　常见 EPROM 芯片的主要技术特性

芯片型号	2732	2764	27128	27256	27512
容量/KB	4	8	16	32	64
引脚数	24	28	28	28	28
读出时间/ns	100~300	100~200	100~300	100~300	100~300
最大工作电流/mA	100	75	100	100	125
最大维持电流/mA	35	35	40	40	40

芯片的容量不同,引脚也不同,但使用方法相近。图 5.1.4 为几种芯片的引脚定义。

图 5.1.5 为 8KB ROM 的扩展电路。由于 80C31 无片内 ROM,故 $\overline{EA}$ 应接地,使用片外 ROM。

27512	27256	27128	2764				2764	27128	27256	27512
A15	Vpp	Vpp	Vpp	1		28	Vcc	Vcc	Vcc	Vcc
A12	A12	A12	A12	2		27	PGM	PGM	A14	A14
A7	A7	A7	A7	3		26	NC	A13	A13	A13
A6	A6	A6	A6	4		25	A8	A8	A8	A8
A1	A4	A4	A4	5	2864	24	A9	A9	A9	A9
A4	A4	A4	A4	6	27128	23	A11	A11	A11	A11
A3	A3	A3	A3	7	27256	22	$\overline{OE}$	$\overline{OE}$	$\overline{OE}$	$\overline{OE}$/Vpp
A2	A2	A2	A2	8	27512	21	A10	A10	A10	A10
A1	A1	A1	A1	9		20	$\overline{CE}$	$\overline{CE}$	$\overline{CE}$	$\overline{CE}$
A0	A0	A0	A0	10		19	Q7	Q7	Q7	Q7
Q0	Q0	Q0	Q0	11		18	Q6	Q6	Q6	Q6
Q1	Q1	Q1	Q1	12		17	Q5	Q5	Q5	Q5
Q2	Q2	Q2	Q2	13		16	Q4	Q4	Q4	Q4
GND	GND	GND	GND	14		15	Q3	Q3	Q3	Q3

图 5.1.4　几种芯片的引脚定义

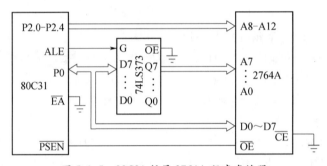

图 5.1.5　80C31 扩展 2764A 程序存储器

80C31 的 P0 接口为低 8 位地址及数据总线的分时复用引脚,需接地址锁存器,将低 8 位的地址锁存后再接到 2764A 的 A0 ~ A7 上,图中采用 74LS373 作为地址锁存器。80C31 的地址锁存允许信号线 ALE 接锁存器控制端 G,当 ALE 发生负跳变时,将低 8 位地址锁存于 74LS373 中,这时 P0 接口就可作为数据总线使用了。

2764A 的高位地址线有 5 条:A8 ~ A12,直接接到 P2 接口的 P2.0 ~ P2.4 即可,2764A 的输出允许信号 OE 由 80C31 的片外 ROM 读选通信号$\overline{PSEN}$控制。

由于是单片 EPROM 扩展,故无需考虑片选问题,2764A 的片选端$\overline{CE}$可直接接地。

2) E²PROM 存储器及扩展

E²PROM 具有 ROM 的非易失性,同时又具有 RAM 的随机读/写特性,每个单元可以重复进行 1 万次改写,保留信息的时间长达 20 年。所以,既可以作为 ROM,也可以作为 RAM。

E²PROM 对硬件电路无特殊要求,操作简便。早期设计的 E²PROM 依靠片外高压电源(约 20V)进行擦写,近期已将高压电源集成在芯片内,可以直接使用单片机系统的 5V 电源在线擦除和改写。在芯片的引脚设计上,8KB 的 E²PROM 2864A 与同容量的 EPROM 2764A 和静态 RAM 6264 是兼容的,给用户的硬件设计和调试带来了极大的方便。

E²PROM 的擦除时间较长(约 10ms),必须保证足够的写入时间,有的 E²PROM 芯片设有写入结束标志,可供中断查询。将 E²PROM 作为 ROM 使用时,应按 ROM 的连接方法编址。

常用的 E^2PROM 芯片是 2817、2864 等。图 5.1.6 是 2864A 的引脚图。

图中涉及的引脚符号功能如下：

Ai ~ A0：地址输入线，i = 10(2817A)或 12(2864A)。

$\overline{CE}$：片选信号输入线，低电平有效。

$\overline{OE}$：读选通信号输入线，低电平有效。

$\overline{WE}$：写选通信号输入线，低电平有效。

NC：空(2817A 为 RDY/$\overline{BUSY}$，在写操作时，其低电平表示"忙"，写入完毕后该线为高电平，表示"准备好")。

V_{CC}：主电源，+5V。

GND：接地端。

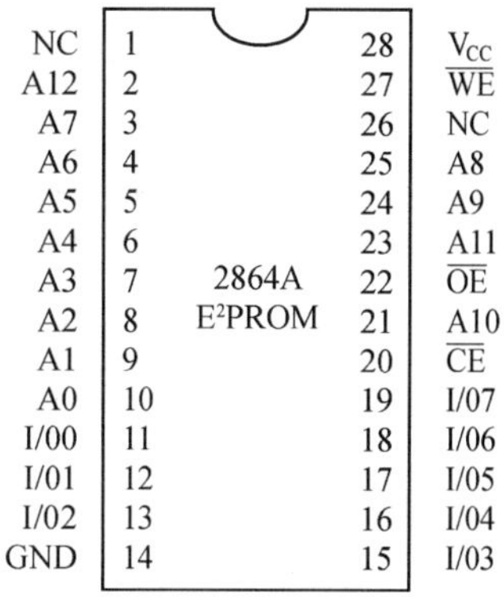

图 5.1.6　2864A 的引脚图

常用的几种 E^2PROM 芯片有 2816/2816A、2817/2817A、2864A 等，主要技术特性如表 5.1.2 所示。

表 5.1.2　常见 E^2PROM 芯片的主要技术特性

芯 片 型 号	2816	2816A	2817	2817A	2864
存储器容量/bit	2KB ×8	2KB ×8	2KB ×8	2KB ×8	2KB ×8
引脚数	24	24	28	28	28
取数时间/ns	250	200/250	250	200/250	250
读操作电压/V	5	5	5	5	5
写操作电压/V	21	5	21	5	5
字节擦除时间/ms	10	9 ~ 15	10	10	10
写入时间/ms	10	9 ~ 15	10	10	10
封装	DIP24	DIP24	DIP28	DIP28	DIP28

2864A 的扩展与 2764A 类似，此处不再赘述。

4. 数据存储器的扩展

(1) RAM 扩展原理：扩展 RAM 和扩展 ROM 类似，由 P2 口提供高 8 位地址，P0 口分时地作为低 8 位地址线和 8 位双向数据总线。CPU 对扩展的片外 RAM 读时序如图5.1.7 所示。

CPU 对扩展的片外 RAM 写时序如图 5.1.8 所示。

由图可以看出，P2 接口输出片外 RAM 的高 8 位地址(DPH 内容)，P0 接口输出片外 RAM 的低 8 位地址(DPL 内容)并由 ALE 的下降沿锁存在地址锁存器中。若接下来是读操作，则 P0 接口变为数据输入方式，在读信号 RD 有效时，片外 RAM 中相应单元的内容出现在 P0 接口线上，由 CPU 读入到累加器 A 中；若接下来是写操作，则 P0 接口变为数据输出方式，在写信号 WR 有效时，将 P0 接口线上出现的累加器 A 中的内容写入到相应的片外 RAM 单元中。

80C51 系列单片机通过 16 根地址线可分别对片外 64 KB ROM(无片内 ROM 的单片机)及片外 64KB RAM 寻址。在对片外 ROM 操作的整个取指令周期里，PSEN 为低电平，

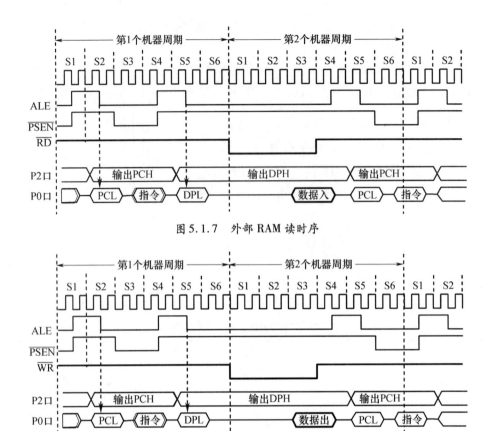

图 5.1.7　外部 RAM 读时序

图 5.1.8　外部 RAM 写时序

以选通片外 ROM,而 WR 或 RD 始终为高电平,此时片外 RAM 不能进行读写操作;在对片外 RAM 操作的周期,RD 或WR为低电平,$\overline{PSEN}$为高电平,所以对片外 ROM 不能进行读操作,只能对片外 RAM 进行读或写操作。

（2）RAM 扩展方法。

① 数据存储器。目前,常用的数据存储器 SRAM 芯片有 Intel 公司 6116 、6264 、62128、62256 及 62512 等。主要技术特性、工作方式见表 5.1.3、表 5.1.4,引脚排列如图 5.1.9 所示。

表 5.1.3　常用 RAM 芯片的主要技术特性

芯 片 型 号	6116	6264	62256
容量/KB	2	8	32
引脚数/个	24	28	28
工作电压/V	5	5	5
典型工作电流/mA	35	40	8
典型维持电流/mA	5	2	0.5
典型存取时间/ns	200	200	200

144

表5.1.4 常用 RAM 芯片的工作方式

方式	$\overline{CE}$	$\overline{OE}$	$\overline{WE}$	D0~D7
读	0	0	1	数据输入
写	O	1	0	数据输出
维持	1	任意	任意	高阻状态

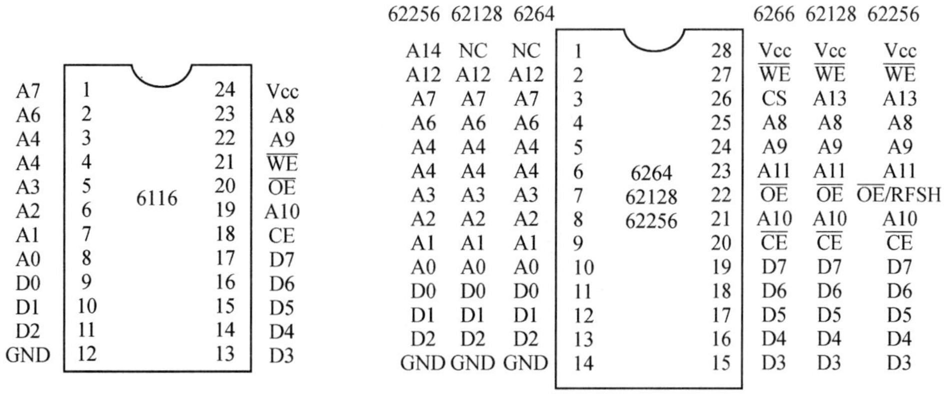

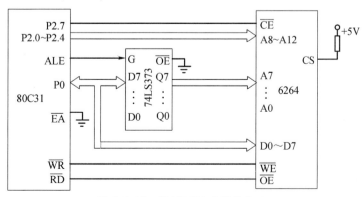

图 5.1.9 常用 RAM 芯片的引脚

图中涉及的引脚符号功能如下:

Ai~A0:地址输入线,i = 10/12/13/14(6116/6264/62128/62256)。

D0~D7:三态双向数据线。

$\overline{CE}$:片选信号输入线,低电平有效。

$\overline{OE}$:读选通信号输入线,低电平有效。

$\overline{WE}$:写选通信号输入线,低电平有效。

CS:6264 的片选信号输入线,高电平有效,可用于掉电保护。

② 数据存储器扩展电路。用 6264 扩展 8 KB 的 RAM,如图 5.1.10 所示。芯片允许用 P2.7 进行控制,当 P2.7 为低电平时,6264 被选中,因此片外 RAM 的地址为 0000H ~ 1FFFH。片选线 CS 接高电平,保持有效状态,并可以进行断电保护。

图 5.1.10 6264RAM 的扩展电路

此外,还可以利用 E^2PROM 特点,在单片机应用系统中作为 RAM 进行扩展。E^2PROM 作为 RAM 时,使用 RAM 的地址、控制信号及操作指令。与 RAM 相比,其擦写时间较长,故在应用中,应根据芯片的要求采用等待或中断或查询的方法来满足擦写时间要求。某些 E^2PROM 与 SRAM 具有兼容性,如 2816A 与 6116 完全兼容,在电路中可完全替代。但在替代使用时,要注意数据写入其中必须保证有足够的擦写时间(9ms ~ 15ms)。作为 RAM 时,若采用并行 E^2PROM 芯片,其数据线除了可以直接与数据总线相连外,也可以通过扩展 I/O 与之相连。E^2PROM 的数据改写次数有限,且写入速度慢,不宜用在改写频繁、存取速度高的场合。具体扩展电路参见有关资料。

5. 输入/输出及其控制方式

原始数据或现场信息要利用输入设备输入到单片机中,单片机对输入的数据进行处理加工后,还要输出给输出设备。常用的输入设备有键盘、开关及各种传感器等,常用的输出设备有 LED(或 LCD)显示器、微型打印机及各种执行机构等。

80C51 单片机内部有四个并行口和一个串行口,对于简单的 I/O 设备可以直接连接。当系统较为复杂时,往往要借助 I/O 接口电路(简称 I/O 接口)完成单片机与 I/O 设备的连接。现在,许多 I/O 接口已经系列化、标准化,并具有可编程功能。

1) 输入/输出接口的功能

CPU 与 I/O 设备间的数据传送,实际上是 CPU 与 I/O 接口间的数据传送。单片机与 I/O 设备间的关系如图 5.1.11 所示。

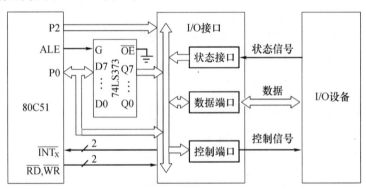

图 5.1.11　单片机与 I/O 设备间的关系

I/O 接口电路中能被 CPU 直接访问的寄存器称为 I/O 端口。1 个 I/O 接口芯片可以包含几个 I/O 端口,如数据端口、控制端口,状态端口等。

单片机应用系统的设计,在某种意义上可以认为是 I/O 接口芯片的选配和驱动软件的设计。I/O 接口的功能如下。

(1) 对单片机输出的数据锁存。就对数据的处理速度来讲,单片机要比 I/O 设备快得多。因此单片机对 I/O 设备的访问时间大大短于 I/O 设备对数据的处理时间。I/O 接口的数据端口要锁存数据线上瞬间出现的数据,以解决单片机与 I/O 设备的速度协调问题。

(2) 对输入设备的三态缓冲。单片机系统的数据总线是双向总线,是所有 I/O 设备分时复用的。设备传送数据时要占用总线,不传送数据时该设备必须对总线呈高阻状态。利用 I/O 接口的三态缓冲功能,可以实现 I/O 设备与数据总线的隔离,从而实现 I/O 设备的总线共享。

146

（3）信号转换。由于 I/O 设备的多样性，必须利用 I/O 接口实现单片机与 I/O 设备间信号类型（数字与模拟、电流与电压）、信号电平（高与低、正与负）、信号格式（并行与串行）等的转换。

（4）时序协调。单片机输入数据时，只有在确知输入设备已向 I/O 接口提供了有效的数据后，才能进行读操作；单片机输出数据时，只有在确知输出设备已做好了接收数据的准备后，才能进行写操作。不同的 I/O 设备的定时与控制逻辑是不同的，且与 CPU 的时序往往是不一致的，这就需要 I/O 接口进行时序的协调。

2）单片机与 I/O 设备的数据传送方式

（1）无条件传送。这种传送方式不测试 I/O 设备的状态，只在规定的时间单片机用输入或输出指令来进行数据的输入或输出，即用程序来定时同步传送数据。

数据输入时，所选数据端口的数据必须已经准备好，即输入设备的数据已送到 I/O 接口的数据端口，单片机直接执行输入指令。数据输出时，所选数据端口必须为空（数据已被输出设备取走），即数据端口处于准备接收数据状态，单片机直接执行输出指令。

此种方式只适用于对简单的 I/O 设备（如开关、LED 显示器、继电器等）的操作，或者 I/O 设备的定时固定或已知的场合。

（2）查询状态传送。查询状态传送时，单片机在执行输入/输出指令前，首先要查询 I/O 接口的状态端口的状态。

数据输入时，用输入状态指示要输入的数据是否已"准备就绪"；数据输出时，用输出状态指示输出设备是否"空闲"，由此条件来决定是否可以执行 I/O。这种传送方式与前述无条件的同步传送不同，是有条件的异步传送。

当单片机工作任务较轻时，应用查询状态传送方式可以较好地协调中、慢速 I/O 设备与单片机之间的速度差异问题。其主要缺点是：单片机必须执行程序循环等待，不断测试 I/O 设备的状态，直至 I/O 设备为传送的数据准备就绪时为止。这种循环等待方式花费时间多，降低了单片机的运行效率。

（3）中断传送方式。查询状态传送方式会使单片机运行效率降低，而且在一般实时控制系统中，往往有数十乃至数百个 I/O 设备，有些 I/O 设备还要求单片机为它们进行实时服务。若用查询方式除浪费大量的查询等待时间外，还很难及时地响应 I/O 设备的请求。

采用中断传送方式，I/O 设备处于主动申请中断的地位。所谓中断，是指 I/O 设备或其他中断源终止单片机当前正在执行的程序，转去执行为该 I/O 设备服务的中断程序。一旦中断服务结束，再返回执行原来的程序。这样，在 I/O 设备处理数据期间，单片机就不必浪费大量的时间去查询 I/O 设备的状态。

在中断传送方式中，单片机与 I/O 设备并行工作，工作效率大大提高。

（4）直接存储器存取（DMA）方式。利用中断传送方式，虽然可以提高单片机的工作效率，但它仍需由单片机通过执行程序来传送数据，并在处理中断时，还要"保护现场"和"恢复现场"，而这两部分操作的程序段又与数据传送没有直接关系，却要占用一定时间。这对于高速外设以及成组交换数据的场合，就显得太慢了。

DMA（Direct Memory Access）方式是一种采用专用硬件电路执行输入/输出的传送方式，它使 I/O 设备可直接与内存进行高速的数据传送，而不必经过 CPU 执行传送程序，这就不必进行保护现场之类的额外操作，实现了对存储器的直接存取。这种传送方式通常采用专门的硬件 DMA 控制器(即 DMAC,如 Intel 公司的 8257 及 Motorola 的 MC6844 等),也可以选用具有 DMA 通道的单片机,如 80C152J 或 83C152J。

5.1.2 并行接口的扩展

在 80C51 系列单片机扩展方式的应用系统中,P0 口和 P2 口用来作为外部 ROM、RAM 和扩展 I/O 接口的地址线,而不能作为 I/O 接口。只有 P1 口及 P3 口的某些位线可直接用作 I/O 线。因此,单片机提供给用户的 I/O 接口线并不多,对于复杂一些的应用系统都需要进行 I/O 接口的扩展。

1. 并行 I/O 接口的简单扩展

在一些应用系统中,常利用 TTL 电路或 CMOS 电路进行并行数据的输入或输出。80C31 单片机将片外扩展的 I/O 口和片外 RAM 统一编址,扩展的接口相当于扩展的片外 RAM 的单元,访问外部接口就像访问外部 RAM 一样,使用的都是 MOVX 指令,并产生读 ($\overline{RD}$)或写($\overline{WR}$)信号。用$\overline{RD}$、$\overline{WR}$作为输入/输出控制信号,如图 5.1.12 所示。

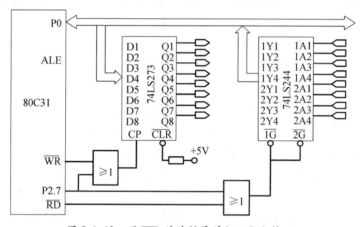

图 5.1.12 用 TTL 芯片扩展并行口 I/O 接口

图中可见,P0 为双向接口,既能从 74LS244 输入数据,又能将数据传送给 74LS273 输出。

输入控制信号由 P2.7 和$\overline{RD}$经或门合成一负脉冲信号,将数据输入端的数据送到 74LS244 的数据输出端,并经 P0 接口读入单片机。

输出控制信号由 P2.7 和$\overline{WR}$经或门合成一负脉冲信号,该负脉冲信号的上升沿(后沿)将 P0 接口数据送到 74LS273 的数据输出端并锁存。

输入和输出都是在 P2.7 为低电平时有效,74LS273、74LS244 的地址都是 7FFFH,但由于分别采用$\overline{RD}$和$\overline{WR}$信号控制,不会发生冲突。如果系统中还有其他扩展 RAM,应将其地址空间区分开来。

在进行接口扩展时,如果扩展接口较多,应对其进行统一编址,避免地址冲突,同时注意总线的负载能力。80C51 系列单片机的 P0 接口作为数据总线,其负载能力为 8 个 LS 型 TTL 负载;P2 接口作为地址总线,其负载能力为 4 个 LS 型 TTL 负载。如果超载需要增加总线驱动器,如 74LS245 和 74LS244 等。

在选择触发器或锁存器作为接口芯片时,应注意芯片的不同特点。触发器采用边沿触发送数,锁存器采用电平触发送数。如作为锁存器的 74LS373 是高电平送数,低电平锁

148

存;而作为触发器的 74LS273 是脉冲的上升沿送数锁存。

2. 可编程接口 8155 的扩展

8155 芯片是单片机应用系统中广泛使用的芯片之一,其内部包含 256B 的 SRAM、两个 8 位并行接口、一个 6 位并行接口和一个 14 位计数器(当输入脉冲频率固定时,可以作为定时器),它与 80C51 系列单片机的接口非常简单。

1) 8155 的引脚及结构

8155 芯片采用 40 线双列直插式封装,其引脚和内部结构如图 5.1.13 所示。

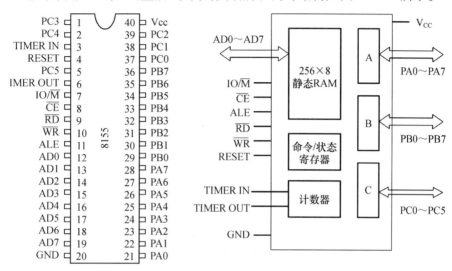

图 5.1.13 8155 引脚及机构框图

由图可见,8155 的内部包含:

(1) SRAM:容量为 256B;

(2) 并行接口:可编程 8 位接口 A、B 和 6 位接口 C;

(3) 计数器:一个 14 位的二进制减法计数器;

(4) 只允许写入的 8 位命令寄存器/只允许读出的 8 位状态寄存器。

各引脚功能如下:

AD7 ~ AD0:三态地址/数据总线。可直接与 80C51 系列单片机的 P0 接口连接。

ALE:地址锁存允许信号输入端。其信号的下降沿将 AD7 ~ AD0 线上的 8 位地址锁存在内部地址寄存器中。该地址可以作为 256B 存储器的地址,也可以是 8155 内部各端口地址,这将由输入的 IO/而信号的状态来决定。在 AD7 ~ AD0 引脚上出现的数据是写入还是读出 8155,由系统控制信号 $\overline{WR}$ 和 $\overline{RD}$ 来决定。

RESET:8155 的复位信号输入端。该信号的脉冲宽度一般为 600ns,复位后三个 I/O 口总是被置成输入工作方式。

$\overline{CE}$:片选信号,低电平有效。

IO/$\overline{M}$:内部端口和 SRAM 选择信号。当 IO/$\overline{M}$ = 1 时,选择内部端口;当 IO/$\overline{M}$ = 0 时,选择 SRAM。

$\overline{WR}$:写选通信号。低电平有效时,将 AD7 ~ AD0 上的数据写入 SRAM 的某一单元

($\mathrm{IO}/\overline{\mathrm{M}} = 0$ 时),或写入某一端口($\mathrm{IO}/\overline{\mathrm{M}} = 1$ 时)。

$\overline{\mathrm{RD}}$:读选通信号。低电平有效时,将 8155 SRAM 某单元的内容读至数据总线($\mathrm{IO}/\overline{\mathrm{M}} = \mathrm{C}$时),或将内部端口的内容读至数据总线($\mathrm{IO}/\overline{\mathrm{M}} = 1$ 时)。

PA7 ~ PA0:A 口的 8 根通用 I/O 线。数据的输入或输出的方向由可编程的命令寄存器内容决定。

PB7 ~ PB0:B 口的 8 根通用 I/O 线。数据的输入或输出的方向由可编程的命令寄存器内容决定。

PC5 ~ PC0:C 口的 6 根数据/控制线。通用 I/O 方式传送 I/O 数据,A 或 B 口选通 I/O方式时传送控制和状态信息。控制功能的实现由可编程命令寄存器内容决定。

TIMER IN:计数器时钟输入端。

TIMER OUT:计数器输出端。其输出信号是矩形还是脉冲,是输出单个信号还是连续信号,由计数器的工作方式决定。

2) 8155 的内部编址

8155 的内部 RAM 地址为 00H ~ FFH。

8155 的内部端口地址为:000 — 命令/状态寄存器;001 — A 口;010 — B 口;011 — C 口;100 —计数器低 8 位;101 — 计数器高 6 位及计数器方式设置位。

3) 工作方式设置及状态字格式

8155 的工作方式由可编程命令寄存器内容决定,状态可以由读出状态寄存器的内容获得。8155 命令寄存器和状态寄存器为独立的 8 位寄存器。在 8155 内部,从逻辑上说,只允许写入命令寄存器和读出状态寄存器。实际上,读命令寄存器内容及写状态寄存器的操作既不允许,也是不可能实现的。因此,命令寄存器和状态寄存器可以采用同一地址,以简化硬件结构,并将两个寄存器合称为命令/状态寄存器,用 C/S 表示。

(1) 方式设置。8155 的工作方式设置通过将命令字写入命令寄存器实现。命令寄存器由 8 位锁存器组成,各位的定义如下:

位号	7	6	5	4	3	2	1	0
地址:000	TM2	TM1	IEB	IEA	PC2	PC1	PB	PA

PA:A 口数据传送方向设置位。0:输入;1:输出。

PB:B 口数据传送方向设置位。0:输入;1:输出。

PC1、PC2:C 口工作方式设置位,见表 5.1.5。

表 5.1.5 C 口工作方式

PC2PC1	工 作 方 式	说　明
00	ALT1	A、B 口为基本 I/O,C 口方向为输入
11	ALT2	A、B 口为基本 I/O,C 口方向为输出
01	ALT3	A 口为选通 I/O,PC0 ~ PC2 作为 A 口的选通应答 B 口为基本 I/O,PC3 ~ PC5 方向为输出
10	ALT4	A 口为选通 I/O,PC0 ~ PC2 作为 A 口的选通应答 B 口为选通 I/O,PC3 ~ PC5 作为 B 口的选通应答

IEA:A 口的中断允许设置位。0:禁止;1:允许。

IEB:B 口的中断允许设置位。0:禁止;1:允许。

TM2、TM1:计数器工作方式设置位,见表5.1.6。

表 5.1.6　定时/计数器命令字

TM2TM	工作方式	说　　明
00	方式 0	空操作,对计数器无影响
01	方式 1	使计数器停止计数
10	方式 2	减 1 计数器回 0 后停止工作
11	方式 3	未计数时,送完初值及方式后立即启动计数; 正在计数时,重置初值后,减 1 计数器回 0 则按新计数初值计数

（2）状态字格式。8155 的状态寄存器由 8 位锁存器组成,其最高位为任意值。通过读 C/S 寄存器的操作(即用输入指令),读出的是状态寄存器的内容。8155 的状态字格式如下:

位号	7	6	5	4	3	2	1	0
地址:000		TIMER	INTEB	BFB	INTRB	INTEA	BFA	INTRA

INTRx:中断请求标志。此处 x 表示 A 或 B。INTRx =1,表示 A 或 B 口有中断请求;INTRx =0,表示 A 或 B 口无中断请求。

BFx:口缓冲器空/满标志。BFx =1,表示口缓冲器已装满数据,可由外设或单片机取走;BFx =0,表示口缓冲器为空,可以接收外设或单片机发送数据。

INTEx:口中断允许/禁止标志。INTEx =1,表示允许口中断;INTEx =0,表示禁止口中断。

以上的 6 个状态中,表明 A 和 B 口处于选通工作方式时才具有的工作状态。

TIMER:计数器计满标志。TIMER =1,表示计数器的原计数初值已计满回零;TIMER =0,表示计数器尚未计满。

4）计数器输出模式

8155 的计数器是一个 14 位的减法计数器,它能对输入的脉冲进行计数,在到达最后一个计数值时,输出一个矩形波或脉冲。

要对计数的过程进行控制,必须首先装入计数长度。由于计数长度为 14 位,而每次装入的长度只能是 8 位,故必须分两次装入。装入计数长度寄存器的值为 2H ~ 3FFFH。15、14 两位用于规定计数器的输出方式。计数器寄存器的格式为

位号	15	14	13	12	11	10	9	8	7	6	5	4	3	2	1	0
	M2	M1	T13	T12	T11	T10	T9	T8	T7	T6	T5	T4	T3	T2	T1	T0

最高两位(M2、M1)定义计数器输出方式见表5.1.7。

表 5.1.7　计 数 器 输 出 方 式

M2M1	输出方式	说　　　明
00	方式0	单方波输出。计数期间为低电平,计数器回0后输出高电平
01	方式1	连续方波输出。计数前半部分输出高电平,后半部分输出低电平
10	方式2	单脉冲输出。计数器回0后输出一个单脉冲
11	方式3	连续脉冲输出(计数值自动重装)。计数器回0后输出单脉冲,又自动向计数器重装原计数值,回0后又输出单脉冲,如此循环

需要指出的是,硬件复位信号 RESET 的到达,会使计数器停止工作,直至由 C/S 寄存器再发出启动计数器命令。

对 8155 命令字的 PC2,PC1 位编程,使 A 或 B 口工作在选通方式时,C 口的 PC0 ~ PC5 就被定义为 A 或 B 口选通 I/O 方式的应答和控制线。其功能见表5.1.8。

表 5.1.8　C 口 的 控 制 分 配 表

工作方式	PC5	PC4	PC3	PC2	PC1	PC0
ALTl	输入					
ALT2	输出					
ALT3	输出			$\overline{STBA}$	BFA	INTRA
ALT4	$\overline{STBB}$	BFB	INTRB	$\overline{STBA}$	BFA	INTRA

选通方式的组态逻辑如图5.1.14 所示。

5) 8155 芯片与单片机的接口

80C51 系列单片机可以与 8155 直接连接而不需要附加任何电路。使系统增加 256B 的 RAM,22 位 I/O 线及一个计数器。80C31 与 8155 的接口方法如图5.1.15 所示。

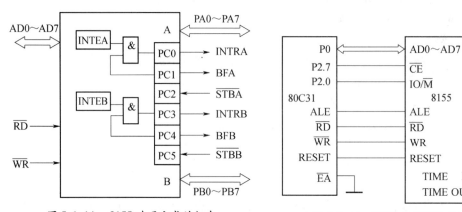

图 5.1.14　8155 选通方式的组态　　　图 5.1.15　8155 与 80C31 的连接

8155 中 RAM 地址因 P2.7（A15）=0 及 P2.0（A8）=0，故可选为 0111 1110 0000 0000B(7E00H) ~ 0111 1110 1111 1111B(7EFFH)。I/O 端口的地址由表 5.1.9 得:7F00H ~ 7F05H。

表 5.1.9　地址分配表

A15	A14	A13	A12	A11	A10	A9	A8	A7	A6	A5	A4	A3	A2	A1	A0	I/O 口
0	×	×	×	×	×	×	1	×	×	×	×	×	0	0	0	命令/状态口
0	×	×	×	×	×	×	1	×	×	×	×	×	0	0	1	A 口
0	×	×	×	×	×	×	1	×	×	×	×	×	0	1	0	B 口
0	×	×	×	×	×	×	1	×	×	×	×	×	0	1	1	C 口
0	×	×	×	×	×	×	1	×	×	×	×	×	1	0	0	计数器低 8 位
0	×	×	×	×	×	×	1	×	×	×	×	×	1	0	1	计数器高 6 位及方式

若 A 口定义为基本输入方式,B 口也定义为基本输出方式,计数器作为方波发生器, 对 80C31 输入脉冲进行 24 分频(需要注意 8155 的计数最高频率约为 4MHz),则 8155 I/O 口初始化程序如下:

```
START   MOV    DPTR,#7F04H        ;指向计数寄存器低 8 位
        MOV    A,#18H             ;设计数器初值#18H(24D)
        MOVX   @DPTR,A            ;计数器寄存器低 8 位赋值
        1NC    DPTR               ;指向计数器寄存器高 6 位及方式位
        MOV    A,#40H             ;计数器为连续方波方式
        MOVX   @DPTR,A            ;计数寄存器高 6 位赋值
        MOV    DPTR,#7F00H        ;指向命令寄存器
        MOV    A,#0C2H            ;设命令字
        MOVX   @DPTR,A            ;送命令字
```

在需要同时扩展 RAM 和 I/O 接口及计数器的应用系统中选用 8155 是特别经济的。 8155 的 SRAM 可以作为数据缓冲器,8155 的 I/O 接口可以外接打印机、A/D、D/A、键盘 等控制信号的输入输出。8155 的定时器可以作为分频器或定时器。

【项目实施】

1. 程序编制要点及参考程序

1) 8155 I/O 扩展实训

(1) 程序编制要点。

按照图 5.1.16 所示连接单片机 AT89C51 和芯片 8155 实训电路。

8155 I/O 扩展实训 PA 口作为输出口程序流程图如图 5.1.17 所示;PA 口作为输出 口,PB 口作为输入口,程序流程图如图 5.1.18 所示。

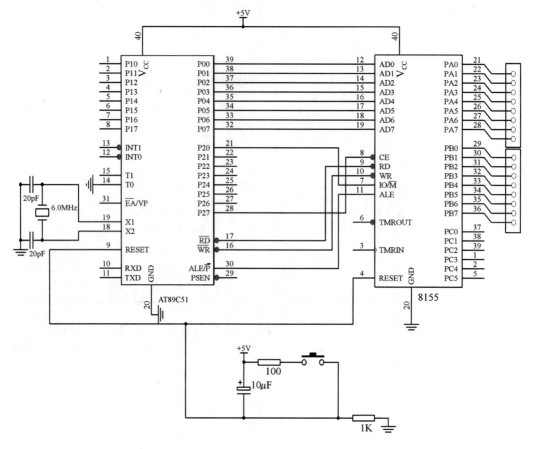

图 5.1.16 单片机 AT89C51 和芯片 8155 连接电路

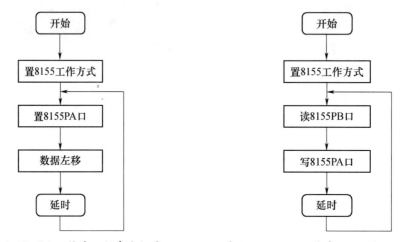

图 5.1.17 PA 口输出口程序流程图   图 5.1.18 PA 口输出 PB 口输入程序流程图

（2）参考程序。

① PA 口输出：

```
ORG      0H
PORTA    EQU      7F01H      ;A 口
```

154

```
        PORTB       EQU         7F02H           ;B 口
        CADDR       EQU         7F00H           ;控制字地址
        MOV         A,#03H                      ;方式 0,PA、PB 输出
        MOV         DPTR,#CADDR
        MOVX        @DPTR,A
LOOP:
        MOV         A,#0FEH
        MOV         R2,#8
OUTPUT:
        MOV         DPTR,#PORTA
        MOVX        @DPTR,A
        CALL        DELAY
        RL          A
        DJNZ        R2,OUTPUT
        LJMP        LOOP
DELAY:
        MOV         R6,#0
        MOV         R7,#0
DELAYLOOP:
        DJNZ        R6,DELAYLOOP
        DJNZ        R7,DELAYLOOP
        RET
        END
```

② PA 口输出,PB 口输入:

```
        ORG         0
        MODE        EQU         01H             ;方式 0,PA 输出,PB 输入
        PORTA       EQU         7F01H           ;A 口
        PORTB       EQU         7F02H           ;B 口
        CADDR       EQU         7F00H           ;控制字地址
        SJMP        START
        ORG         30H
        MOV         A,#MODE
        MOV         DPTR,#CADDR
        MOVX        @DPTR,A
START:  MOV         DPTR,#PORTB
        MOVX        A,@DPTR     ;读入 B 口
        MOV         DPTR,#PORTA
        MOVX        @DPTR,A     ;输出到 A 口
        CALL        DELAY
        SJMP        START
        END
```

2）8155RAM、定时器扩展实训

本实训分两种情况来进行:①对 8155RAM 的数据写入和读取;②对 8155 编程定时

器实训,按设置的时间读取 RAM 的数据,并送 B 口显示。

（1）对 8155RAM 的数据写入和读取。

① 单片机最小应用系统的 P0 口接 8155 的 D0～D7 口,单片机最小应用系统的 P2.0、P2.7、RD、$\overline{WR}$、ALE 分别接 8155 的 IO/$\overline{M}$、$\overline{CE}$、$\overline{RD}$、$\overline{WR}$、ALE,$\overline{RESET}$接上最小系统的复位电路的 RESET。最小系统的 P1 口接 8 位逻辑电平显示。

② 用串行数据通信线连接计算机与仿真器,把仿真器插到模块的锁紧插座中,注意仿真器的方向:缺口朝上。

③ 打开 Keil uVision2 仿真软件,首先建立本实验的项目文件,然后添加"8155RAM. ASM"源程序,进行编译,直到编译无误。

④ 编译无误后,按程序的提示在主程序中设置断点,在软件的"VIEW"菜单中打开"MEMORY WINDOW"数据窗口(DATA),在窗口中输入 D:30H 然后回车,按程序提示运行程序,当运行到断点处观察 30H 的数据变化,也可以观察 8 位逻辑电平显示的数据变化(数据的变化说明可以对 8155RAM 可读可写)。

（2）对 8155 编程定时器实训,按设定的时间读取 RAM 的数据,并送 B 口显示。

① 单片机最小应用系统的 P0 口接 8155 的 D0～D7 口,8155 的 PB 口接 8 位逻辑电平显示的 JD10,单片机最小应用系统的 P2.0、P2.7、RD、$\overline{WR}$、ALE 分别接 8155 的 IO/$\overline{M}$、$\overline{CE}$、$\overline{RD}$、$\overline{WR}$、ALE,8155 的 TMRIN 接时钟发生电路的 500kΩ 端口(注:时钟发生电路的 J2 打在 V_{CC}处),$\overline{RESET}$ 接上最小系统的复位电路的 RESET。

② 用串行数据通信线连接计算机与仿真器,把仿真器插到模块的锁紧插座中,注意仿真器的方向:缺口朝上。

③ 打开 Keil uVision2 仿真软件,首先建立本实验的项目文件,然后添加"8155 定时器. ASM"源程序,进行编译,直到编译无误。

④ 编译无误后,运行程序观察 8 位逻辑电平的显示为:按 8155 定时的时间,读取 8155 RAM 的数据。

⑤ 也可以把源程序编译成可执行文件,把可执行文件用 ISP 烧录器烧录到 89S52/89S51 芯片中运行(ISP 烧录器的使用查看附录 1)。

（3）程序编制要点。

对 8155RAM 的数据写入和读取和对 8155 编程定时器实训,按设置的时间读取 RAM 的数据,并送 B 口显示。程序流程图同图 5.1.17 和图 5.1.18。

（4）参考程序。

① PA 输出,PB 输入:

```
MOVDE    EQU 01H        ;方式 0,PA 输出,PB 输入
PORTA    EQU 7F01h      ;PORTA
PORTB    EQU 7F02h      ;PORTB
PORTC    EQU 7F03h      ;PORTC
CADDR    EQU 7F00h      ;控制字地址
```

② PORTB 输入,PORTA 输出:

```
        ORG    0          ;实验 1:PORTB 输入 PORTA 输出
        MOV    A,#MODE
        MOV    DPTR,#CADDR
```

156

```
            MOVX      @DPTR,A
START:
            MOV       DPTR,# PORTB
            MOVX      A,@DPTR        ;读入 PORTB
            MOV       DPTR,#PORTA
            MOVX      @DPTR,A        ;输出到 PORTA
            CALL      DELAY
            LJMP      START
DELAY:
            MOV       R6,#0
DD1:        MOV       R7,#0
DDD:        DJNZ      R7,DD0
            DJNZ      R6,DD1
            RET
            END
```

2. 实训的任务和步骤

本实训按照两种情况来进行:①PA 口作为输出口;②PA 口作为输出口,PB 口作为输入口。

1) PA 口作为输出口,接 8 位逻辑电平显示,程序功能使发光二极管单只从右到左轮流循环点亮

(1)单片机最小应用系统的 P0 口接 8155 的 D0 ~ D7 口,8155 的 PA0 ~ PA7 接 8 位逻辑电平显示,单片机最小应用系统的 P2.0、P2.7、RD、$\overline{\text{WR}}$、ALE 分别接 8155 的 IO/M、CE、RD、$\overline{\text{WR}}$、ALE,RESET 接上最小系统的复位电路的 RESET。

(2)用串行数据通信线连接计算机与仿真器,把仿真器插到模块的锁紧插座中,注意仿真器的方向:缺口朝上。

(3)打开 Keil uVision2 仿真软件,首先建立本实验的项目文件,然后添加 8155_A.ASM 源程序,进行编译,直到编译无误。

(4)进行软件设置,选择硬件仿真,选择串行口,设置波特率为 38400。

(5)也可以把源程序编译成可执行文件,把可执行文件用 ISP 烧录器烧录到 89S52/89S51 芯片中运行。

2) PA 口作为输出口,PB 口作为输入口,PA 口读入键信号送 8 位逻辑电平显示模块显示

(1)单片机最小应用系统的 P0 口接 8155 的 D0 ~ D7 口,8155 的 PA0 ~ PA7 接 8 位逻辑电平显示,PB0 ~ PB7 口接查询式键盘模块,单片机最小应用系统的 P2.0、P2.7、RD、$\overline{\text{WR}}$、ALE 分别接 8155 的 IO/M、CE、RD、$\overline{\text{WR}}$、ALE,RESET 接上复位电路的 RESET。

(2)打开 8155_B.ASM 源程序,编译无误后,全速运行程序。按查询式键盘各键,观察发光二极管的亮灭情况,发光二极管与按键相对应,按下为点亮,松开为熄灭。

(3)也可以把源程序编译成可执行文件,把可执行文件用 ISP 烧录器烧录到 89S52/89S51 芯片中运行。

【项目评价】

序号	评价指标	评 价 内 容	分值	学生自评	小组评价	教师评价
1	硬件设计	单片机 AT89C51 的连接到位	10			
		芯片 8155 连接到位	20			
2	调试	8155 I/O 扩展实训 PA 口作为输出口;PA 口输出,PB 口作为输入口调通程序	10			
		8155 编程定时器调通程序	20			
		通电后正确、实验成功	20			
3	安全规范与提问	是否符合安全操作规范	10			
		回答问题是否准确	10			
		总分	100			
		问题记录和解决方法	记录任务实施中出现的问题和采取的解决方法(可附页)			

【项目拓展】

试编出把 8155 定时器用作 200 分频的初始化程序。

任务6　单片机的键盘接口技术

【教学目标】

1. 掌握键盘的工作方式和编程方法。重点是键盘工作方式与编程方法。
2. 掌握数码管显示器的工作方式、接口电路和编程方法。重点是数码管显示器的工作方式和编程方法。

【任务描述】

在单片机系统中,LED/LCD 和键盘是两种很重要的外设。键盘用于输入数据、代码和命令;LED/LCD 用来显示控制过程和运算结果。

项目单元1　单片机与液晶显示模块接口实训

【项目描述】

本项目研究讨论的液晶显示器(Liquid Crystal Display,LCD)广泛用于便携式仪表或低功耗显示设备中。LCD 按其所用的光效可分为动态散射型和扭曲向列型两种;按采光方式不同可分为透射式和反射式两种;按字型显示方式又可分为字段式和点阵式两种。本项目设计单片机与液晶显示模块的接口电路,编制软件,在液晶显示模块上显示指定字符。

【项目分析】

本项目研究液晶显示接口电路的设计与编程,学习液晶显示器的原理和方法,学会使用液晶显示器并把它嵌入到便携式电子信息产品中。用单片机与液晶显示模块设计制作一个电子时钟,显示时间 1s 更新一次。

【知识链接】

6.1.1　LED 数码管显示器的接口与编程

发光二极管(Light – Emitting Diode,LED)有七段和八段之分,也有共阴和共阳两种,本处介绍七段 LED 显示器。

数码管的动态显示电路是单片机应用系统常用的设备(显示器),用于显示系统的工作状态和数据信息,包括 LCD 等。而动态显示电路的驱动程序就是用查表指令编写的查表程序,首先学习LED数码管的有关知识,然后再设计它的电路和程序。

1. LED数码管的构成

LED数码管由若干个发光二极管组成。当发光二极管导通时,相应的一个笔画或一个点就发光。控制相应的二极管导通,就能显示出对应字符,七段LED数码管如图6.1.1所示。

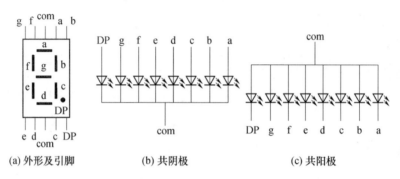

(a) 外形及引脚   (b) 共阴极   (c) 共阳极

图 6.1.1　七段 LED 数码管

七段LED通常构成字型"8",笔段名称依次为a、b、c、d、e、f、g。还有一个发光二极管用来显示小数点DP。各段LED显示器需要由驱动电路驱动。在七段LED显示器中,通常将各段发光二极管的阴极或阳极连在一起作为公共端COM,称为数码管的位,这样可以使驱动电路简单。将各段发光二极管阳极连在一起的叫共阳极显示器,用低电平驱动;将阴极连在一起的叫共阴极显示器,用高电平驱动。

要使数码管显示某一字符,就需要对它的段和位加上适当的信号。数码管内部二极管的工作特性和普通的发光二极管一样,正向压降1.8V左右,静态显示时电流小于10mA为宜,动态扫描显示时电流可适当大一些。大型数码管的笔段是由多个发光二极管串、并联构成的,在使用时根据厂家提供的技术资料,施加合适的段和位的控制信号。

2. LED数码管的编码方式

数码管的公共端一般接地或电源,或者是通过控制电路控制它的接地或电源,比较简单。数码管要显示不同的字符是通过控制加在段上的信息实现的,在单片机的应用电路里是用一个8位的I/O去控制,一般按图6.1.2所示的方式对应。

D7	D6	D5	D4	D3	D2	D1	D0
DP	g	f	e	d	c	b	a

图 6.1.2　数码管引脚与 I/O 的对应关系

用8位的二进制数可以组成数码管显示的字符信息,其中用"1"或者"0"表示笔段的亮或灭。例如,共阴极型数码管若要显示"0",需要a、b、c、d、e、f段亮,g、DP段灭,可以用00111111B表示,这种用二进制数据表示的字符显示信息称为数码管的字段码。表6.1.1为数码管的编码表。

表 6.1.1　共阴、共阳型 LED 数码管的字段码表

显示字符	共阳型 LED 数码管									共阴型 LED 数码管								
	DP	g	f	e	d	c	b	a	16 进制	DP	g	f	e	d	c	b	a	16 进制
0	1	1	0	0	0	0	0	0	C0H	0	0	1	1	1	1	1	1	3FH
1	1	1	1	1	1	0	0	1	F9H	0	0	0	0	0	1	1	0	06H
2	1	0	1	0	0	1	0	0	A4H	0	1	0	1	1	0	1	1	5BH
3	1	0	1	1	0	0	0	0	B0H	0	1	0	0	1	1	1	1	4FH
4	1	0	0	1	1	0	0	1	99H	0	1	1	0	0	1	1	0	66H
5	1	0	0	1	0	0	1	0	92H	0	1	1	0	1	1	0	1	6DH
6	1	0	0	0	0	0	1	0	82H	0	1	1	1	1	1	0	1	7DH
7	1	1	1	1	1	0	0	0	F8H	0	0	0	0	0	1	1	1	07H
8	1	0	0	0	0	0	0	0	80H	0	1	1	1	1	1	1	1	7FH
9	1	0	0	1	0	0	0	0	90H	0	1	1	0	1	1	1	1	6FH

从表中可以看出共阴、共阳型 LED 数码管字段码之间是互为取反的关系,这与它们的结构关系是一致的,因此只要掌握了共阴型数码管的字段码编制,就可以推出共阳型的字段码。在实际应用中,也有其他形式的引脚排列顺序,编码时需要根据 PCB 板的设计来确定对应关系,编码时笔段信息不变,只是与二进制数位的对应关系改变。

3. LED 数码管的静态显示电路

先观察如图 6.1.3 所示的循环流水灯电路,其 8 个小灯的接法实际上和共阳极型数码管内部结构一样,因此用一个共阳型数码管取代它,就得到共阳型数码管的静态驱动电路。

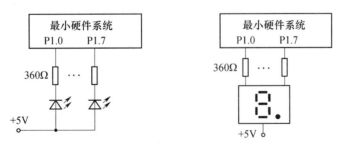

图 6.1.3　LED 数码管静态显示电路

如果用流水灯程序工作,可以看到数码管的各段在依次循环亮灭。在数码管上显示固定的字符,只要在 8 位口上输出字符对应的字段码。例如,显示"1",可用下面的指令实现:

```
MOV  P1,#11111001B        ;b、c 段输出 0,亮
```

在不改变 P1 口输出时,显示的字符也保持不变,可见数码管静态显示电路的驱动程序非常简单。从图 6.1.3 可以看出,数码管的静态显示电路中,公共端直接接电源(共

阳)或地(共阴),每个数码管的段需要一个8位的口去控制。而 MCS – 51 系列单片机只有4个8位的并行口,最多只能扩展4位的静态显示电路。因此在单片机应用系统中一般通过一个8位口(或者串行口)扩展外部的驱动电路实现。

数码管静态显示电路,占用的硬件资源多,成本高,只适合显示位数较少的场合。数码管静态显示电路在实际应用中很少采用,扩展的驱动电路这里不介绍。

4. LED 数码管的动态显示电路

数码管动态显示电路实际应用较多。动态显示电路是将所有的数码管相同的段连接在一起,构成一个公共的8位端口,用一个8位的 I/O 口控制,而数码管的位未用一位的 I/O 口控制,电路如图6.1.4所示。

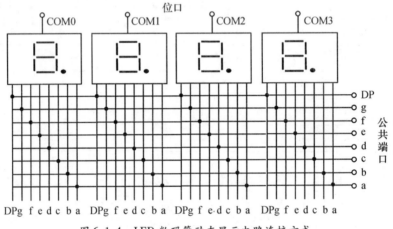

图6.1.4 LED 数码管动态显示电路连接方式

数码管动态显示电路的工作原理如下:循环显示、动态扫描,利用人的眼睛的视角暂留特性。先在公共的段口上输出第一个数码管上要显示字符的字段码,开通第一个数码管的位,第一个数码管上就会显示相应的字符,这时虽然其他数码管的段上也有信息,但位没有开通,不显示字符。然后关闭第一个数码管的位,再在段口上输出第二个数码管要显示字符的字段码,开通第二个数码管的位,依次这样,直到最后一个数码管,然后再从第一个开始反复循环,只要循环的速度足够快,由于人眼睛的视角暂留特性,就可以同时看到所有数码管上显示的字符。数码管动态扫描电路,在某一时刻只有一位数码管显示。

数码管动态显示电路的特点是,占用的 I/O 口线少,硬件成本低,适合数码管位数多的场合,程序设计相对静态显示电路要复杂一些,汇编语言程序设计都采用前面学习的查表程序设计。

1)共阳型数码管的动态扫描电路

在最小系统基础上,用 P0 口作为数码管的段控制口,P2.0～P2.3分别作为4个数码管的位的控制口,输出0,PNP 晶体管导通,开通数码管的位;输出1,晶体管截止,关闭位。电路如图6.1.5所示。P0 口作为输出口使用,要外接上拉电阻(由于本例是共阳型数码管,使发光笔段亮的有效信息是0,输出1时内部开漏,笔段不可能亮,故可以省去,而共阴型电路必须接上拉电阻)。

例:按图6.1.5,设计数码管的显示程序,在数码管上显示"1 2 3 4"。

162

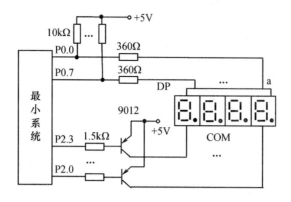

图 6.1.5　4 位共阳型数码管动态扫描电路

```
           ORG      0000H
           LJMP     SETUP
           ORG      0030H
SETUP:     MOV      70H,#1          ;70H~73H 作为显示缓冲区
           MOV      71H,#2
           MOV      72H,#3
           MOV      73H,#4          ;分别赋初值
MAIN:      LCALL    DIS             ;主程序反复调用显示子程序
           LJMP     MAIN
DIS:                               ;显示子程序
           MOV      DPTR,#TAB       ;表格首地址送 DPTR
           MOV      A,70H           ;显示缓冲区送 A
           MOVC     A,@A+DPTR       ;查表求出字段码
           MOV      P0,A            ;字段码送段输出口
           CLR      P2.0            ;开通位
           LCALL    DEL             ;调延时
           SETB     P2.0            ;关断位,第一个显示完
           …                       ;以下程序类似
           MOV      A,73H
           MOVC     A,@A+DPTR
           MOV      P0,A
           CLR      P2.3
           LCALL    DEL
           SETB     P2.3
           RET
TAB:       DB       0C0H,0F9H,0A4H,0B0H,99H,82H
           DB       0F8H,80H,90H    ;共阳型数码管十进制数字段码表格
DEL:       MOV      R7,#0           ;延时子程序
           DJNZ     R7,$
           RET
           END
```

163

2）共阴型数码管的动态扫描电路

图 6.1.6 所示为共阴型数码管的动态扫描电路，段输出口和控制位控制口与共阳型一致，控制位开通的电路换成了 NPN 型晶体管。位输出 0 时，晶体管截止，数码管灭；输出 1 时，晶体管导通，数码管亮。程序读者可参照前例进行设计。

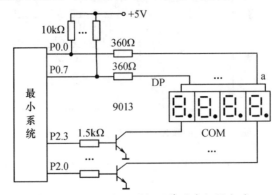

图 6.1.6　4 位共阴型数码管动态扫描电路

6.1.2　液晶显示的基础知识

1. 液晶显示模块的基础知识

液晶显示器（LCD）具有体积小、质量轻（< 100g）、功耗低（100mW）和可靠性高（50000h）的优点，在便携式电子信息产品中得到广泛应用。特别是在电池供电的单片机产品中液晶显示器是必选的显示器件。

液晶显示器的品种很多，内部结构复杂，涉及知识面广，初学者一时恐难以全面掌握。从易学会用的要求出发，初学者最好先从液晶显示模块 LCM（已将 LCD 控制器、显示器及 RAM、ROM 连接在一块 PCB 板上）学起，在自己设计接口电路并编程的过程中，逐步加深理解。

字符型液晶电路板显示的是点阵字符，有 5 × 7 和 5 × 10 两种点阵字型可编程选择，可分为 1 行、2 行和 4 行 3 类，每行有 8、16、20、40 和 80 个等多种字符位长度，每一个字符位可显示一个 ASCII 码字符。通过指令编程，可实现液晶全屏幕显示。

2. 液晶显示模块 LCM 的引脚及单片机的连接

1）液晶显示模块 LCM 的引脚

液晶显示模块 LCM 的引脚定义如下：

1	2	3	4	5	6	7	8	9	10	11	12	13	14	15	16
VSS	VCC	VLCD	RS	R/W	E	D0	D1	D2	D3	D4	D5	D6	D7	NC	NC

其中，RS：　　　寄存器选择端。RS = 1，选数据寄存器；RS = 0 选指令寄存器。

$\quad\quad$ R/W：　　　读/写控制端。R/W = 1，读；R/W = 0，写。

$\quad\quad$ E：　　　　使能端，下降沿触发。

$\quad\quad$ D0 ~ D7：8 位数据总线。

$\quad\quad$ V_{CC}：　　　接 + 5V 电源。

$\quad\quad$ V_{SS}：　　　接地。

164

V_{LCD}： 可接地,也可接负电源(0~-12V)。

2）液晶显示模块与单片机的连接

液晶显示模块与单片机的连接如图6.1.7所示。

3．液晶显示模块的指令说明

（1）液晶显示模块的读/写时序图如图6.1.8所示。

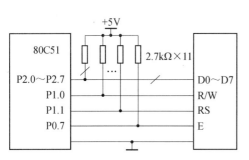

图6.1.7 液晶显示模块与单片机的连接

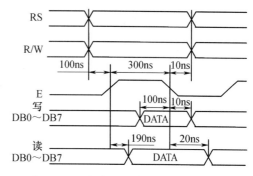

图6.1.8 液晶显示模块的读/写时序图

（2）液晶显示模块的指令

指令说明：

BF： 忙标志位 （BUSY FLAG）

AC： 地址计数器 （ADDRESS COUNTER）

DDRAM： 显示数据寄存器 （DISPLAY DATA RAM）

CGRAM： 字符发生RAM （CHARACTER GENERATE RAM）

CGROM： 字符发生ROM （CHARACTER GENERATE ROM）

指令格式如下：

RS	R/W	D7	D6	D5	D4	D3	D2	D1	D0

RS和R/W控制操作格式见表6.1.2。

表6.1.2 RS和R/W控制操作格式

RS	R/W	操　　作
0	0	写指令寄存器
0	1	读出BF信号和地址计数器AC到D0~D7
1	0	写数据寄存器
1	1	读数据寄存器

（3）指令集

① 清屏指令(CLEAR SCREEN)清除显示内容,把DDRAM内容全部清0,并把AC置0。指令如下：

RS	R/W	D7	D6	D5	D4	D3	D2	D1	D0
0	0	0	0	0	0	0	0	0	1

165

② 归位指令(RETURN HOME)。置显示RAM(DDRAM)地址为0,即将0送AC使光标和光标所在的字符回到原点,但DDRAM的内容不变。指令如下:

RS	R/W	D7	D6	D5	D4	D3	D2	D1	D0
0	0	0	0	0	0	0	0	1	X

③ 输入模式设置(ENTRY MODE SET)指令如下:

RS	R/W	D7	D6	D5	D4	D3	D2	D1	D0
0	0	0	0	0	0	0	1	I/D	S

I/D=1为增量方式,AC自动加1;I/D=0为减量方式,AC自动减1。

S=1,显示整体移位;S=0,显示不整体移位。

④ 显示开关控制(DISPLAY ON/OFF CONTROL)。指令如下:

RS	R/W	D7	D6	D5	D4	D3	D2	D1	D0
0	0	0	0	0	0	1	D	C	B

其中,D=1,开显示;D=0,关显示。

C=1,开光标;C=0,关光标。

B=1,光标闪烁;B=0,光标不闪烁。

⑤ 光标或显示位移(CURSOR OR DISPLAY SHIFT)。指令如下:

RS	R/W	D7	D6	D5	D4	D3	D2	D1	D0
0	0	0	0	0	1	S/C	R/L	X	X

其中,S/C=1,显示位移;S/C=0,光标移位。

R/L=1,右移;R/L=0,左移。

X不用。

S/C和R/L功能见表6.1.3。

表6.1.3 S/C和R/L功能

S/C	R/L	注　释	S/C	R/L	注　释
0	0	光标左移,AC自动减1	1	0	光标和显示字符一起左移
0	1	光标右移,AC自动加1	1	1	光标和显示字符一起右移

⑥ 功能设置(FUNCTION SET)。指令如下:

RS	R/W	D7	D6	D5	D4	D3	D2	D1	D0
0	0	0	0	1	1DL	N	F	X	X

其中,DL=1,采用8位数据总线;DL=0,采用4位数据总线。

N=1,显示双行;N=0,显示单行。

$F = 1$,采用5×10点阵;$F = 0$,采用5×7点阵。

X 不用。

⑦ CGRAM 地址设置（CGRAM ADDRESS SET）。指令如下：

RS	R/W	D7	D6	D5	D4	D3	D2	D1	D0
0	0	0	1	A5	A4	A3	A2	A1	A0

地址范围:00 ~ 63(00H ~ 3FH) A5 ~ A0 为地址。

⑧ DDRAM 地址设置 DDRAM ADDRESS SET。指令如下：

RS	R/W	D7	D6	D5	D4	D3	D2	D1	D0
0	0	1	A6	A5	A4	A3	A2	A1	A0

地址范围:00 ~ 127(00H ~ 7FH) A6 ~ A0 为地址。

⑨ 读 BF 及 AC(READ BUSY FLAG AND ADDRESS COUNTER)。指令如下：

RS	R/W	D7	D6	D5	D4	D3	D2	D1	D0
0	1	BF	A6	A5	A4	A3	A2	A1	A0

其中,BF(忙标志位)1 位,AC(地址计数器 A6 ~ A0)7 位。

⑩ 向 CGRAM/DDRAM 写数据(WRITE DATA TO CGRAM/DDRAM)。指令如下：

RS	R/W	D7	D6	D5	D4	D3	D2	D1	D0
1	0	D7	D6	D5	D4	D3	D2	D1	D0

⑪ 从 CGRAM/DDRAM 中读数据(WRITE DATA TO CGRAM/DDRAM)。指令如下：

RS	R/W	D7	D6	D5	D4	D3	D2	D1	D0
1	1	D7	D6	D5	D4	D3	D2	D1	D0

显示位与 DDRAM 地址的对应关系见表6.1.4。

表 6.1.4　显示位与 DDRAM 地址的对应关系

显 示 位		0	1	2	3	4	5	…	15
DDRAM 地址	第1行	00	01	02	03	04	05	…	0F
（十六进制）	第2行	40	41	42	43	44	45	…	4F

【项目实施】

1. 程序编制要点及参考程序

1）程序编制要点

软件编制采用模块化结构。定义 P2.0 ~ P2.7 为数据线 D0 ~ D7,P1.0、P1.1 和 P0.7 分别作为 R/W、RS 和 E 线(图6.1.6)。系统的时钟频率设为2MHz。液晶显示模块初始化程序中作出如下设置:选择 8 位数据总线,显示 2 行,5×7 点阵,AC 自动加 1,开显示,关光标,清除 DDRAM,置 AC =0 字符不闪烁。在程序中,查询"BF"子程序使用了读 RAM 操作,P2 口设置为输入方式,写指令或写数据子程序使用了写 RAM 操作,P2 口设置为输出方式。

2）参考程序

```
$ INCLUDE(C80C51F000.INC)
```

```
;- - - - - - - - - - - - - - - - - - - - - - - - - - - - - - - - - -
;变量定义区
    DATA1   EQU    P2
    R/W     EQU    P1.0
    RS      EQU    P1.1
    E       EQU    P0.7
;- - - - - - - - - - - - - - - - - - - - - - - - - - - - - - - - - -
;复位向量
    ORG     0000H
    AJMP    MAIN
;- - - - - - - - - - - - - - - - - - - - - - - - - - - - - - - - - -
;主程序
    ORG     0030H
MAIN MOV    SP,#5AH            ;堆栈指针
    MOV     XBR2,#0C0H         ;配置漏极开路,交叉开关允许
    MOV     OSCICN,#04H        ;选用内部晶振频率 2MHz
    MOV     WDTCN,#0DEH        ;禁止看门狗
    MOV     WDTCN,#0ADH
    LCALL   LCDINT             ;液晶显示器初始化
    MOV     DPTR,#WORD1        ;取第一行文字的首地址
    MOV     R2,#80H            ;送 DDRAM 地址,AC 指向显示屏第 1 行第 1 个字符
    LCALL   WRC
    MOV     R4,#20             ;连续写入 20 个字符
    LCALL   WRN
    MOV     DPTR,#WORD2        ;取第 2 行文字的首地址
    MOV     R2,#0C0H           ;送 DDRAM 地址,AC 指向显示屏第 2 行第 1 个字符
    LCALL   WRC
    MOV     R4,#20             ;连续写入 20 个字符
    LCALL   WRN
    SJMP    $
;- - - - - - - - - - - - - - - - - - - - - - - - - - - - - - - - - -
;LCD 初始化
    LCDINT:MOV R2,#38H         ;功能设置:DL =1,数据 8 位;N =1,2 行;F =0,5×7 点阵
    LCALL   WRC
    MOV     R2,#01H            ;清除 DDRAM,置 AC =0
    LCALL   WRC
```

168

```
        MOV     R2,#06H              ;I/D=1,AC 自动增1;S=0,整体显示不移动
        ACALL   WRC
        MOV     R2,#0CH              ;D=1,开显示;C=0,关光标;B=0,字符不闪烁
        ACALL   WRC
        RET
;-------------------------------------------------------------
;写控制指令(控制指令代码存放在 R2 中)
WRC: ACALL   BUSY                    ;先查询 BF 位
        CLR     RS                   ;RS=0
        CLR     R/W                  ;R/W=0
        SETB    E                    ;使能信号上跳
        NOP
        MOV     DATA1,R2             ;R2 中数据送到数据线
        CLR     E                    ;使能信号下跳,写信号
        RET
;-------------------------------------------------------------
查询 BF(忙碌标志)位
BUSY:CLR     RS                      ;RS=0
        SETB    R/W                  ;R/W=1
        MOV     DATA1,#0FFH
        CLR     E
        NOP
        SETB    E
        NOP
        MOV     A,DATA1
        JB      ACC.7,BUSY           ;BF 位=1,忙,则等待
        RET
;-------------------------------------------------------------
;写1个字符数据(要写入的数据存放在 R2 中)
WRD: ACALL   BUSY                    ;先查询 BF 位
        SETB    RS                   ;RS=1
        CLR     R/W                  ;R/W=0
        SETB    E                    ;使能信号上跳
        NOP
        MOV     DATA1,R2             ;R2 中数据送到数据线
        CLR     E                    ;使能信号下跳,写信号
        RET
;-------------------------------------------------------------
读一个字符数据(读出数据放在 A 中)
RDD: LCALL   BUSY
        SETB    RS                   ;RS=1
        SETB    R/W                  ;R/W=1
        MOV     DATA1,#0FFH
```

169

```
        SETB    E
        NOP
        NOP
        CLR     E
        MOV     A,DATA1
        RET
```

;－－－－－－－－－－－－－－－－－－－－－－－－－－－－－－－－－－－

;连续读出 ROM 中的 N 个字符数据并写入 DDRAM(数目 N 在 R4 中)

```
WRN: CLR    A
     MOVC   A,@A + DPTR              ;查表,读出 ROM 中的数据并送入 R2
     INC    DPTR
     MOV    R2,A
     LCALL  WRD                      ;写 1 位数据
     DJNZ   R4,WRN                   ;连续写 N 位数据
     RET
```

;－－－－－－－－－－－－－－－－－－－－－－－－－－－－－－－－－－－

;显示数据

WORD1:DB 20H,20H,20H,20H,20H,20H,57H,45H,4CH,43H,4FH,4DH,45H,20H,54H,4FH,20H,
20H,20H,20H ;WELCOME TO

WORD2:DB 20H,20H,20H,20H,4FH,55H,52H,20H,20H,43H,4FH,4CH,45H,47H,45H,20H,20H,
20H,20H, ;OUR COLLEGE

```
     END
```

2. 实训的任务和步骤[1]

(1)按照图6.1.6连接电路,参照参考程序编程,在显示屏上写两行文字,如下:

WELCOME TO

OUT COLLEGE

(2)用单片机与液晶显示模块设计制作一个电子时钟,显示时间 1s 更新一次。

【项目评价】

序号	评价指标	评价内容	分值	学生自评	小组评价	教师评价
1	硬件设计	MCS－51 单片机连接到位	10			
		液晶显示屏连接到位	20			
2	调试	参照参考程序编程并调试	10			
		显示屏上正确显示两行文字	20			
		通电后正确、试验成功	20			
3	安全规范与提问	是否符合安全操作规范	10			
		回答问题是否准确	10			
		总分	100			
		问题记录和解决方法	记录任务实施中出现的问题和采取的解决方法(可附页)			

【项目拓展】

已知 4 位(千、百、十、个位)欲显示 BCD 数依次在 32H ~ 35H 单元,半位(万位为 0 或 1)在 30H 单元,小数点控制位在 31H 单元。写出能在图 6.1.6 显示的程序。

项目单元 2　键盘接口技术实训

【项目描述】

键盘和数码管显示是单片机应用系统设计中不可缺少的两个部分。对于键盘电路,应熟悉其工作原理(主要包括独立式键盘或矩阵式键盘是否有键按下、去抖动、判断键值、转入相应子程序的处理方法),掌握对其编程的方法。对于数码管显示电路,选用静态显示方式时,应考虑占用单片机 I/O 和电路复杂程度的问题;选用动态显示方式时,应考虑占用 CPU 处理时间是否影响对其他任务的处理,特别是多位数码管显示时,建议选用专门的 LED 数码管显示器驱动芯片。

【项目分析】

(1)本实训提供了 8 个按键的小键盘,如果有键按下,则相应输出为低电平,否则输出为高电平。MCU 判断有键按下后,要有一定的延时,防止由于键盘抖动而引起误操作。

(2)编写一个程序,能读出键盘操作的编号,并在数码显示器上显示。

(3)HD7279A 是一片具有串行接口的、可同时驱动 8 位共阴极数码管(或 64 只独立 LED)的智能显示驱动芯片,该芯片同时还可连接多达 64 键的键盘矩阵,HD7279A 内部含有译码器,可直接接收十六进制码,HD7279A 还同时具有 2 种译码方式,HD7279A 还具有多种控制指令,如消隐、闪烁、左移、右移、段寻址指令等。

【知识链接】

6.2.1　8279 接口芯片

由 80C51 系列单片机构成的小型测控系统或智能仪表中,常常需要扩展显示器和键盘以实现人机对话功能。8279 芯片在扩展显示器和键盘时功能强,使用方便。

8279 是 Intel 公司为 8 位微处理器设计的通用键盘/显示器接口芯片,其功能是:接收来自键盘的输入数据并作预处理;完成数据显示的管理和数据显示器的控制。单片机应用系统采用 8279 管理键盘和显示器,软件编程极为简单,显示稳定,且减少了主机的负担。

1. 8279 的结构

8279 的内部逻辑结构如图 6.2.1 所示,由图可见,8279 主要由以下部件组成:

(1)数据缓冲器。将双向三态 8 位内部数据总线 D0 ~ D7 与系统总线相连,用于传送 CPU 与 8279 之间的命令和状态。

(2)控制和定时寄存器。用于寄存键盘和显示器的工作方式,锁存操作命令,通过译码器产生相应的控制信号,使 8279 的各个部件完成相应的控制功能。

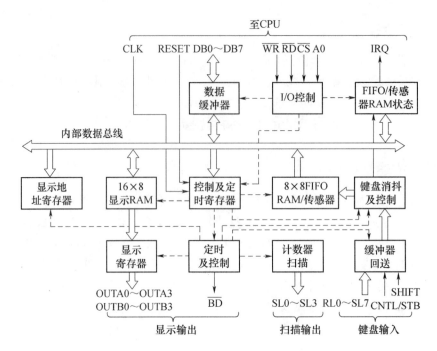

图 6.2.1　8279 的内部逻辑结构

（3）定时器。包含一些计数器,其中有一个可编程的 5 位计数器(计数值在 2 ~ 31),对 CLK 输入的时钟信号进行分频,产生 100kHz 的内部定时信号(此时扫描时间为 5.1ms,消抖时间为 10.3ms)。外部输入时钟信号周期不小于 500ns。

（4）扫描计数器。有两种输出方式:一是编码方式,计数器以二进制方式计数,4 位计数状态从扫描线 SL3 ~ SL0 输出,经外部译码器可以产生 16 位的键盘和显示器扫描信号;另一种是译码方式,扫描计数器的低两位经内部译码后从 SL3 ~ SL0 输出,直接作为键盘和显示器的扫描信号。

（5）回送缓冲器、键盘消抖及控制。完成对键盘的自动扫描以搜索闭合键,锁存 RL7 ~ RL0 的键输入信息,消除键的抖动,将键输入数据写入内部先进先出存储器(FIFO RAM)。RL7 ~ RL0 为回送信号线作为键盘的检测输入线,由回送缓冲器缓冲并锁存,当某一键闭合时,附加的移位状态 SHIFT、控制状态 CNTL 及扫描码和回送信号拼装成一个字节的"键盘数据"送入 8279 内部的 FIFO(先进先出)RAM。键盘的数据格式为

位号	7	6	5	4	3	2	1	0
	CNTL	SHIFT	扫描(闭合键行号)			回送(闭合键列号)		

在传感器矩阵方式和选通方式时,回送线 RL7 ~ RL0 的内容被直接送往相应的 FIFO RAM。输入数据即为 RL7 ~ RL0。数据格式为

位号	7	6	5	4	3	2	1	0
	RL7	RL6	RL5	RL4	RL3	RL2	RL1	RL0

（6）FIFO/传感器 RAM。是具有双功能的 8 × 8 RAM。在键盘或选通方式时,它作为 FIFO RAM,依先进先出的规则输入或读出,其状态存放在 FIFO/传感器 RAM 状态寄存器

172

中。只要 FIFO RAM 不空,状态逻辑将置中断请求 IRQ=1;在传感器矩阵方式,作为传感器 RAM,当检测出传感器矩阵的开关状态发生变化时,中断请求信号 IRQ=1。在外部译码扫描方式时,可对 8×8 矩阵开关的状态进行扫描,在内部译码扫描方式时,可对 4×8 矩阵开关的状态进行扫描。

(7)显示 RAM。用来存储显示数据,容量是 16×8 位。在显示过程中,存储的显示数据轮流从显示寄存器输出。显示寄存器输出分成两组,即 OUTA0~OUTA3 和 UTB0~OUTB3,两组可以单独送数,也可以组成一个 8 位的字节输出,该输出与位选扫描线 SL0~SL3 配合就可以实现动态扫描显示。显示地址寄存器用来寄存 CPU 读/写显示 RAM 的地址,可以设置为每次读出或写入后自动递增。

2. 8279 的引脚定义

8279 采用 40 引脚封装,引脚的定义如图 6.2.2 所示。

DB7~DB0:双向外部数据总线,用于传送 8279 与 CPU 之间的命令和状态,可直接与 80C51 系列单片机连接。

$\overline{CS}$:片选信号线,低电平有效。

A0:用来区分信息的特征位。当 A0 为 1 时,CPU 写入 8279 的信息命令,CPU 从 8279 读出的信息为 8279 状态;当 A0 为 0 时,传送信息是数据。

$\overline{RD}$、$\overline{WR}$:为读和写选通信号线。

IRQ:中断请求输出线。在键盘工作方式下,若 FIFO RAM 中有数据,IRQ 变为高电平,在 FIFO RAM 每次读出时,IRQ 就下降变成低电平,当 FIFO RAM 中还有信息时,此线又重新升为高电平;在传感器工

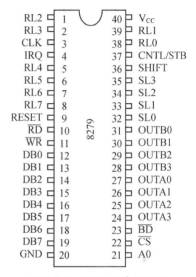

图 6.2.2　8279 引脚的定义

作方式下,每当检测到传感器信号改变时,IRQ 就变为高电平。

RL7~RL0:键盘回送线。是矩阵式键盘或传感器矩阵的列(或行)信号输入线。平时被内部拉成高电平,当某一键闭合时,相应的回送线会被拉成低电平。

SL3~SL0:扫描输出线。用于对键盘和显示器进行扫描(位切换),可以编码输出,也可以译码输出。

OUTB3~OUTB0、OUTA3~OUTA0:显示寄存器数据输出线。可分别作为两个 4 位输出接口,也可作为 8 位数据输出接口,OUTB0 为最低位,OUTA3 为最高位。

$\overline{BD}$:显示器消隐控制线。用于数字切换过程中或执行消隐命令时使显示器消隐。

RESET:复位输入线。当其为高电平有效时,8279 被复位而置于如下方式:

(1)16 位字符显示,左端输入;

(2)编码键盘,双键互锁方式;

(3)时钟分频系数为 31。

SHIFT:换挡键输入线。用于键盘方式的换挡功能。

CNTL/STB:控制/选通输入线。由内部拉成高电平,也可由外部按键拉成低电平。

在键盘方式时,其状态同按键信息一起送入 FIFO RAM,可以用于键盘功能的扩充;在选通方式时,CNTL/STB 可以作为送入数据的选通线,上升沿有效。

CLK:外部时钟输入线。其信号由外部振荡器提供。8279 靠设置定时器将外部时钟变为内部时钟。内部时钟基频等于外部时钟频率除以分频系数。

V_{CC}、GND:分别为 +5V 电源和地引脚。

3. 8279 的操作命令

CPU 通过对 8279 编程(将控制字写入 8279)来选择其工作方式及进行控制。其命令汇总见表 6.2.1。

表 6.2.1　8279 命令汇总

命令特征位			功能特征位				
D7	D6	D5	D4	D3	D2	D1	D0
0　0　0 (键盘和显示方式)			0:左输入 1:右输入	0:8 字符 1:16 字符	00:双键互锁 01:N 键轮回 10:传感器矩阵 11:选通输入		0:编码 1:译码
0　0　1 (分频系数设置)			2~31 分频				
0　1　0 (读 FIFO/传感器 RAM)			0:仅读 1 个单元 1:每次读 后地址加 1	×		3 位传感器 RAM 起始地址	
0　1　1 (读显示 RAM)				4 位显示 RAM 起始地址			
1　0　0 (写显示 RAM)							
1　0　1 (显示器写禁止/消隐)			×	1:A 组不变 0:A 组可变	1:B 组不变 0:B 组可变	1:A 组消隐 0:恢复	1:A 组消隐 0:恢复
1　1　0 (清显示及 FIFORAM)			0:不清除 (CA=0) 1:允许清除	00:全清为 0 01:全清为 0 10:清为 20H 11:清为全 1	CF:清 FIFO 使之为空, 且 IRQ=0 读出地址 0	CA:总清 清显示 清 FIFO	
1　1　1 (结束中断/特定错误方式)			E	×	×	×	×

1) 显示器和键盘方式设置命令

D7 D6 D5 =000 是键盘/显示方式命令特征字。

D4 D3 = DD 为显示器方式设置位。

D2 D1 D0 = KKK 为键盘工作方式设置位。

8279 可外接 8 位或 16 位 LED 显示器,显示器的每一位对应一个 8 位的显示器缓冲单元。CPU 将显示数据写入缓冲器时有左端输入和右端输入两种方式。左端输入方式较为简单,显示缓冲器 RAM 地址 0~15 分别对应于显示器的 0 位(左)~15 位(右)。

CPU 依次从 0 地址或某一地址开始将段数据写入显示缓冲器。右端输入方式是移位,输入数据总是写入右端的显示缓冲器,数据写入显示缓冲器后,原来缓冲器的内容左移一个字节。原来左端显示缓冲器的内容被移出。该输入方式中,显示器的各位与显示缓冲器的 RAM 的地址并不是对应的。

内部译码的扫描方式时,扫描信号由 SL3 ~ SL0 输出,仅能提供 4 选 1 扫描线。

外部译码工作方式时,内部计数器作二进制计数,4 位二进制计数器的计数状态从扫描线 SL3 ~ SL0 输出,并在外部进行译码。可为键盘/显示器提供 16 选 1 扫描线。

双键互锁工作方式时,键盘中同时有两个以上的键被按下,任何一个键的编码信息均不能进入 FIFO RAM,直至仅剩下一个键闭合时,该键的编码信息方能进入 FIFO RAM。

N 键轮回工作方式时,如有多个键按下,键盘扫描能够根据发现它们的顺序,依次将它们的状态送入 FIFO RAM。

传感器矩阵工作方式,是指片内的去抖动逻辑被禁止掉,传感器的开关状态直接输入到 FIFO RAM 中。因此,传感器开关的闭合或断开均可使 IRQ 马上为 1,向 CPU 快速申请中断。

2)时钟编程命令

D7 D6 D5 = 001 为时钟编程命令特征位。

8279 的内部定时信号是由外部输入时钟经分频后产生的,分频系数由时钟编程命令确定。D4 ~ D0 用来设定对 CLK 端输入时钟的分频次数 $N, N = 2 ~ 31$。利用这条命令,可以将来自 CLK 引脚的外部输入时钟分频,以取得 100kHz 的内部时钟信号。例如 CLK 输入时钟频率为 2MHz,获得 100kHz 的内部时钟信号,则需要 20 分频。

3)读 FIFO /传感器 RAM 命令

D7 D6 D5 = 010 为该命令的特征位。

D2 ~ D0(AAA)为起始地址。D4(AI)为多次读出时的地址自动增量标志,D3 无用。在键扫描方式中,AIAAA 均被忽略,CPU 总是按先进先出的规律读键输入数据,直至输入键全部读出为止。在传感器矩阵方式中,若 AI = 1,则 CPU 从起始地址开始依次读出,每读出一个数据地址自动加 1;AI = 0,CPU 仅读出一个单元的内容。

4)读显示 RAM 命令

D7 D6 D5 = 011 为该命令的特征位。

D3 ~ D0(AAAA)用来寻址显示 RAM 的 16 个存储单元,AI 为自动增量标志,若 AI = 1,则每次读出后地址自动加 1。

5)写显示 RAM 命令

D7 D6 D5 = 100 为该命令的特征位。

D4(AI)为自动增量标志,D3 ~ D0(AAAA)为起始地址,数据写入按左端输入或右端输入方式操作。若 AI = 1,则每次写入后地址自动加 1,直至所有显示 RAM 全部写完。

6)显示器写禁止/消隐命令

D7 D6 D5 = 101 为该命令的特征位。该命令用以禁止写 A 组和 B 组显示 RAM。

在双 4 位显示器使用时,即 OUTA3 ~ OUTA0 和 OUTB3 ~ OUTB0 独立地作为两个半字节输出时,可改写显示 RAM 中的低半字节而不影响高半字节的状态,反之亦可改写高半字节而不影响低半字节。D1、D0 位是消隐显示器特征位,要消隐两组显示器,必须使之同时为 1,为 0 时则恢复显示。

7）清除命令

D7 D6 D5 =110 为该命令的特征位。CPU 将清除命令写入 8279,使显示缓冲器呈初态（暗码）,该命令同时也能清除输入标志和中断请求标志。

D4 D3 D2(CDCDCD)用来设定清除显示 RAM 的方式。

D1(CF) =1 为清除 FIFO RAM 的状态标志,FIFO RAM 被置成空状态（无数据）,并复位中断请求线 IRQ 时,传感器 RAM 的读出地址也被置成0。

D0(CA)是总清的特征位,它兼有 CD 和 CF 的联合效用。当 CA =1 时,对显示 RAM 的清除方式仍由 D3 、 D2 编码确定。

8）结束中断/错误方式设置命令

D7 D6 D5 =101 为该命令的特征位。此命令用来结束传感器 RAM 的中断请求。

D4(E) =0 为结束中断命令,在传感器工作方式中使用。每当传感器状态出现变化时,扫描检测电路就将其状态写入传感器 RAM,并启动中断逻辑使 IRQ 变高,向 CPU 请求中断,并且禁止写入传感器 RAM。此时,若传感器 RAM 读出地址的自动增量特征位未设置(AI =0),则中断请求 IRQ 在 CPU 第一次从传感器 RAM 读出数据时就被清除。若 AI =1,则 CPU 对传感器 RAM 读出并不能清除 IRQ,而必须通过给 8279 写入结束中断/设置出错方式命令才能使 IRQ 变低。D4(E) =1 为特定错误方式命令。在 8279 已被设定为键盘扫描 N 键轮回方式后,如果 CPU 给 8279 又写入结束中断/错误方式命令（E =1）,则 8279 将以一种特定的错误方式工作。这种方式的特点是:在 8279 消抖周期内,如果发现多个按键同时按下,则 FIFO 状态字中的错误特征位 S/E 将置1,并产生中断请求信号和阻止写入 FIFO RAM。

4. 8279 状态字

8279 的状态字节用于键输入和选通输入方式中,指出 FIFO RAM 中的字符个数和是否出错。状态字节的格式如下:

位号	7	6	5	4	3	2	1	0
	DU	S/E	O	U	F	N	N	N

D2 ~ D0(NNNl)表示 FIFO RAM 中数据的个数。

D3(F) =1 时,表示 FIFO RAM 已满（存有 8 个键入数据）。

D4(U)在 FIFO RAM 中没有输入字符时,CPU 读 FIFO RAM 时则置 U 为 1。

D5(0)当 FIFO RAM 已满,又输入一个字符而发出溢出时置 1。

D6(S/E)用于传感器矩阵输入方式,至少有一个传感器闭合时置 1;当 8279 工作在特殊错误方式,多键同时按下时置 1。

D7(DU)在清除命令执行期间为 1,表示对显示 RAM 写操作无效。

6.2.2　键盘/显示系统

键盘是由若干个按键组成的,它是单片机最简单的输入设备。操作员通过键盘输入数据或命令,实现简单的人机对话。

按键就是一个简单的开关。当按键按下时,相当于开关闭合;当按键松开时,相当于开关断开。按键在闭合和断开时,触点会存在抖动现象。抖动现象和去抖电路如图6.2.3所示。

176

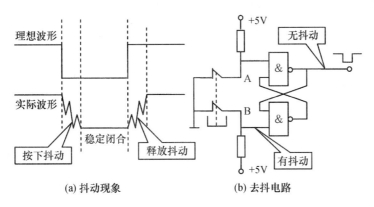

(a) 抖动现象　　　　　　　　(b) 去抖电路

图 6.2.3　按键的抖动及其消除电路

按键的抖动时间一般为 5～10ms,抖动可能造成一次按键的多次处理问题。应采取措施消除抖动的影响。消除办法有多种,常采用软件延时 10ms 的方法。

在按键较少时,常采用图 6.2.3(b)所示的去抖电路。当按键未按下时,输出为"1";当按键按下时输出为"0",即使在 B 位置时因抖动瞬时断开,只要按键不回 A 位置,输出就会仍保持为"0"状态。

当按键较多时,常采用软件延时的办法。当单片机检测到有键按下时先延时 10ms,然后再检测按键的状态,若仍是闭合状态则认为真正有键按下。当检测到按键释放时,亦需要做同样的处理。

1. 独立式键盘及其接口

独立式键盘的各个按键相互独立,每个按键独立地与一根数据输入线(单片机并行接口或其他接口芯片的并行接口)相连,如图 6.2.4 所示。

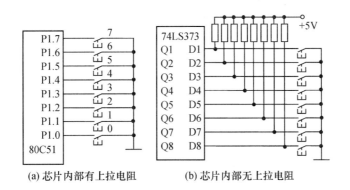

(a) 芯片内部有上拉电阻　　　　　　(b) 芯片内部无上拉电阻

图 6.2.4　独立式键盘接口

图 6.2.4(a)为芯片内部有上拉电阻的接口。图 6.2.4(b)为芯片内部无上拉电阻的接口,这时就应在芯片外设置上拉电阻。独立式键盘配置灵活,软件结构简单,但每个按键必须占用一根接口线,在按键数量多时,接口线占用多。所以,独立式按键常用于按键数量不多的场合。

独立式键盘的软件可以采用随机扫描,也可以采用定时扫描,还可以采用中断扫描。

随机扫描是指,当 CPU 空闲时调用键盘扫描子程序,响应键盘的输入请求。对图 6.2.4(a)所示的接口电路,随机扫描程序如下:

```
SMKEY:   ORL P1,#0FFH        ;置 P1 接口为输入方式
         MOV A,P1            ;读 P1 接口信息
         JNB ACC.0,POF       ;0 号键按下,转 0 号键处理
         JNB ACC.1,P1F       ;1 号键按下,转 1 号键处理
         ……
         JNB ACC.7,P7F       ;7 号键按下,转 7 号键处理
         JM PSMKEY
POF:     JM PPROG0
P1F:     JM PPROG1
         ……
P7F:     JM PPROG7
PROG0:   ……
         ……
         JM PSMKEY
pROGi:   ……
         ……
         JM PSMKEY
         ……
         ……
PROG7:   ……
         ……
         JM PSMKEY
```

定时扫描方式是利用单片机内部定时器产生定时中断,在中断服务程序中对键盘进行扫描,并在有键按下时转入键功能处理程序。定时扫描方式的硬件接口电路与随机扫描方式相同。

对于中断扫描方式,当键盘上有键闭合时产生中断请求,CPU 响应中断并在中断服务程序中判别键盘上闭合键的键号,并作相应的处理,如图 6.2.5 所示。

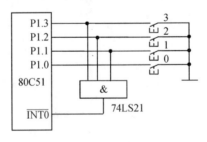

图 6.2.5　中断扫描接口电路

2. 矩阵式键盘及其接口

矩阵式键盘采用行列式结构,按键设置在行列的交点上。当接口线数量为 8 时,可以将 4 根接口线定义为行线,另 4 根接口线定义为列线,形成 4×4 键盘,可以配置 16 个按键,如图 6.2.6(a)所示。图 6.2.6(b)所示为 4×8 键盘。

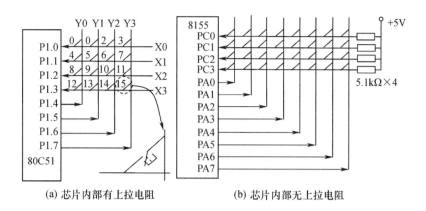

Y0 Y1 Y2 Y3

(a) 芯片内部有上拉电阻　　　　　(b) 芯片内部无上拉电阻

图 6.2.6　矩阵式键盘接口

矩阵式键盘的行线通过电阻接 +5V(芯片内部有上拉电阻时,就不用外接了),当键盘上没有键闭合时,所有的行线与列线是断开的,行线均呈高电平。

当键盘上某一键闭合时,该键所对应的行线与列线短接。此时该行线的电平将由被短接的列线电平所决定。因此,可以采用以下方法完成是否有键按下及按下的是哪一键的判断:

(1) 判断有无按键按下。将行线接至单片机的输入接口,列线接至单片机的输出接口。首先使所有列线为低电平,然后读行线状态,若行线均为高电平,则没有键按下;若读出的行线状态不全为高电平,则可以断定有键按下。

(2) 判断按下的是哪一个键。先让 Y0 这一列为低电平,其余列线为高电平,读行线状态,如行线状态不全为"1",则说明所按键在该列,否则不在该列。然后让 Y1 列为低电平,其他列为高电平,判断 Y1 列有无按键按下。其余列类推。这样就可以找到所按键的行列位置。对于图 6.2.6(a)所示接口电路,示例程序如下:

```
SMKEY:MOV    P1,#0FH          ;置 P1 接口高 4 位为"0",低 4 位为输入状态
      MOV    A,P1             ;读 P1 接口
      ANL    A,#0FH           ;屏蔽高 4 位
      CJNE   A,#0FH,HKEY      ;有键按下,转 HKEY
      SJM    PSMKEY           ;无键按下转回
HKEY: LCALL  DELAY10          ;延时 10ms,去抖
      MOV    A,P1
      ANL    A,#0FH
      CJNE   A,#0FH,WKEY      ;确认有键按下,转判哪一键按下
      SJM    PSMKEY           ;是抖动转回
WKEY: MOV    P1,#1110 1111B   ;置扫描码,检测 P1.4 列
      MOV    A,P1
      ANL    A,#0FH
      CJNE   A,#0FH,PKEY      ;P1.4 列(Y0)有键按下,转键处理
      MOV    P1,#1101 1111B   ;置扫描码,检测 P1.5 列
      MOV    A,P1
```

```
        AN[,    A,#0FH
        CJNE    A,#0FH,PKEY        ;P1.5 列(Y1)有键按下,转键处理
        MOV     P1,#10111111B      ;置扫描码,检测 P1.6 列
        MOV     A,P1
        ANL     A,#0FH
        CJNE    A,#0FH,PKEY        ;P1.6 列(Y2)有键按下,转键处理
        MOV     P1,#0111 1111B     ;置扫描,检测 P1.7 列
        MOV     A,P1
        ANL     A,#0FH
        CJNE    A,#0FH,PKEY        ;P1.7 列(Y3)有键按下,转键处理
        LJM     PSMKEY
PKEY:   …       …                  ;键处理
        …       …
```

执行该程序后,可以获得按下键所在的行列位置,此种键识别方法称为扫描法。从原理上易于理解,但当所按键在最后一列时,所需扫描次数较多。

还可以采用线反转法完成所按键的识别。先把列线置成低电平,行线置成输入状态,读行线;再把行线置成低电平,列线输入状态,读列线。有键按下时,由两次所读状态即可确定所按键的位置。示例程序如下:

```
SMKEY:  MOV     P1,#0FH            ;置 P1 接口高 4 位为"0",低 4 位为输入状态
        MOV     A,P1               ;读 P1 接口
        ANL     A,#0FH             ;屏蔽高 4 位
        CJNE    A,#0FH,HKEY        ;有键按下,转 HKEY
        SJM     PSMKEY             ;无键按下转回
HKEY:   LCALL   DELAy10            ;延时 10ms,去抖
        MOV     A,P1
        ANL     A,#0FH
        MOV     B,A                ;行线状态在 B 的低 4 位
        CJNE    A,#0FH,WKEY        ;确认有键按下,转判哪一键按下
        SJM     PSMKEY             ;是抖动转回
WKEY:   MOV     P1,#0FOH           ;置 P1 接口高 4 位为输入、低 4 位为"0"
        MOV     A,P1
        ANL     A,#0FOH            ;屏蔽低 4 位
        ORL     A,B                ;列线状态在高 4 位,与行线状态合成于 B 中
        …       …                  ;键处理
```

(3)键处理。键处理是根据所按键散转进入相应的功能程序。为了散转的方便,通常应先得到按下键的键号。键号是键盘的每个键的编号,可以是十进制或十六进制。键号一般通过键盘扫描程序取得的键值求出。键值是各键所在行号和列号的组合码。如图 6.2.6(a)所示接口电路中的键"9"所在行号为 2,所在列号为 1,键值可以表示为"21H"(也可以表示为"12H",表示方法并不是唯一的,要根据具体按键的数量及接口电路而定)。根据键值中行号和列号信息就可以计算出键号,如:

180

$$键号 = 所在行号 \times 键盘列数 + 所在列号$$

即：
$$2 \times 4 + 1 = 9$$

根据键号就可以方便地通过散转进入相应键的功能程序。

3. 键盘和显示器接口示例

在单片机的应用系统中,往往将键盘和显示电路合并考虑,从而使接口芯片的利用率提高,系统的设计简化。常用的键盘和显示接口电路有以下几种:

（1）利用 8155 构成的键盘及显示接口电路；

（2）利用 8279 构成的键盘及显示接口电路；

（3）利用单片机的串行口构成的键盘及显示接口电路。

1）8155 的键盘及显示接口

由于 8155 接口芯片含有单片机应用系统扩展常用的资源,所以可以方便地利用 8155 构成键盘和显示接口电路,如图 6.2.7 所示。

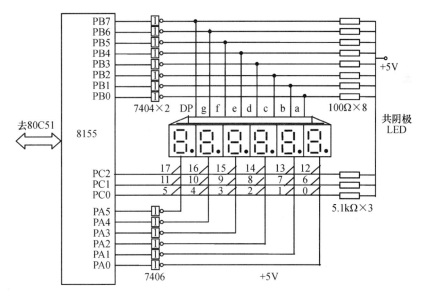

图 6.2.7　8155 键盘和显示接口电路

图中 6 个显示器采用共阴极的 LED,段数据由 8155 的 B 口提供,位选信号由 A 口提供。键盘的列扫描输出也由 A 口提供,键盘的行输入由 C 口提供。

实现程序如下:

```
KD1:    MOV   A,    #0000 0011B    ;8155 初始化:PA、PB 为基本输出,PC 为输入
        MOV   DPTR,#7F00H
        MOVX  @DPTR,A
KEY1:   ACALL KS1                  ;查有无键按下
        JNZ   LK1                  ;有,转键扫描
        ACALL DIS                  ;调显示子程序
        AJMP  KEY1
LK1:    ACALL DIS                  ;键扫描
        ACALL DIS                  ;两次调显示子程序,延时12ms
```

181

```
         ACALL     KS1
         JNZ       LK2
         ACALL     DIS              ;调显示子程序
         AJMP      KEY1
LK2：    MOV       R2,#0FEH         ;从首列开始
         MOV       R4,#00H          ;首列号送 R4
LK4：    MOV       DPTR,#7F01H
         MoV       A,R2
         MOVX      @DPTR,A
         INC       DPTR
         INC       DPTR             ;指向 C 口
         MOVX      A,@DPTR
         JB        ACC.0,LONE       ;第 0 行无键按下,转查第 1 行
         MOV       A,#00H           ;第 0 行有键按下,该行首键号送 A
         AJMP      LKP              ;转求键号
LONE：   JB        ACC.1,LTWO       ;第 1 行无键按下,转查第 2 行
         MOV       A,#08H           ;第 1 行有键按下,该行首键号送 A
         AJMP      LKP              ;转求键号
LTWO：   JB        ACC.2,NEXT       ;第 2 行无键按下,转查下一列
         MOV       A,#10H           ;第 2 行有键按下,该行首键号送 A
LKP：    ADD       A,R4             ;求键号。键号 = 行首键号 + 列号
         PUSH      ACC              ;保护键号
LK3：    ACALL     DIS              ;等待键释放
         ACALL     KS1
         JNZ       LK3
         POP       ACC
         RET                        ;键扫描结束。此时 A 的内容为按下键的键号
NEXT  :INC         R4               ;指向下一列
         MOV       A,R2
         JNB       ACC.5,KND        ;判 6 列扫描完没有
         RL        A                ;未完,扫描字对应下一列
         MOV       R2,A
         AJMP      LK4              ;转下一列扫描
KND：    AJMP      KEY1             ;扫完,转入新一轮扫描
KS1：    MOV       DPTR,#7F01H      ;查有无键按下子程序。先指向 A 口
         MOV       A,#00H
         MOVX      @DPTR,A          ;送扫描字"00H"
         INC       DPTR
         INC       DPTR             ;指向 C 口
         MOVX      A,@DPTR
         CPL       A                ;变正逻辑
         ANL       A,#0FH           ;屏蔽高位
         RET                        ;子程序出口,A 的内容非 0 则有键按下
```

182

2）8279 的键盘及显示接口

8279 作为键盘/显示的专用接口芯片,在键盘/显示接口电路的设计中具有明显的优势。图 6.2.8 所示为 8279 的典型用法。

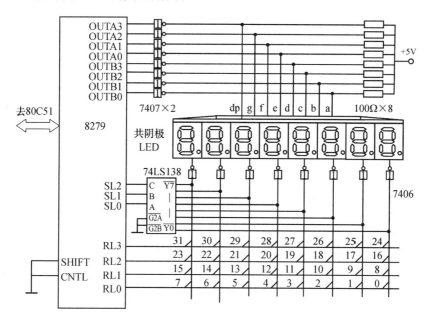

图 6.2.8　8279 键盘和显示接口电路

初始化程序如下:

```
INIT: MOV    DPTR,#7FFFH        ;置 8279 命令/状态口地址
      MOV    A,#0D1H            ;置清显示命令字
      MOVX   @DPTR,A            ;送清显示命令
WEIT: MOVX   A,@DPTR            ;读状态
      JB     ACC.7,WEIT         ;等待清显示 RAM 结束
      MOV    A,#34H             ;置分频系数,晶振 12MHz
      MOVX   @DPTR,A            ;送分频系数
      MOV    A,#00H             ;置键盘/显示命令
      MOVX   @DPTR,A            ;送键盘/显示命令
      MOV    IE,#84H            ;允许 8279 中断
      RET
```

显示子程序如下:

```
DIS:  MOV    DPTR,#7FFFH        ;置 8279 命令/状态口地址
      MOV    R0,#30H            ;字段码首地址
      MOV    R7,#08H            ;8 位显示
      MOV    A,#90H             ;置显示命令字
      MOVX   @DPTR,A            ;送显示命令
      MOV    DPTR,#7FFEH        ;置数据口地址
LP:   MOV A, @R0                ;取显示数据
      ADD    A,#6               ;加偏移量
```

183

```
            MOVX  A,@A + PC          ;查表,取得数据的段码
            MOVX   @DPTR,A           ;送段码显示
            INC R0                   ;调整数据指针
            DJNZ R7,LP
            RET
   SEG:DB 3FH,06H,5BH,4FH,66H,6DH;字符 0、1、2、3、4、5 段码
       DB 7DH,07H,7EH,6FH,77H,7CH;字符 6、7、8、9、A、b 段码
       DB 39H,5EH,79H,71H,73H,3EH;字符 C、d、E、F、P、U 段码
       DB 76H,38H,40H,6EH,FFH,00H;字符 H、L、-、Y、日、"空"段码
```

键盘中断子程序如下:

```
KEY: PUSH   PSW
     PUSH   DPL
     PUSH   DPH
     PUSH   ACC
     PUSH   B
     SETB   PSW.3
     MOV    DPTR,#7FFFH      ;置状态口地址
     MOVX   A,@DPTR          ;读 FIFO 状态
     ANL    A,#0FH
     JZ     PKYR
     MOV    A,#40H           ;置读 FIFO 命令
     MOVX   @DPTR,A          ;送读 FIFO 命令
     MOV    DPTR,#7FFEH      ;置数据口地址
     MOVX   A,@DPTR          ;读数据
     LJM    PKEY1            ;转键值处理程序
PKYR:PO     PB
     POP    ACC
     POP    DPH
     POP    DPL
     POP    PSW
     RETI
KEY1:…       …               ;键值处理程序
```

3）串行口键盘及显示接口电路

当80C51的串行口未用于串行通信时,可以将其用于键盘和显示器的接口扩展。这里仅给出接口电路,如图6.2.9所示。

【项目实施】

一、独立式按键和一位数码显示实训

本实训目的是练习按键编程及数码显示编程,具体要求为:

（1）8 个按键,分别对应一个子程序。按 1 号键,执行第一个子程序;按 2 号键,执行

184

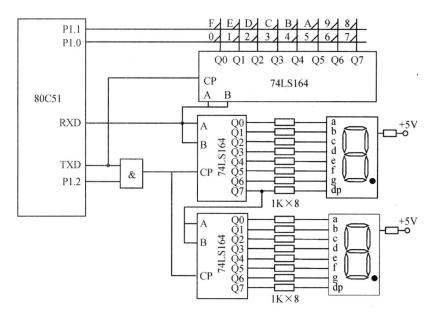

图 6.2.9　串行口键盘及显示接口电路

第二个子程序;依此类推。

（2）每个子程序功能是在一位数码管上显示键号。

说明:可以根据实际条件改做类似按键和显示的实验。

1. 实训内容

（1）分析电路,准备材料,按电路图连接电路。

（2）分析任务,编写程序,并仿真调试。

（3）要求用散转指令实现多分支。

参考仿真文件:按键数码. DSN。

2. 参考电路与程序

参考电路如图 6.2.10 所示。

说明:此图省略了单片机的复位和晶振电路,实验时必须要加上。

参考程序:

```
M1:     LCALL    ANJIAN
        MOV      A,R7
        JZ       M1
        MOV      20H,A
        RL       A
        ADD      A,20H
        MOV      DPTR,#TAB1
        JMP      @ A + DPTR
TAB1:   LJMP     PRG0
        LJMP     PRG1
        LJMP     PRG2
        LJMP     PRG3
```

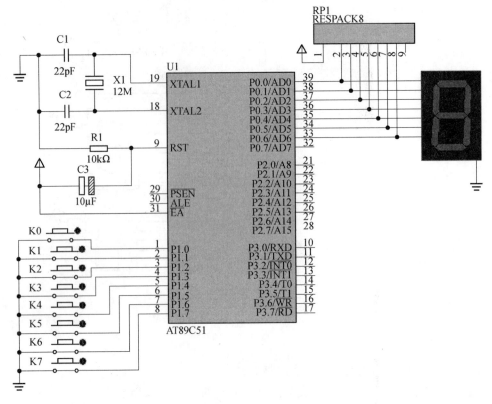

图 6.2.10 独立式按键和一位数码显示参考电路图

	LJMP	PRG4
	LJMP	PRG5
	LJMP	PRG6
	LJMP	PRG7
	LJMP	PRG8
	LJMP	M1
PRG0:	LJMP	M1
PRG1:	LCALL	DISP
	LJMP	M1
PRG2:	LCALL	DISP
	LJMP	M1
PRG3:	LCALL	DISP
	LJMP	M1
PRG4:	LCALL	DISP
	LJMP	M1
PRG5:	LCALL	DISP
	LJMP	M1
PRG6:	LCALL	DISP
	LJMP	M1
PRG7:	LCALL	DISP

```
            LJMP    M1
PRG8:   LCALL   DISP
            LJMP    M1
            ORG     0080H
ANJIAN: MOV     R7,#0
            MOV     A,P2
            CPL     A
            JZ      ANJIANE
            MOV     R6,#8
ANJIANL:CLR     C
            RRC     A
            INC     R7
            JC      ANJIANE
            DJNZ    R6,ANJIANL
ANJIANE:RET
            NOP
            ORG     0100H
DISP:   MOV     DPTR,#TAB
            MOV     A,20H
            MOVC    A,@ A + DPTR
            MOV     P0,A
            RET
TAB:    DB      3FH,06H,5BH,4FH,66H,6DH ;0,1,2,3,4,5,
            DB      7DH,07H,7FH,06FH ;6,7,8,9
            DB      77H,7CH,39H,5EH,79H,71H ;A,B,C,D,E,F
```

二、键盘扫描显示实训

1. 程序编制要点及参考程序

1）程序编制要点

本实训所需电路原理图见图 6.2.10,对 8155 接口芯片进行编程,12 个键分别为:0、
1、2、3、4、5、6、7、8、9、设定、确定。

2）参考程序

```
ORG         0000H
            LJMP    MAIN
            ORG     1000H
MAIN:   MOV     52H,#00H
            MOV     53H,#00H
            MOV     51H,#00H
            MOV     50H,#00H
            MOV     R5,#53H
KEYSUB: MOV     A,#03H
            MOV     DPTR,#7F00H
```

```
            MOVX   @ DPTR,A
BEGIN:  ACALL   DIS
        ACALL   CLEAR
        ACALL   CCSCAN
        JNZ     INK1
        AJMP    BEGIN
INK1:   ACALL   DIS
        ACALL   DL1MS
        ACALL   DL1MS
        ACALL   CLEAR
        ACALL   CCSCAN
        JNZ     INK2
        AJMP    BEGIN
INK2:   MOV     R2,#0FEH
        MOV     R4,#00H
COLUM:  MOV     DPTR,#7F01H
        MOV     A,R2
        MOVX    @ DPTR,A
        INC     DPTR
        INC     DPTR
        MOVX    A,@ DPTR
        JB      ACC.0,LONE
        MOV     A,#00H
        AJMP    KCODE
LONE:   JB      ACC.1,NEXT
        MOV     A,#04H
KCODE:  ADD     A,R4
        ACALL   PUTBUF
        PUSH    ACC
KON:    ACALL   DIS
        ACALL   CLEAR
        ACALL   CCSCAN
        JNZ     KON
        POP     ACC
NEXT:   INC     R4
        MOV     A,R2
        JNB     ACC.3,KERR
        RL      A
        MOV     R2,A
        AJMP    COLUM
KERR:   AJMP    BEGIN
CCSCAN: MOV     DPTR,#7F01H
        MOV     A,#00H
```

```
          MOVX  @ DPTR,A
          INC   DPTR
          INC   DPTR
           MOVX  A,@ DPTR
          CPL   A
          ANL   A,#03H
          RET
CLEAR:  MOV   DPTR,#7F02H
          MOV   A,#00H
          MOVX  @ DPTR,A
          RET
DIS:    PUSH  ACC
        PUSH  00H
        PUSH  03H
        MOV   A,#03H
        MOV   DPTR,#7F00H
        MOVX  @ DPTR,A
        MOV   R0,#50H
        MOV   R3,#0F7H
        MOV   A,R3
AGAIN:  MOV   DPTR,#7F01H
          MOVX  @ DPTR,A
          MOV   A,@ R0
          MOV   DPTR,#DSEG
          MOVC  A,@ A+DPTR
          MOV   DPTR,#7F02H
          MOVX  @ DPTR,A
          ACALL DL1MS
          INC   R0
          MOV   A,R3
          JNB   ACC.0,OUT
          RR    A
          MOV   R3,A
          AJMP  AGAIN
OUT:    POP   03H
        POP   00H
        POP   ACC
        RET
DSEG:   DB 03FH,06H,05BH
        DB 04FH,066H,06DH
        DB 07DH,07H
DL1MS:  MOV   R7,#01H
DL0:    MOV   R6,#0FFH
```

189

```
DL1:   DJNZ   R6,DL1
       DJNZ   R7,DL0
       RET
PUTBUF:  PUSH   00H
         PUSH   ACC
         MOV    A,R5
         MOV    R0,A
         POP    ACC
         MOV    @R0,A
         DEC    R5
         CJNE   R5,#04FH,GOBACK
         MOV    R5,#53H
GOBACK:  POP    00H
         RET
         END
```

2. 实训内容

（1）按下"设定"键时,显示器显示 P,表示可对时、分、秒进行设定。设定时从左到右依次分别为时高位、时低位、分高位、分低位、秒高位和秒低位。

（2）设定某一位后可按"确定"键完成相应位的确定。

（3）所有位设定完成后,显示器自动显示北京时间。按下"设定"键可继续修改。

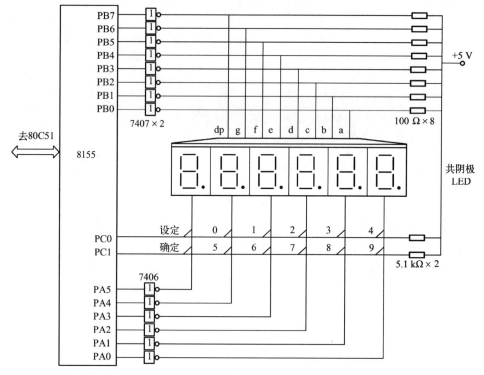

图 6.2.11　8155 扩展的键盘/显示电路

190

【项目评价】

序号	评价指标	评 价 内 容	分值	学生自评	小组评价	教师评价
1	硬件设计	单片机连接到位	10			
		8155 连接到位	20			
2	调试	程序编程正确,调通程序	10			
		显示屏上显示正确时间	20			
		通电后正确、实验成功	20			
3	安全规范与提问	是否符合安全操作规范	10			
		回答问题是否准确	10			
总分			100			
问题记录和解决方法			记录任务实施中出现的问题和采取的解决方法(可附页)			

【项目拓展】

根据图 6.2.4 写出 80C51 对键盘的查询程序(按键的软件去抖动可以不考虑)。

任务7 单片机的接口技术

【教学目标】

1. 了解 A/D 转换接口电路原理和编程方法。
2. 了解 D/A 转换接口原理及主要技术指标。
3. 了解光电隔离技术的原理和简单使用方法 。

【任务描述】

本任务单元研究 A/D、D/A 转换器,A/D 和 D/A 转换接口原理与主要技术指标,ADC0809 和 AD574 等芯片与 80C51 的接口技术,通过 ADC0809 并行 AD 转换器的接口技术训练、DAC0832 并行 D/A 转换器的接口技术训练,掌握其编程及控制方法,以便进一步对单片机产品开发利用。

项目单元 1 ADC0809 并行 A/D 转换器及其接口技术实训

【项目描述】

本项目研究的是 A/D 转换。利用 ADC0809 A/D 转换芯片与单片机的连接及典型应用,实现用查询方式、中断方式完成 A/D 转换程序的编写。

【项目分析】

本项目使用的是 DC0809 并行 A/D 转换器。ADC0809 是 8 通道 8 位 CMOS 逐次比较型 A/D 转换芯片,片内有模拟量通道选择开关及相应的通道锁存、译码电路,A/D 转换后的数据由三态锁存器输出,由于片内没有时钟,所以需外接时钟信号。

在本项目的研究基础上,通过 80C51 单片机与 ADC0809 转换器接口的连接与训练,进一步掌握 A/D 转换器的原理。

【知识链接】

在单片机的实时测控和智能化仪表等应用系统中,常需要将检测到的连续变化的模拟量,如温度、压力、流量、速度等转换成离散的数字量,才能送入到单片机,才能被电路所接受,实现对被控制对象的控制。这种变换器就称为模/数(A/D)转换器。

7.1.1 A/D 转换接口技术

随着超大规模集成电路技术的飞速发展,A/D 转换器的新设计思想和制造技术层出不穷。为满足各种不同的检测及控制任务的需要,大量结构不同、性能各异的模/数(A/D)转换器应运而生。尽管 A/D 转换器的种类很多,但目前应用较为广泛的主要有以下

192

几种类型:逐次比较式 A/D 转换器、双积分式 A/D 转换器、$\sum - \Delta$ 式(又称过采样式)A/D 转换器。

逐次比较型 A/D 转换器,在精度、速度和价格等方面都比较适中,是最常用的 A/D 转换器件;双积分型 A/D 转换器,具有精度高、抗干扰性好、价格低廉等优点,转换速度慢,近年来在单片机应用领域中也得到广泛应用;$\sum - \Delta$ 式 A/D 转换器具有积分式与逐次比较式 A/D 转换器的双重优点。它对工业现场的串模干扰具有较强的抑制能力,不亚于双积分型 A/D 转换器,它比双积分型 A/D 转换器有较高的转换速度,与逐次比较型 A/D 转换器相比,有较高的信噪比,分辨率高,线性度好,不需要采样保持电路。由于上述优点,$\sum - \Delta$ 式 A/D 转换器得到重视,目前已有多种 $\sum - \Delta$ 式 A/D 转换器芯片投入市场。

1. 逐次比较型模/数转换器的转换原理

图 7.1.1 是逐次比较式 A/D 转换器的工作原理图。由图可见,ADC 由比较器、D/A 转换器、逐次比较式寄存器和控制逻辑组成。

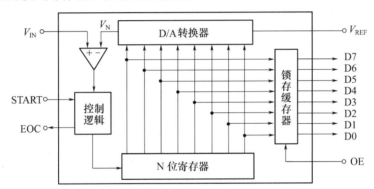

图 7.1.1　逐次比较式 A/D 转换器原理图

在时钟脉冲的同步下,控制逻辑先使 N 位寄存器的 D7 位置 1(其余位为 0),此时该寄存器输出的内容为 80H,此值经 D/A 转换为模拟量输出 V_N,与待转换的模拟信号 V_{IN} 相比较,若 V_{IN} 大于等于 V_N 则比较器输出为 1。于是在时钟脉冲的同步下,保留 D7 =1,并使下一位 D6 =1,所得新值(C0H)再经 DAC 转换得到新的 V_N,再与 V_{IN} 比较,重复前述过程;反之,若使 D7 =1 后,经比较若 V_{IN} 小于 V_N,则使 D7 =0,D6 =1,所得新值 V_N 再与 V_{IN} 比较,重复前述过程。依此类推,从 D7 到 D0 都比较完毕,转换便结束。转换结束时,开展逻辑使 EOC 变为高电平,表示 A/D 转换结束,此时的 D7 ~ D0 即为对应于模拟输入信号 V_{IN} 的数字量。

2. 双积分式 A/D 转换器的转换原理

图 7.1.2 是双积分式 A/D 转换器的工作原理图。控制逻辑先对未知的输入模拟电压 V_{IN} 进行固定时间 T 积分,然后转为对标准电压进行反向积分,直至积分输出返回起始值。对标准电压的积分时间 V_1(或 V_2)正比于模拟输入电压 V_{IN}。输入电压大,则反向积分时间长。用高频率标准时钟脉冲来测量积分时间 V_1(或 V_2),即可得到对应于模拟电压 V_{IN} 的数字量。

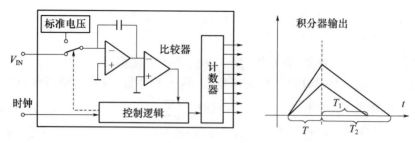

图 7.1.2　双积分式 A/D 转换器原理图

3. A/D 转换器的主要技术指标

（1）分辨率。A/D 的分辨率是指使输出数字量变化一个相邻数码所需输入模拟电压的变化量，常用二进制的位数表示。例如 12 位 A/D 的分辨率就是 12 位，或者说分辨率为满刻度 FS 的 $1/2^{12}$。一个 10V 满刻度的 12 位 A/D 能分辨输入电压变化最小值是 $10V \times 1/2^{12} = 2.4mV$。

（2）量化误差。A/D 把模拟量变为数字量，用数字量近似表示模拟量，这个过程称为量化。量化误差是 A/D 的有限位数对模拟量进行量化而引起的误差。实际上，要准确表示模拟量，A/D 的位数需很大甚至无穷大。一个分辨率有限的 A/D 的阶梯状转换特性曲线与具有无限分辨率的 A/D 转换特性曲线（直线）之间的最大偏差即是量化误差，如图 7.1.3 所示。

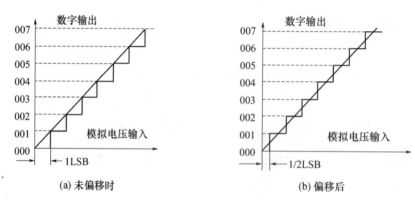

图 7.1.3　A/D 转换器的转换特性

图 7.1.3（a）中，量化误差为 -1LSB。图 7.1.3（b）中，由于零刻度处偏移了 1/2LSB，故量化误差为 ±1/2 LSB。A/D 芯片常用偏移的方法减小量化误差。

（3）偏移误差。偏移误差是指输入信号为零时，输出信号不为零的值，所以有时又称为零值误差，假定 A/D 转换器没有非线性误差，则其转换特性曲线各阶梯中点的连线必定是直线，这条直线与横轴相交点所对应的输入电压值就是偏移误差。

（4）满刻度误差。满刻度误差又称为增益误差。A/D 的满刻度误差是指满刻度输出数码所对应的实际输入电压与理想输入电压之差。

（5）线性度。线性度有时又称为非线性度，它是指转换器实际的转换特性与理想直线的最大偏差。

（6）绝对精度。在一个转换器中，任何数码所对应的实际模拟量输入与理论模拟输入之差的最大值,称为绝对精度。对于 A/D 而言,可以在每一个阶梯的水平中点进行测量,它包括了所有的误差。

(7) 转换速率。A/D 的转换速率是能够重复进行数据转换的速度,即每秒转换的次数。而完成一次 A/D 转换所需的时间(包括稳定时间),则是转换速率的倒数。

7.1.2 ADC0809 芯片及其与单片机的接口

并行 A/D(ADC0809)是 8 通道 8 位 CMOS 逐次比较式 A/D 转换器,是目前国内应用最广泛的 8 位通用并行 A/D 芯片。图 7.1.4 所示为该芯片内部结构原理图。

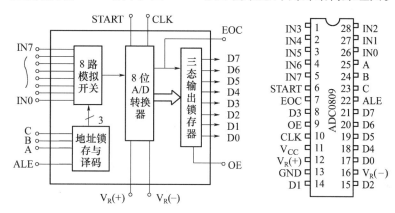

图 7.1.4 ADC0809 内部结构及引脚

主要性能指标有:

(1) 分辨率为 8 位;

(2) 精度:ADC0809 小于 ±1LSB(ADC0808 小于 ±1/2LSB);

(3) 单电源 +5V 供电,参考电压由外部提供,模拟输入电压范围为 0 ~ +5V;

(4) 具有锁存控制的 8 路输入模拟选通开关;

(5) 具有可锁存三态输出,输出电平与 TTL 电平兼容;

(6) 功耗为 15mW;

(7) 不必进行零点和满度调整;

(8) 转换速度取决于芯片外接的时钟频率。时钟频率范围:10kHz ~ 1280kHz。典型值为时钟频率 640kHz,转换时间约为 100μs。

1. ADC0809 的内部结构及引脚功能

IN0 ~ IN7:8 路模拟量输入端。

D7 ~ D0:8 位数字量输出端。

ALE:地址锁存允许信号输入端。通常向此引脚输入一个正脉冲时,可将三位地址选择信号 A、B、C 锁存于地址寄存器内并进行译码,选通相应的模拟输入通道。

START:启动 A/D 转换控制信号输入端。一般向此引脚输入一个正脉冲,上升沿复位内部逐次逼近寄存器,下降沿后开始 A/D 转换。

CLK:时钟信号输入端。

EOC:转换结束信号输出端。A/D 转换期间 EOC 为低电平,A/D 转换结束后 EOC 为高电平。

OE:输出允许控制端,控制输出锁存器的三态门。当 OE 为高电平时,转换结果数据出现在 D7 ~ D0 引脚。当 OE 为低电平时,D7 ~ D0 引脚对外呈高阻状态。

C、B、A:8 路模拟开关的地址选通信号输入端,3 个输入端的信号为 000 ~ 111 时,接通 IN0 ~ IN7 对应通道。

$V_R(+)$、$V_R(-)$:分别为基准电源的正、负输入端。

V_{CC}:电源输入端, +5V。

GND:地。

2. ADC0809 与单片机的接口

ADC0809 与单片机的接口可以采用查询方式和中断方式。

1) 查询方式

ADC0809 与单片机的接口电路如图 7.1.5 所示。由于 ADC0809 片内无时钟,故利用 80C51 提供的地址锁存允许信号 ALE 经 D 触发器二分频后获得。

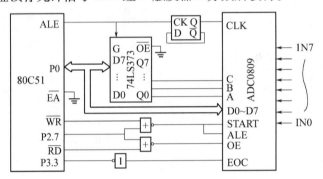

图 7.1.5　ADC0809 与单片机的接口电路

例:对 8 路模拟信号轮流采样一次,并依次把转换结果存储到片内 RAM 以 DATA 为起始地址的连续单元中。

解:

```
MAIN: MOV   R1,#DATA          ;置数据区首地址
      MOV   DPTR,#7FF8H        ;指向 0 通道
      MOV   R7,#08H            ;置通道数
LOOP: MOVX  @DPTR,A            ;启动 A/D 转换
HER:  JB    P3.3,HER           ;查询 A/D 转换结束
      MOVX  A,@DPTR            ;读取 A/D 转换结果
      MOV   @R1,A              ;存储数据
      INC   DPTR               ;指向下一个通道
      INC   R1                 ;修改数据区指针
      DJNZ  R7,LOOP            ;8 个通道转换完否?
      …     …
```

2) 中断方式

采用中断方式可大大节省 CPU 的时间。当转换结束时,EOC 向单片机发出中断申请信号。响应中断请求后,由中断服务子程序读取 A/D 转换结果并存储到 RAM 中,然后启动 ADC0809 的下一次转换。

下面的程序采用中断方式,读取 IN0 通道的模拟量转换结果,并送至片内 RAM 以 DATA 为首地址的连续单元中。

196

```
            ORG     0013H               ;INT1 中断服务程序入口
            AJMP    PINT1
            ORG     2000H
MAIN:  MOV      R1,#DATA            ;置数据区首地址
            SETB    IT1                 ;INT1为边沿触发方式
            SETB    EA                  ;开中断
            SETB    EX1                 ;允许INT1中断
            MOV      DPTR,#7FF8H         ;指向IN0通道
            MOVX    @DPTR,A             ;启动A/D转换
LOOP:  NOP                          ;等待中断
            AJMP    LOOP ORG 2100H      ;中断服务程序入口
PINT1:PUSH     PSW                 ;保护现场
            PUSH    ACC
            PUSH    DPL
            PUSH    DPH
            MOV      DPTR, #7FF8H
            MOVX A,@DPTR            ;读取转换后数据
            MOV      @R1,A               ;数据存入以DATA为首地址的RAM中
            INC     R1                  ;修改数据区指针
            MOVX    @DPTR,A             ;再次启动A/D转换
            POP     DPH                 ;恢复现场
            POP     DPL
            POP     ACC
            POP     PSW
            RETI                         ;中断返回
```

7.1.3 AD574A 芯片及其与单片机的接口

AD574 是美国 AD 公司生产的 12 位逐次逼近型 A/D 转换器,转换时间为 $25\mu s$,转换精度 $\leqslant 0.05\%$。AD574 片内配有三态输出缓冲电路,因而可直接与各种典型的 8 位或 16 位微处理器连接,且能与 CMOS 及 TTL 电平兼容。由于 AD574 片内包含高精度的参考电压源和时钟电路,从而使该芯片在不需要任何外加电路和时钟信号的情况下完成 A/D 转换,应用非常方便。

AD574A 是 AD574 改进产品,AD674A 是 AD574A 改进产品。它们的引脚、内部结构和外部应用特性基本相同,但最大转换时间由 $25\mu s$ 提高到 $15\mu s$。目前带有取样保持器的 12 位 A/D 转换器 AD1674 正以其优良的性能价格比逐渐取代 AD574A 和 AD674A。

AD574A 主要性能参数如下:

(1)逐次比较式 A/D 转换器,可选工作于 12 位,也可工作于 8 位。转换后的数据有两种读出方式:12 位一次读出;8 位、4 位两次读出。

(2)具有可控三态输出缓冲器,逻辑电平为 TTL 电平。

(3)非线性误差:AD574AJ 为 ±1LSB,AD574AK 为 ±1/2LSB。

(4)转换时间:最大转换时间为 $25\mu s$(属中挡速度)。

(5)输入模拟信号:单极性输入时,范围为 0 ~ +10V 和 0 ~ +20V,从不同引脚输入。

197

双极性输入时,范围为 0 ~ ±5V 和 0 ~ ±10V,从不同引脚输入。

（6）输出码制:单极性输入时,输出数字量为原码,双极性输入时,输出为偏移二进制码。

（7）具有 +10.000V 的高精度内部基准电压源,只需外接一只适当阻值的电阻,便可向 D/A 部分的解码网络提供参考输入。内部具有时钟产生电路,不需外部接线。

（8）需三组电源: +5V、V_{CC}(+12 ~ +15V)、V_{EE}(-12 ~ -15V)。由于转换精度高,所提供电源必须有良好的稳定性,并进行充分滤波,以防止高频噪声干扰。

（9）低功耗:典型功耗为 390mW。

1. AD574A 引脚功能

AD574A 为 28 引脚双列直插式封装。各引脚功能如下:

（1）DB11 ~ DB0:12 位数据输出线。DB11 为最高位,DB0 为最低位,它们可由控制逻辑决定是输出数据还是对外呈高阻状态。

（2）$12/\overline{8}$:数据模式选择。当此引脚输入为高电平时,12 位数据并行输出;当此引脚输入为低电平时,与引脚 A0 配合,把 12 位数据分两次输出,见表 7.1.1。应该注意,此引脚不与 TTL 兼容,若要此引脚为高电平,则应接引脚 1,若要此引脚为低电平,则应接引脚 15。

（3）A0:字节选择控制。此脚有两个功能,一个功能是决定方式是 12 位还是 8 位。若 A0 =0,进行全 12 位转换,转换时间为 25μs;若 A0 =1,仅进行 8 位转换,转换时间为 16μs。另一个功能是决定输出数据是高 8 位还是低 4 位。若 A0 =0,高 8 位数据有效;若 A0 =1,低 4 位数据有效,中间 4 位为"0",高 4 位为高阻状态。因此低 4 位数据读出时,应遵循左对齐原则(即:高 8 位 + 低 4 位 + 中间 4 位的"0000")。

（4）$\overline{CS}$:芯片选择。当$\overline{CS}$ =0 时,AD574A 被选中,否则 AD574A 不进行任何操作。

（5）R/$\overline{C}$:读/转换选择。当 R/$\overline{C}$ =1 时,允许读取结果,当 R/$\overline{C}$ =0 时,允许 A/D 转换。

（6）CE:芯片启动信号。当 CE =1 时,允许读取结果,到底是转换还是读取结果与 R/$\overline{C}$ 有关。

（7）STS:状态信号。STS =1 表示正在进行 A/D 转换,STS =0 表示转换已完成。

（8）REFOUT: +10V 基准电压输出。

（9）REFIN 基准电压输入。只有由此脚把从"REFOUT"脚输出的基准电压引入到 AD574A 内部的 12 位 DAC(AD565),才能进行正常的 A/D 转换。

（10）BIP OFF:双极性补偿。此引脚适当连接,可实现单极性或双极性输入。

（11）$10V_{IN}$:10V 量程模拟信号输入端。对单极性信号为 10V 量程的模拟信号输入端,对双极性信号为 ±5V 模拟信号输入端。

（12）$20V_{IN}$:20V 量程输入端。单极性信号为 20V 量程的模拟信号输入端,对双极性信号为 ±10V 模拟信号输入端。

（13）DG:数字地。各数字电路(译码器、门电路、触发器等)及 +5V 电源地。

（14）AG:模拟地。各模拟器件(放大器、比较器、多路开关、采样保持器等)地及" +15V"和" -15V"电源地。

（15）V_{LOG}:逻辑电路供电输入端,$+5V$。

（16）V_{CC}:正电源端,$V_{CC} = +12 \sim +15V$。

（17）V_{EE}:负电源端,$V_{EE} = -12 \sim -15V$。

表 7.1.1　AD574A 各控制引脚功能

CE	$\overline{CS}$	R/$\overline{C}$	12/$\overline{8}$	A0	功 能 说 明
0	×	×	×	×	不起作用
×	1	×	×	×	不起作用
1	0	0	×	0	启动 12 位转换
1	0	0	×	1	启动 8 位转换
1	0	1	接引脚 1	×	12 位数据并行输出
1	0	1	接引脚 15	0	高 8 位数据输出
1	0	1	接引脚 15	1	低 4 位数据尾接 4 位 0 输出

2. AD574A 的单极性和双极性输入

AD574A 系列各型号芯片,通过外部适当连接可以实现单极性输入,也可实现双极性输入,如图 7.1.6 所示。输入信号均以模拟地 AG 为基准。模拟输入信号的一端必须与 AG 相连,并且接点应尽量靠近 AG 引脚,接线应尽可能短。

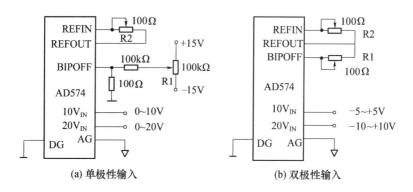

图 7.1.6　AD 模拟输入电路

片内 10V 基准电压输出引脚 REFOUT 通过电位器 R2 与片内 D/A 转换器(AD565)的基准电压输入引脚 REFIN 相连,以供给 D/A 基准电流。电位器 R2 用于微调基准电流,从而微调增益。基准电压输出 REFOUT 也是以 AG 为基准。通常数字地 DG 与 AG 连在一起。所有电位器(调增益和调零点用)均采用低温度系数电位器,如金属膜电位器。

1) 单极性输入电路

图 7.1.6(a)所示是 AD574A 系列的模拟量当单极性输入电路。输入电压为 $V_{IN} = 0 \sim +10V$ 时,应从引脚 $10V_{IN}$ 输入,当 $V_{IN} = 0 \sim +20V$,应从 $20V_{IN}$ 引脚输入。输出数字量 D 为无符号二进制码,计算公式为

$$D = 4096 V_{IN}/V_{FS}$$

或
$$V_{IN} = D V_{FS}/4096$$

式中,V_{IN} 为输入模拟电压(V),V_{FS} 是满量程电压,如果从 $10V_{IN}$ 引脚输入,$V_{FS} = 10V$,

$1\mathrm{LSB} = 10/4096 = 24(\mathrm{mV})$；若信号从 $20V_{\mathrm{IN}}$ 引脚输入，$V_{\mathrm{FS}} = 20\mathrm{V}$，$1\mathrm{LSB} = 20/4096 = 49(\mathrm{mV})$。

图中电位器 R1 用于调零，即保证在 $V_{\mathrm{IN}} = 0$ 时，输出数字量 D 全为 0。

2）双极性输入电路

R2 用于调整增益，其作用与图7.1.6（a）中的 R2 作用相同。R1 用于调整双极性输入电路的零点。如果输入信号 V_{IN} 在 $-5 \sim +5\mathrm{V}$ 之间，应从 $10V_{\mathrm{IN}}$ 引脚输入；当 V_{IN} 在 $-10 \sim +10\mathrm{V}$ 之间，应从 $20V_{\mathrm{IN}}$ 引脚输入。

双极性输入时输出数字量 D 与输入模拟电压 V_{IN} 之间的关系如下：

$$D = 2048(1 + 2V_{\mathrm{IN}}/V_{\mathrm{FS}})$$

或
$$V_{\mathrm{IN}} = (D/2048 - 1)V_{\mathrm{FS}}/2$$

式中，V_{FS} 的定义与单极性输入情况下对 V_{FS} 的定义相同。

由上式求出的数字量 D 是 12 位偏移二进制码。把 D 的最高位求反便得到补码。补码对应模拟量输入的符号和大小。同样，从 AD574A 读到的或应代到式中的数字量 D 也是偏移二进制码。例如，当模拟信号从 $10V_{\mathrm{IN}}$ 引脚输入，则 $V_{\mathrm{FS}} = 10\mathrm{V}$，若读得 $D = \mathrm{FFFH}$，即 $111111111111\mathrm{B} = 4095$，代入式中可求得 $V_{\mathrm{IN}} = 4.9976\mathrm{V}$。

3．AD574A 与单片机的接口

AD574A 系列的所有型号的引脚功能和排列都相同，因而它们与单片机的接口电路也相同。只需注意一点，就是 AD1764 内部有取样保持器，不需外接。而其他型号芯片，对于快速变化的输入模拟信号还应外接取样保持器。

AD574A 所有型号都有内部时钟电路，不需任何外接器件和连线，图7.1.7 所示为 AD574A 与单片机 80C31 单片机的接口电路。

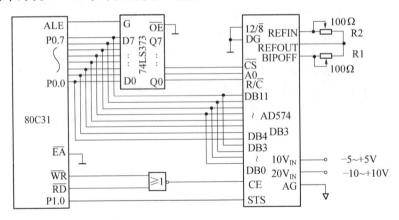

图 7.1.7　AD574 与单片机的接口

该电路采用双极性输入方式，可对 $\pm 5\mathrm{V}$ 或 $\pm 10\mathrm{V}$ 的模拟信号进行转换。当 AD574A 与 80C31 单片机配置时，由于 AD574A 输出 12 位数据，所以当单片机读取转换结果时，应分两次进行：当 A0 = 0 时，读取高 8 位；当 A0 = 1 时，读取低 4 位。

根据 STS 信号线的三种不同接法，转换结果的读取有三种方式：

（1）如果 STS 空着不接，单片机就只能在启动 AD574A 转换后延时 $25\mu\mathrm{s}$ 以上再读取转换结果，即延时方式。

（2）如果 STS 接到 80C31 的一条端口线上，单片机就可以采用查询方式。当查得

200

STS 为低电平时,表示转换结束。

（3）如果 STS 接到 80C31 的 $\overline{\text{INT1}}$ 端,则可以采用中断方式读取转换结果。图中 AD574A 的 STS 与 80C31 的 P1.0 线相连,故采用查询方式读取转换结果。

当 80C31 单片机执行对外部数据存储器写指令,使 $CE = 1, \overline{CS} = 0, R/\overline{C} = 0, A0 = 0$ 时,便启动转换。当 80C31 单片机查得 STS 为低电平时,转换结束,80C31 单片机使 $CE = 1, CS = 0, R/\overline{C} = 1, \overline{A0} = 0$,读取高 8 位;$CE = 1, CS = 0, R/\overline{C} = 1, \overline{A0} = 1$,读取低 4 位。
AD574A 的转换程序段如下：

```
AD574A:  MOV    DPTR,#0FFF8H      ;送端口地址入 DPTR
         MOVX   @DPTR,A          ;启动 AD574A
         SETB   P1.0             ;置 P1.0 为输入方式
LOOP:    JB     P1.0,LOOP        ;检测 P1.0 口
         INC    DPTR             ;使 R/C 为 1
         MOVX   A,@DPTR          ;读取高 8 位数据
         MOV    41H,A            ;高 8 位内容存入 41H 单元
         INC    DPTR             ;使 R/C、A0 均为 1
         INC    DPTR             ;
         MOVX   A,@DPTR          ;读取低 4 位
         MOV    40H,A            ;将低 4 位内容存入 40H 单元
         …      …
```

上述程序是按查询方式设计,也可按中断方式设计编制相应的中断服务程序。

4. MC14433 芯片及其与单片机的接口

MC14433 是美国 Motorola 公司生产的 3 位半双积分 A/D 转换器,是目前市场上广为流行的典型的 A/D 转换器。MC14433 具有抗干扰性能好,转换精度高(相当于 11 位二进制数),自动校零,自动极性输出,自动量程控制信号输出,动态字位扫描 BCD 码输出,单基准电压,外接元件少,价格低廉等特点。但其转换速度约 1 次/s ~ 10 次/s。在不要求高速转换的场合,如温度控制系统中,被广泛采用。5G14433 与 MC14433 完全兼容,可以互换使用。

1）MC14433 的内部结构及引脚功能

MC14433 的内部组成框图及引脚定义如图 7.1.8 所示。

模拟电路部分有基准电压、模拟电压输入部分。被转换的模拟电压输入量程为 199.9mV 或 1.999V 两种,与之对应的基准电压相应为 +200mV 或 +2V 两种。

数字电路部分由逻辑控制、BCD 码及输出锁存器、多路开关、时钟和极性判别、溢出检测等电路组成。MC14433 采用字位动态扫描 BCD 码输出方式,即千、百、十、个位 BCD 码轮流地在 Q0 ~ Q3 端输出,同时在 DS1 ~ DS4 端出现同步字位选通信号。

主要的外接器件是时钟振荡器外接电阻 R_C、外接失调补偿电容 C0 和外接积分阻容元件 R1、C1。MC14433 芯片的引脚功能如下：

V_{AG}：被测电压 V_X 和基准电压 V_R 的接地端(模拟地)。

V_R：外接输入基准电压(+2V 或 +200mV)。

V_X：被测电压输入端。

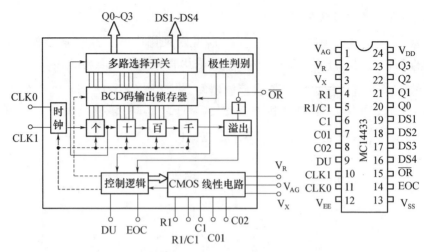

图 7.1.8　MC14433 的内部组成框图及引脚定义

R1、R1/C1、C1:外接积分电阻 R1 和积分电容 C1 元件端,外接元件典型值为:当量程为 2V 时,C1 = 0.1μF,R1 = 470kΩ;当量程为 200mV 时,C1 = 0.1μF,R1 = 27kΩ。

C01、C02:外接失调补偿电容 C0 端,C0 的典型值为 0.1μF。

DU:更新输出的 A/D 转换数据结果的输入端。当 DU 与 EOC 连接时,每次的 A/D 转换结果都被更新。

CLK1 和 CLK0:时钟振荡器外接电阻 RC 端。时钟频率随 R_C 的增加而下降。R_C 的值为 300kΩ 时,时钟频率为 147kHz(每秒约转换 9 次)。

V_{DD}:正电源端,接 +5V。

V_{EE}:模拟部分的负电源端,接 -5V。

V_{SS}:除 CLK0 端外所有输出端的低电平基准(数字地)。当 V_{SS} 接 V_{AG}(模拟地)时,输出电压幅度为 $V_{AG} \sim V_{DD}$(0 ~ +5V);当 V_{SS} 接 V_{EE}(-5V)时,输出电压幅度为 $V_{EE} \sim V_{DD}$(-5 ~ +5V),10V 的幅度。实际应用时一般是 V_{SS} 接 V_{AG},即模拟地和数字地相连。

EOC:转换周期结束标志输出。每当一个 A/D 转换周期结束,EOC 端输出一个宽度为时钟周期 1/2 宽度的正脉冲。

$\overline{OR}$ 过量程标志输出,平时为高电平。当 $|V_X| > V_R$ 时(被测电平输入绝对值大于基准电压),$\overline{OR}$ 端输出低电平。

DS1 ~ DS4:多路选通脉冲输出端。DS1 对应千位,DS4 对应个位。每个选通脉冲宽度为 18 个时钟周期,两个相邻脉冲之间间隔 2 个时钟周期。其脉冲时序如图 7.1.9 所示。

Q0 ~ Q3:BCD 码数据输出线。其中 Q0 为最低位,Q3 为最高位。当 DS2、DS3 和 DS4 选通期间,输出三位完整的 BCD 码,即 0 ~ 9 十个数字任何一个都可以。但在 DS1 选通期间,数据输出线 Q0 ~ Q3 除了千位的 0 或 1 外,还表示了转换值的正负极性和欠量程还是过量程,其含义见表 7.1.2。

Q3 表示千位(1/2)数的内容,Q3 = "0"(低电平)时,千位数为 1;Q3 = "1"(高电平)时,千位数为 0;

Q2 表示被测电压的极性,Q2 = "1"表示正极性,Q2 = "0"表示负极性;

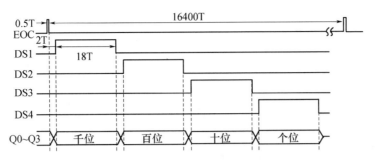

图 7.1.9 MC14433 选通脉冲时序图

Q0 ="1"表示被测电压在量程外(过或欠量程),可用于仪表自动量程切换。当 Q3 ="0"时,表示过量程;当 Q3 ="1"时,表示欠量程。

V_{DD}:正电源端,接 +5V。

表 7.1.2　DS1 选通时 Q3 ~ Q0 表示的输出结果

DS1	Q3	Q2	Q1	Q0	输出结果状态
1	1	×	×	0	千位数为 0
1	0	×	×	0	千位数为 1
1	×	1	×	0	输出结果为正值
1	×	0	×	0	输出结果为负值
1	0	×	×	1	输入信号过量程
1	1	×	×	1	输入信号欠量程

2)MC14433 与 80C51 单片机的接口

MC14433 与 80C51 单片机的接口电路如图 7.1.10 所示。

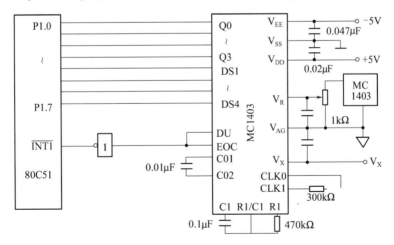

图 7.1.10　MC14433 与 80C51 的接口

尽管 MC14433 需外接的元件很少,但为使其工作于最佳状态,也必须注意外部电路的连接和外接元器件的选择。由于片内提供时钟发生器,使用时只需外接一个电阻;也可采用外部输入时钟或外接晶体振荡电路。MC14433 芯片工作电源为 ±5V,正电源接 V_{DD},模拟部分负电源端接 V_{EE},模拟地 V_{AG} 与数字地 V_{SS} 相连为公共接地端。为了提高电源的抗干扰能力,正、负电源分别经去耦电容 $0.047\mu F$、$0.02\mu F$ 与 $V_{SS}(V_{AG})$ 端相连。

MC14433 芯片的基准电压需外接,可由 MC1403 通过分压提供 +2V 或 +200mV 的基准电压。在一些精度不高的小型智能化仪表中,由于 +5V 电源是经过三端稳压器稳压的,工作环境又比较好,这样就可以通过电位器对 +5V 直接分压得到。EOC 是 A/D 转换结束的输出标志信号,每一次 A/D 转换结束时,EOC 端都输出一个 1/2 时钟周期宽度的脉冲。当给 DU 端输入一个正脉冲时,当前 A/D 转换周期的转换结果将被送至输出锁存器,经多路开关输出,否则将输出锁存器中原来的转换结果。所以 DU 端与 EOC 端相连,以选择连续转换方式,每次转换结果都送至输出寄存器。

由于 MC14433 的 A/D 转换结果是动态分时输出的 BCD 码,Q0 ~ Q3 和 DS1 ~ DS4 都不是总线式的。因此,80C51 单片机只能通过并行 I/O 接口或扩展 I/O 接口与其相连。对于 80C31 单片机的应用系统来说,MC14433 可以直接和其 P1 口或扩展 I/O 口 8155/8255 相连。图中是 MC14433 与 80C51 单片机 P1 口直接相连。80C51 读取 A/D 转换结果可以采用中断方式或查询方式。采用中断方式时,EOC 端与 80C51 外部中断输入端 INI0 或 INI1 相连。采用查询方式时 EOC 端可接入 80C51 任一个 I/O 口或扩展 I/O 口。图中采用中断方式(INT1)。

根据图 7.1.10 的接口电路,将 A/D 转换结果由 80C51 控制采集后送入片内 RAM 中的 2EH、2FH 单元,并给定数据存放格式为:

	D7	D6	D5	D4	D3	D2	D1	D0
2EH	符号	×	×	千位		百位		
2FH	十位				个位			

MC14433 上电后,即对外部模拟输入电压信号进行 A/D 转换,由于 EOC 与 DU 端相连,每次转换完毕都有相应的 BCD 码及相应的选通信号出现在 Q0 ~ Q3 和 DS1 ~ DS4 上。当 80C51 开放 CPU 中断,允许外部中断 1 中断申请,并置外部中断为边沿触发方式,在执行下列程序后,每次 A/D 转换结束时,都将把 A/D 转换结果数据送入片内 RAM 中的 2EH、2FH 单元。这两个单元均可位寻址。初始化程序:

```
INI1:   SETB   IT1              ;选择为边沿触发方式
        MOV    IE,#10000100B    ;CPU 开中断,外部中断允许
        .....
```

INI1中断服务程序:

```
PINT1:  MOV    A,P1
        JNB    ACC.4,PINT1      ;等待 DS1 选通信号
        JB     ACC.0,PEr        ;查是否过、欠量程,是则转 PEr
        JB     ACC.2,PL1        ;查结果是正或负,1 为正,0 为负
        SETB   77H              ;负数符号置 1,77H 为符号位位地址
        AJMP   PL2
PL1:    CLR    77H              ;正数,符号位置 0
PL2:    JB     ACC.3,PL3        ;查千位(1/2 位)数为 0 或 1
                                ;ACC.3 = 0 时千位数为 1
        SETB   74H              ;千位数置 1
```

```
        AJMP    PL4
PL3:    CLR     74H                             ;千位数置 0
PL4:    MOV     A,P1
        JNB     ACC.5,PL4                       ;等待百位 BCD 码选通信号 DS2
        MOV     R0,#2EH
        XCHD    A,@R0                           ;百位数送入 2EH 低 4 位
PL5:    MOV     A,P1
        JNB     ACC.6,PL5                       ;等待十位数选通信号 DS3
        SWAP    A                               ;高低 4 位交换
        INC     R0                              ;指向 2FH 单元
        MOV     @R0,A                           ;十位数送入 2FH 高 4 位
PL6:    MOV     A,P1
        JNB     ACC.7,PL6                       ;等待个位数选通信号 DS4
        XCHD    A,@R0                           ;个位数送入 2FH 低 4 位
        RETI                                    ;中断返回
PEr:    SETB    10H                             ;置过、欠量程标志
        RETI                                    ;中断返回
```

【项目实施】

1．程序编制要点及参考程序

1）程序编制要点

ADC0809 与单片机 AT89C51 接口电路,按照图 7.1.11 所示电路进行连接。

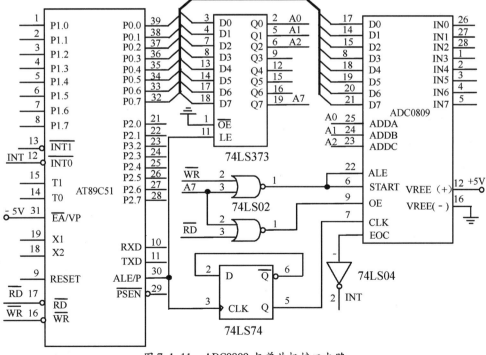

图 7.1.11　ADC0809 与单片机接口电路

ADC0809 与单片机 AT89C51 接口电路程序流程图如图 7.1.12 所示。

2) 参考程序

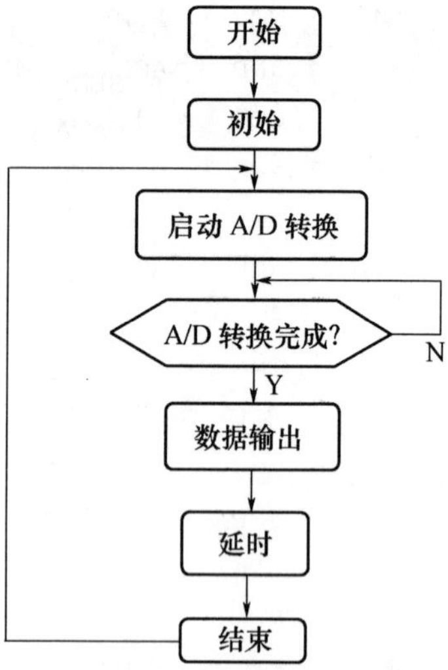

```
;//* * * * * * * * * * * * * * * * * * * * * * * *
;//* 文件名:ADC0809 并行模数转换程序
;功能:把模拟的量通过并行的模数转换成数字信号,并通
过调用 7279 显示被转换的数字量
;接线:
;//* * * * * * * * * * * * * * * * * * * * * * * *
        ADHEX       DATA 050H
        DBUF        DATA 060H
        BIT_COUNT   DATA 070H
        TIMER       DATA 072H
        TIMER1      DATA 073H
        TIMER2      DATA 074H
        DATA_IN     DATA 020H
        DATA_OUT    DATA 021H
        CLK         BIT P1.6
        DAT         BIT P1.7
        ORG         0000H
        LJMP        MAIN
        ORG         0100H
MAIN: #
        CLR         A
        SETB        P3.3
        MOV         R0,#DBUF
        MOV         DPTR,#0FEF3H            ;A/D
        NOP
        NOP
        NOP
        MOVX        @DPTR,A
WAIT: JNB           P3.3,WAIT
        MOVX        A, @DPTR               ;读入结果
        NOP
        NOP
        NOP
        MOVX        A, @DPTR               ;读入结果
        NOP
        NOP
        NOP
        MOV         R7,A
        MOV         ADHEX,A
        CALL        MUL500                 ; ADHEX * 500 /256
        CALL        HB2
        CALL        TODISP                 ; 打开显示
        NOP
        CALL        DISPLAY
        CALL        DELAY
```

图 7.1.12 ADC0809 与单片机 AT89C51 接口电路程序流程图

206

```
            LJMP        MAIN
DISPLAY:
        ANL         P2,#00H                 ; CS7279 有效
        MOV         DATA_OUT,#10100100B     ;A4H,复位命令
        CALL        SEND
        MOV         DATA_OUT,#11001000B     ;译码方式 0,0 位显示
        CALL        SEND
        MOV         DATA_OUT,DBUF
        CALL        SEND
        MOV         DATA_OUT,#11001001B     ; 译码方式 0,1 位显示
        CALL        SEND
        MOV         DATA_OUT,DBUF + 1
        CALL        SEND
        MOV         DATA_OUT,#11001010B     ; 译码方式 0,2 位显示
        CALL        SEND
        MOV         DATA_OUT,DBUF + 2
        CALL        SEND
        MOV         P2,#0FFH                ; CS7279 无效
        RET
SEND:MOV        BIT_COUNT,#8                ;发送字符子程序
        ANL         P2,#00H
        CALL        LONG_DELAY
SEND_LOOP:MOV C,DATA_OUT.7
        MOV         DAT,C
        SETB        CLK
        MOV         A,DATA_OUT
        RL          A
        MOV         DATA_OUT,A
        CALL        SHORT_DELAY
        CLR         CLK
        CALL        SHORT_DELAY
        DJNZ        BIT_COUNT,SEND_LOOP
        CLR         DAT
        RET
LONG_DELAY:MOV TIMER,#150                   ;延时约 200μs
DELAY_LOOP:DJNZ TIMER,DELAY_LOOP
            RET
SHORT_DELAY:
            MOV     TIMER,#20               ;延时约 20μs
SHORT_LP: DJNZ TIMER,SHORT_LP
                    RET
DELAY:MOV TIMER,#4
AA0: MOV TIMER1,#0
AA1: MOV TIMER2,#0
AA2: DJNZ TIMER2,AA2
        DJNZ TIMER1,AA1
        DJNZ TIMER,AA0
```

```
            RET
;功能:单字节二进制无符号数乘500(1f4H=100H+0f4H)
;入口条件:被乘数在R7中。
;出口信息:乘积在R4、R5、R6中(R6低8位)
MUL500:
            MOV         A,#0F4H         ;计算R3乘R7
            MOV         B,R7
            MUL         AB
            MOV         R5,B#           ;暂存部分积
            MOV         R6,A
            MOV         A,R7
            ADD         A,B
            MOV         R5,A
            CLR         A
            RLC         A
            MOV         R4,A
            CLR         C
            MOV         A,R6
            SUBB        A,#80H
            JC          RETURN
            CLR         C
            MOV         A,R5
            ADD         A,#1
            MOV         R5,A
            MOV         A,R4
            ADDC        A,#0
            MOV         R4,A
RETURN:     RET
;功能:双字节十六进制整数转换成双字节BCD码整数
;入口条件:待转换的双字节十六进制整数在R6、R7中
;出口信息:转换后的三字节BCD码整数在R3、R4、R5中
HB2:        MOV         A,R4
            MOV         R6,A
            MOV         A,R5
            MOV         R7,A
            CLR         A               ;BCD码初始化
            MOV         R3,A
            MOV         R4,A
            MOV         R5,A
            MOV         R2,10H#         ;转换双字节十六进制整数
HB3:        MOV         A,R7            ;从高端移出待转换数的一位到CY中
            RLC         A
            MOV         R7,A
            MOV         A,R6
            RLC         A
            MOV         R6,A
```

208

```
          MOV      A,R5              ;BCD 码带进位自身相加,相当于乘 2
          ADDC     A,R5
          DA       A                 ;十进制调整
          MOV      R5,A
          MOV      A,R4
          ADDC     A,R4
          DA       A
          MOV      R4,A
          MOV      A,R3
          ADDC     A,R3
          MOV      R3,A              ;双字节十六进制数的万位数不超过 6,不用调整
          DJNZ     R2,HB3            ;处理完 16bit
          RET
TODISP:   MOV      A,R4
          ORL      A,#80H
          MOV      DBUF+2,A
          MOV      A,R5
          SWA      PA
          ANL      A,#0FH
          MOV      DBUF+1,A
          MOV      A,R5
          ANL      A,#0FH
          MOV      DBUF,A
          RET
          END
```

2. 实训的任务和步骤

(1) 把 7279 阵列式键盘的 J9 四只短路帽打在上方,J10 打在 V_{CC} 处,用 8P 排线将 JD7 和 8 位动态数码显示的 JD11 相连,JD8 和 JD12 相连。

(2) 单片机最小应用系统的 P0 口接 A/D 转换的 D0～D7 口,单片机最小应用系统的 Q0～Q7 口接 0809 的 A0～A7 口,单片机最小应用系统的 WR、RD、P2.0、ALE、INT1 分别接 A/D 转换的 $\overline{WR}$、$\overline{RD}$、P2.0、CLOCK、INT1,A/D 转换的 VI 接入 +5V。

(3) 用串行数据通信线连接计算机与仿真器,把仿真器插到模块的锁紧插座中,注意仿真器的方向:缺口朝上。

(4) 打开 Keil uVision2 仿真软件,首先建立本实验的项目文件,然后添加 AD0809.ASM 源程序,进行编译,直到编译无误。

(5) 编译无误后,全速运行程序,数码显示电压转化的数字量,调节模拟信号输入端的电位器旋钮,显示值随着变化,顺时针旋转值增大,AD 转换值的范围是 0～4.98V。

(6) 也可以把源程序编译成可执行文件,把可执行文件用 ISP 烧录器烧录到 89S52/89S51 芯片中运行(ISP 烧录器的使用查看附录 1)。

209

【项目评价】

序号	评价指标	评价内容	分值	学生自评	小组评价	教师评价
1	硬件设计	单片机 AT89C51 连接到位	10			
		ADC0809 连接到位	20			
2	调试	程序编程正确,调通程序	10			
		P0 口接 D0 ~ D7,Q0 ~ Q7 口接 ADC 0809d 的。A0 ~ A7	20			
		A/D 转换的 VI 接入 +5V……	20			
3	安全规范与提问	是否符合安全操作规范	10			
		回答问题是否准确	10			
	总分		100			
	问题记录和解决方法		记录任务实施中出现的问题和采取的解决方法(可附页)			

【项目拓展】

根据图 7.1.5 A/D 转换接口电路按下列要求编程:

(1) 对 8 路模拟信号依次进行 A/D 转换,并把转换结果分别存放在工作寄存器组 3 的 R0 ~ R7 中。

(2) 利用 8031 内部定时器来控制对模拟信号的采集,每分钟对 8 路模拟信号采集一遍,采集到的数据存放在内部 RAM 中。

项目单元 2 DAC0832 并行 D/A 转换器的接口技术实训

【项目描述】

在单片机应用系统中,通常使用 D/A 转换器把单片机处理的数字量转换成模拟量去控制执行机构。D/A 转换器实际上是一个输出设备。本项目以常见的 8 位和 12 位 D/A 转换器为例,研究讨论 D/A 转换器与 MCS – 51 单片机的接口技术。

【项目分析】

本项目利用 AT8951 单片机控制 0832 的 8 位 D/A 转换器,通过本项目的训练掌握单片机与常用的 D/A 转换器的接口方法和技术指标。

经过本项目的研究与训练,利用 AT8951 单片机的最小应用系统,完成与常用的 D/A 转换器的连接,掌握其编写 D/A 转换的参考程序。

【知识链接】

7.2.1 D/A 转换接口原理及主要技术指标

D/A 转换器把单片机输出的数字量转换成模拟量,实现连续输出控制。而 D/A 转换器输出的模拟量并不能连续可调,而是以所用 D/A 转换器的绝对分辨率为量化单位进行增减,所以这实际上是准模拟量输出。如果希望得到连续的平滑的模拟量,需要在 D/A 转换器后加上滤波器。

1. D/A 转换器的基本原理及分类

T 型电阻网络 D/A 转换器。各支路的电流信号经过电阻网络加权后,由运算放大器求和并变换成电压信号,作为 D/A 转换器的输出。目前常用的数/模转换器是 T 型电阻网络构成的,如图 7.2.1 所示。

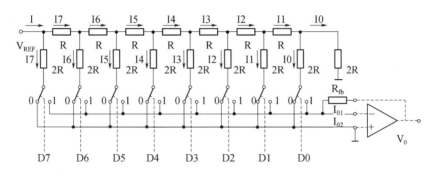

图 7.2.1　D/A 转换器的原理图

由此可见,输出电压的大小与数字量具有对应的关系。这样就完成了数字量到模拟量的转换。

D/A 转换器的种类很多,依数字量的位数分,有 8 位、10 位、12 位、16 位 D/A 转换器;依数字量的数码形式分,有二进制码和 BCD 码 D/A 转换器;依数字量的传送方式分,有并行和串行 D/A 转换器;依 D/A 转换器输出方式分,有电流输出型和电压输出型 D/A 转换器。

早期的 D/A 转换器芯片有 DAC0800 系列、AD7520 系列等;中期的 D/A 转换器芯片有 DAC0830 系列、AD7524 等;近期的 D/A 转换器芯片有 AD558、DAC82、DAC811 等。

2. D/A 转换器的常用术语和参数

1）分辨率

分辨率是指输入数字量的最低有效位(LSB)发生变化时,所对应的输出模拟量(常为电压)的变化量。它反映了输出模拟量的最小变化值。

分辨率与输入数字量的位数有确定的关系,可以表示成 $FS/2^n$。FS 表示满量程输入值,n 为二进制位数。对于 5V 的满量程,采用 8 位的 DAC 时,分辨率为 $5V/2^8 = 19.5mV$;当采用 12 位的 DAC 时,分辨率则为 $5V/2^{12} = 1.22mV$。显然,位数越多分辨率就越高。

2）线性度

线性度(也称非线性误差)是实际转换特性曲线与理想直线特性之间的最大偏差,常用相对于满量程的百分数表示,如 ±1% 是指实际输出值与理论值之差在满刻度的 ±1% 以内。

3）绝对精度和相对精度

绝对精度(简称精度)是指在整个刻度范围内,任一输入数码所对应的模拟量实际输出值与理论值之间的最大误差。绝对精度是由 DAC 的增益误差(当输入数码为全 1 时,

211

实际输出值与理想输出值之差）、零点误差（数码输入为全 0 时，DAC 的非零输出值）、非线性误差和噪声等引起的。绝对精度（即最大误差）应小于 1 个 LSB。

相对精度与绝对精度表示同一含义，用最大误差相对于满刻度的百分比表示。

4）建立时间

建立时间是指输入的数字量发生满刻度变化时，输出模拟信号达到满刻度值的 ±1/2LSB 所需的时间，是描述 D/A 转换速率的一个动态指标。

电流输出型 DAC 的建立时间短。电压输出型 DAC 的建立时间主要取决于运算放大器的响应时间。根据建立时间的长短，可以将 DAC 分成超高速（< 1μs）、高速（10 ～ 1μs）、中速（100 ～ 10μs）、低速（≥100μs）几挡。

应当注意，精度和分辨率具有一定的联系，但概念不同。DAC 的位数多时，分辨率会提高，对应于影响精度的量化误差会减小。但其他误差（如温度漂移、线性不良等）的影响仍会使 DAC 的精度变差。

3. 并行 D/A 转换器及其接口电路

并行 D/A 转换器（DAC0832）是使用非常普遍的 8 位 D/A 转换器，由于其片内有输入数据寄存器，故可以直接与单片机接口相连。DAC0832 以电流形式输出，当需要转换为电压输出时，可外接运算放大器。图 7.2.2 所示为 DAC0832 芯片内部原理结构框图。属于该系列的芯片还有 DAC0830、DAC0831，它们可以相互代换。

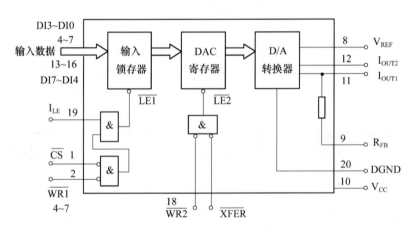

图 7.2.2　DAC0832 内部原理结构框图

DAC0832 主要特性：

（1）分辨率:8 位。

（2）输出稳定时间:1μs。

（3）非线性误差:0.20%。

（4）工作电源:(+5V ~ +15V)。

（5）功耗:20mW。

（6）工作方式:直通、单缓冲和双缓冲方式。

（7）输出电流线性度可在满量程下调节。

（8）逻辑电平输入与 TTL 电平兼容。

1）DAC0832 内部结构及引脚

图 7.2.3 为 DAC0832 引脚图,引脚功能说明如下:

$D_{I0} \sim D_{I7}$:8 位数据输入端。

ILE:输入数据允许锁存。

$\overline{CS}$:片选端,低电平有效。

$\overline{WR1}$:输入寄存器写选通信号,低电平有效。

$\overline{WR2}$:DAC 寄存器写选通信号,低电平有效。

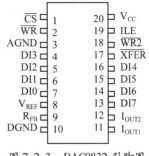

图 7.2.3　DAC0832 引脚图

$\overline{XFER}$:数据传送信号,低电平有效。

I_{OUT1}:电流输出 1 端。当输入数据为 00000000 时,$I_{OUT1} = 0$;当输入数据为 11111111 时,I_{OUT1} 为最大值。$I_{OUT1} + I_{OUT2} =$ 常数。

I_{OUT2}:电流输出 2 端。

R_{FB}:反馈电流输入端。

V_{CC}:工作电源正端。

V_{REF}:基准电压输入端。

AGND:模拟地。

DGND:数字地。

2）DAC0832 与 80C51 单片机的接口

从图 7.2.2 可以看出,在 DAC0832 内部有两个寄存器,输入信号要经过这两个寄存器,才能进入 D/A 转换器进行 D/A 转换。而控制这两个寄存器的控制信号有 5 个:输入寄存器由 ILE、$\overline{CS}$、$\overline{WR1}$ 控制;DAC 寄存器由 $\overline{WR2}$、$\overline{XFER}$ 控制。因此,只要编程时用指令控制这 5 个控制端,就可以实现它的三种工作方式。

（1）直通工作方式。直通工作方式是将两个寄存器的 5 个控制信号都预先置为有效,两个寄存器都开通,处于数据接收状态,只要数字信号送到数据输入端 DI0 ~ DI7,就立即进入 D/A 转换器进行 D/A 转换,一般这种方式用于没有单片机的电路中。

（2）单缓冲工作方式。单缓冲工作方式,即输入锁存器和 DAC 寄存器相应的控制信号引脚分别连在一起,使数据直接写入 DAC 寄存器,立即进行 D/A 转换(这种情况下,输入锁存器不起锁存作用)。此方式适用于只有一路模拟量输出,或有几路模拟量输出但并不要求同步的系统。

图 7.2.4 为单极性 1 路模拟量输出的 DAC0832 与 80C51 单片机接口电路。图中 I_{LE} 接 +5V,I_{OUT2} 接地,I_{OUT1} 输出电流经运算放大器变换后输出单极性电压,范围为 0 ~ +5V。片选信号 $\overline{CS}$ 和数据传送控制信号 $\overline{XFER}$ 都与 80C51 的地址线相连(图中为 P2.7),因此输入锁存器和 DAC 寄存器的地址都为 7FFFH。$\overline{WR1}$、$\overline{WR2}$ 均与 80C51 的写信号 $\overline{WR}$ 相连。CPU 对 DAC0832 执行一次操作,则将一个数据直接写入 DAC 寄存器,DAC0832 的输出模拟量随之变化。由于 DAC0832 具有数字量的输入锁存功能,故数字量可以直接从 80C51 的 P0 口送入。

执行下面指令就能完成 D/A 转换:

```
MOV     DPTR,#7FFFH        ;指向 DAC0832 口地址(P2.7 为 0)
```

```
MOV    A,#data              ;
MOVX   @DPTR,A              ;启动 D/A 转换
```

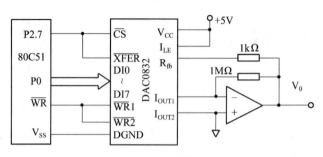

图 7.2.4　DAC0832 单缓冲方式接口

单极性输出电压 $V_{OUT} = -V_{REF}/2^n$，D 为数字量，V_{REF} 为基准电压。可见，单极性输出 V_{OUT} 的正负极性由 V_{REF} 的极性确定。当 V_{REF} 的极性为正时，V_{OUT} 为负；当 V_{REF} 的极性为负时，V_{OUT} 为正。

双极性输出时的分辨率比单极性输出时降低 1/2，这是由于对双极性输出而言，最高位作为符号位，只有 7 位数值位。

（3）双缓冲工作方式。当应用系统有多路 D/A 转换输出，如果要求同步进行，就必须采用双缓冲器同步工作方式。双缓冲工作方式的思路是，分步向各路 D/A 输入寄存器写入需要转换的数字量，然后单片机对所有的 D/A 转换器发控制信号，使各个 D/A 输入寄存器中的数据打入 DAC 寄存器，实现同步输入。图 7.2.5 为双缓冲同步方式接口电路。

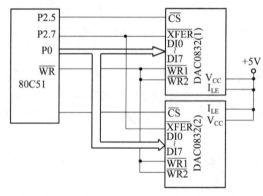

图 7.2.5　DAC0832 双缓冲同步方式接口电路

完成两路 D/A 同步输出的程序如下：

```
MOV  DPTR,#0DFFFH          ;指向 DAC0832(1)输入锁存器
MOV  A,#data1
MOVX @DPTR,A               ;数字 data1 送入 DAC0832(1)输入锁存器
MOV  DPTR,#0BFFFH          ;指向 DAC0832(2)输入锁存器
MOV  A,#data2
MOVX @DPTR,A               ;数字 data2 送入 DAC0832(2)输入锁存器
MOV  DPTR,#7FFFH           ;同时启动 DAC0832 (1)、DAC0832(2)
MOVX @DPTR,A               ;完成 D/A 转换输出
```

214

4. 串行 D/A 及其接口电路

串行 D/A(TLC5615)是一个 10 位的串行 D/A 转换芯片,其内部原理框图和引脚图如图 7.2.6 所示。

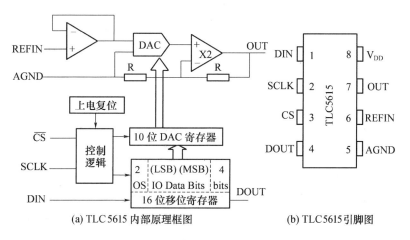

(a) TLC 5615 内部原理框图　　　　　(b) TLC 5615 引脚图

图 7.2.6　TLC5615 内部原理框图和引脚图

引脚功能说明如下:

DIN:串行数据输入端。

SCLK:时钟信号。

$\overline{CS}$:片选端,低电平有效。

REFIN:参考电压输入端。

OUT:D/A 转换后模拟电压输出端。

DOUT:串行数据测试输出端。

V_{DD}:芯片工作电源正端。

AGND:芯片工作地端。

TLC5615 是 10 位串行 D/A 转换芯片,电压输出型,可以把数字量直接转换为模拟电压,最大转换输出电压是参考电压的 2 倍。

在片选有效的条件下,将 10 位数字量依次输入芯片的串行数据输入端,高位在前,低位在后,图 7.2.7 所示是 TLC5615 转换工作时序。

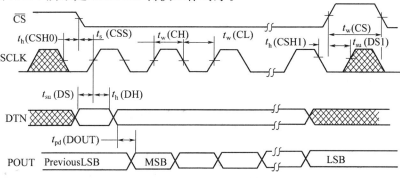

图 7.2.7　TLC5615 时序图

215

图 7.2.8 所示为 TLC5615 应用电路,分别用 P1.0、P1.1、P1.2 作为芯片的片选、串行时钟和串行数据输入控制。

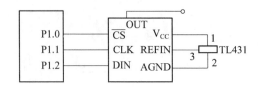

图 7.2.8 TLC5615 电路连接

读者可根据图 7.2.8 编写 TLC5615 芯片的 D/A 转换程序。

7.2.2 开关量接口

开关量的输入与输出,从原理上讲十分简单。CPU 只要通过对输入信息分析是"1"还是"0",即可知开关是合上还是断开。如果控制某个执行器的工作状态,只需送出"0"或"1",即可由操作机构执行。但是由于工业现场存在着电、磁、振动、温度等各种干扰及各类执行器所要求的开关电压量级及功率不同,所以在接口电路中除根据需要选用不同的元器件外,还需要采用各种缓冲、隔离与驱动措施。

1. 开关量输入接口

(1) 拨键开关与单片机的接口。拨键开关(或钮子开关类器件)可将高电平或低电平经单片机的 I/O 引脚置入单片机,以实现操作分挡、参数设定等人机联系的功能。

图 7.2.9 与后面的程序是拨键类开关应用的实例:根据 8 个开关中哪一个开关闭合并使相应口线为低电平而转去执行相应的工作程序。各开关通过扩展输入口 74LS244 与 80C51 的 P0 口相连;开关合上时将向 P0 口的相应的引脚送低电平;反之,开关打开时送高电平。

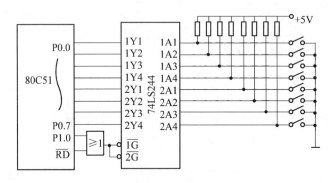

图 7.2.9 拨键开关与 80C51 的接口

读拨键开关状态程序段:

```
    CLR    P1.0          ;准备选通和读入开关状态
    MOVX   A, @R0        ;需要的只是读信号,(R0)可为随机值
    RRC    A
    JNC    KS1           ;如 P0.0 为低电平,转 KS1
    LJMP   KF1           ;P0.0 为高电平,执行 KF1 程序
KS1: RRC    A
```

216

```
            JNC   KS2              ;如 P0.1 为低电平,转 KS2
            LJMP  KF2              ;P0.1 为高电平,执行 KF2 程序
            …     …
    KS7: RRC  A
            JNC   ELSE             ;如 P0.7 为低电平,转 ELSE
            LJMP  KF8              ;P0.7 为高电平,执行 KF8 程序
    ELSE: …   …
```

（2）拨盘开关与单片机的接口。拨盘开关有很多种,常见的是 BCD 码拨盘开关,如图 7.2.10 所示。拨动正面的拨盘可置定一个十进制数(在开关正面有该数的数码指示),并转换成 BCD 码(呈现在背面 8、4、2、1 引脚上)而输入计算机。拨盘开关用于参数设定,非常直观方便。

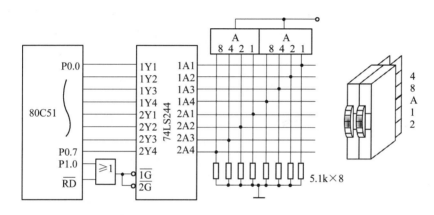

图 7.2.10　BCD 码拨盘开关与 80C51 的接口

若引脚 A 接高电平,当置定某十进制数时,拨动拨盘会使引脚 A 与 8、4、2、1 四个引脚有一定的接通关系,与引脚 A 接通的将输出高电平,不与引脚 A 接通的输出低电平,从而转换成与该十进制数相当的 BCD 码(8421 码)。例如,拨置数字 5 时,8、4、2、1 脚输出数字编码为 0101,其他类推。

当然也可反过来接,即引脚 A 接低电平,这时得到的是与十进制数相当的 BCD 码的反码。将所得的码取反后可获得相应的 BCD 码。这种接法也比较多见。

如将 n 位十进制数置入计算机,就需要使用 n 片拨盘开关并列在一起,组合成一个拨盘开关组。

[例 7.2.1] 图 7.2.10 所示是 BCD 码拨盘开关与 80C51 的接口,通过拨盘开关将 2 位十进制数置入单片机,其十位数与个位数读入后将分别暂时存于片内 RAM 的 21H、20H 单元。

解:接口程序如下:

```
    BCD: CLR   P1.0             ;准备选通和读入 2 位 BCD 码
            MOVX  A,@R0          ;产生读信号,自 P0 口读 2 位 BCD 码
            ANL   A,#0FH         ;取个位数
            MOV   20H,A          ;存入片内 RAM 的 20H 单元
            MOVX  A,@R0          ;重读 2 位 BCD 码
```

```
ANL  A,#0F0H          ;取十位数
SWAP A                ;调整到低半字节
MOV  21H,A            ;存入片内 RAM 的 21H 单元
RET
```

2．开关量输出接口

1）输出接口的隔离

光耦合器是以光为媒介传输信号的器件,它把一个发光二极管和一个光敏三极管封装在一个管壳内,发光二极管加上正向输入电压信号(＞1.1V)就会发光,光信号作用在光敏三极管基极产生基极光电流使三极管导通,输出电信号,光耦合器原理图如图7.2.11所示。

光耦合器的输入电路与输出电路是绝缘的。一个光耦合器可以完成一路开关量的隔离,如果将光耦合器8个和16个一起使用,就能实现8位数据或16数据的隔离。

光耦合器的输入侧都是发光二极管,但是输出侧则有多种结构,如光敏晶体管、达林顿型晶体管、TTL逻辑电路以及光敏可控硅等。其主要特性参数有以下几个方面。

(1) 导通电流和截止电流:对于开关量输出场合,光电隔离主要用其非线性输出特性。当发光二极管二端通以一定电流时,光耦合器输出端处于导通状态;当流过发光二极管的电流小于某一值时,光耦合器输出端截止。不同的光耦合器通常有不同的导通电流,典型值为10mA。

(2) 频率响应:由于受发光二极管和光敏三极管响应时间的影响,开关信号传输速率和频率受光耦合器频率特性的影响。因此,在高频信号传输中要考虑其频率特性。在开关量输出通道中,输出开关信号频率一般较低,不会受光耦合器频率特性影响。

(3) 输出端工作电流:是指光耦合器导通时,流过光敏三极管的额定电流。该值表示了光耦合器的驱动能力,一般为毫安量级。

(4) 输出端暗电流:是指光耦合器处于截止状态时输出端流过的电流。对光耦合器来说,此值越小越好,以防止输出端的误触发。

(5) 输入输出压降:分别指发光二极管和光敏三极管的导通压降。

(6) 隔离电压:表示了光耦合器对电压的隔离能力。

光耦合器二极管侧的驱动可直接用门电路去驱动,一般的门电路驱动能力有限,常用带 OC 门的电路(如7406、7407)进行驱动。

2）继电器输出接口

继电器方式的开关量输出,是目前最常用的一种输出方式,一般在驱动大型设备时,往往利用继电器作为测控系统输出至输出驱动级之间的第一级执行机构。通过该级继电器输出,可完成从低压直流到高压交流的过渡。如图7.2.12所示,在经光耦合器光电隔离后,直流部分给继电器控制线圈供电,而其输出触点则可直接与220V市电相接。由于继电器的控制线圈有一定的电感,在关断瞬间会产生较大的反电势,因此在继电器的线圈上常常反向并联一个二极管用于电感反向放电,以保护驱动晶体管不被击穿。不同的继电器,允许驱动电流也不一样。对于需要较大驱动电流的继电器,可以采用达林顿输出的光隔直接驱动;也可以在光耦与继电器之间再加一级三极管驱动。

218

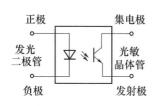

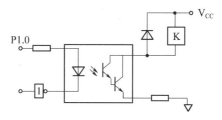

图 7.2.11　晶体管光耦合器原理图　　　　图 7.2.12　继电器输出电路

3）双向晶闸管输出接口

图 7.2.13 所示为 MOC3041 与双向晶闸管的接线图。双向晶闸管具有双向导通功能,能在交流、大电流场合使用,且开关无触点,因此在工业控制领域有着极为广泛的应用。传统的双向晶闸管隔离驱动电路的设计,是采用一般的光隔离器和三极管驱动电路。现在已有与之配套的光隔离器产品,这种器件称为光耦合双向晶闸管驱动器。与一般的光耦不同,在于其输出部分是一硅光敏双向晶闸管,有的还带有过零触发检测器,以保证在电压接近为零时触发晶闸管。常用的有 MOC3000 系列等,运用于不同负载电压使用,如 MOC3011 用于 110V 交流,而 MOC3041 等可适用于 220V 交流使用,用 MOC3000 系列光电耦合器直接驱动双向晶闸管,大大简化了传统的晶闸管隔离驱动电路的设计。

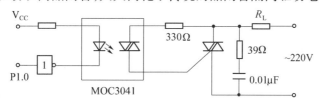

图 7.2.13　MOC3041 与双向晶闸管的接线图

4）固态继电器输出接口

固态继电器(SSR)是近年发展起来的一种新型电子继电器,其输入控制电流小,用 TTL、HTL、COMS 等集成电路或加简单的辅助电路就可直接驱动,因此适宜于在微机测控系统中作为输出通道的控制元件;其输出利用晶体管或晶闸管驱动,无触点。与普通的电磁式继电器和磁力开关相比,具有无机械噪声、无抖动和回跳、开关速度快、体积小、重量轻、寿命长、工作可靠等特点,并且耐冲击、抗潮湿、抗腐蚀,因此在微机测控等领域中,已逐步取代传统的电磁式继电器和磁力开关作为开关量输出控制元件。

图 7.2.14 所示的固态继电器由光电耦合电路、触发电路、开关电路、过零控制电路和吸收电路五部分构成。这五部分被封装在一个六面体外壳内,成为一个整体,外面有四个引脚(图中的 A、B、C、D)。如果是过零型 SSR 就包括"过零控制电路"部分,而非过零型 SSR 则没有这部分电路。

(1)直流型固态继电器。直流型固态继电器主要用于直流大功率控制场合。其输入端为一光电耦合电路,因此可用 OC 门或晶体管直接驱动,驱动电流一般为 3～30mA,输入电压为 5～30V,因此在电路设计时可选用适当的电压和限流电阻 R。其输出端为晶体管输出,输出电压 30～180V。注意在输出端为感性负载时,要接保护二极管用于防止直流固态继电器由于突然截止所引起的高电压。

219

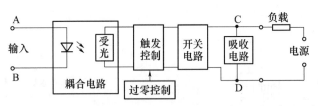

图 7.2.14　固态继电器内部逻辑框图

（2）交流型固态继电器。交流型固态继电器分为非过零型和过零型,二者都是用双向晶闸管作为开关器件,用于交流大功率驱动场合。图 7.2.15 所示为交流型固态继电器的控制波形图。

对于非过零型 SSR,在输入信号时,不管负载电源电压相位如何,负载端立即导通;而过零型必须在负载电源电压接近零且输入控制信号有效时,输出端负载电源才导通,可以抑制射频干扰。当输入端的控制电压撤消后,流过双向晶闸管负载电流为零时才关断。

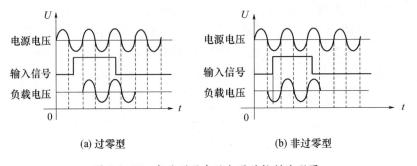

(a) 过零型　　　　　　　　　(b) 非过零型

图 7.2.15　交流型固态继电器的控制波形图

对于交流型 SSR,其输入电压为 3 ～ 32V,输入电流为 3 ～ 32mA,输出工作电压为交流 140 ～ 400V。几种交流型 SSR 的接口电路如图 7.2.16 所示,其中图(a)为基本控制方式,图(b)为 TTL 逻辑控制方式。对于 CMOS 控制要再加一级晶体管电路进行驱动。

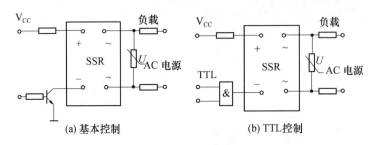

(a) 基本控制　　　　　　　　(b) TTL控制

图 7.2.16　几种交流型 SSR 接口控制电路

【项目实施】

1. 程序编制要点及参考程序

1）程序编制要点

DAC0832 的转换与单片机 AT89C51 接口电路,按照图 7.2.17 所示电路进行连接。

单片机 AT89C51 与 DAC0832 接口电路程序流程图如图 7.2.18 所示。

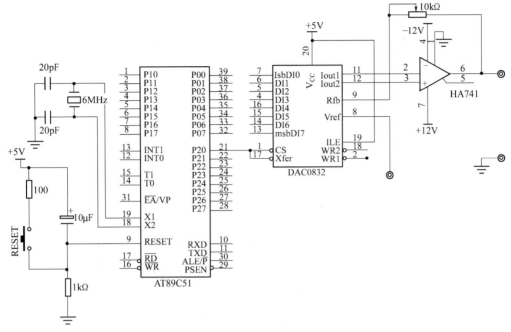

图 7.2.17 DAC0832 与单片机 AT89C51 的接口电路

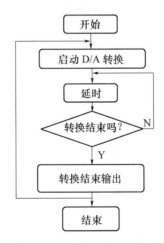

图 7.2.18 单片机 AT89C51 与 DAC0832 接口电路程序流程图

2) 参考程序

```
ORG       00H
          AJMP      START
          ORG       0100H
START:    MOV       DPTR,#0FEFFH      ;置 DAC0832 的地址
LP:       MOV       A,#0FFH          ;设定高电平
MOVX      @DPTR,A                     ;启动 D/A 转换,输出高电平
          LCALL     DELAY            ;延时显示高电平
          MOV       A,#00H           ;设定低电平
          MOVX      @DPTR,A           ;启动 D/A 转换,输出低电平
```

```
          LCALL    DELAY              ;延时显示低电平
          SJMP     LP                 ;连续输出方波
DELAY：   MOV      R3,#11             ;延时子程序
D1：      NOP
          NOP
          NOP
          NOP
          NOP
          DJNZ     R3,D1
          RET
          END
```

2. 实训的任务和步骤

（1）单片机最小应用系统的 P0 口接 0832 的 DI0～DI7 口,单片机最小应用系统的 P2.0、WR 分别接 D/A 转换的 P2.0、WR,V_{ref} 接 –5V,D/A 转换的 OUT 接示波器探头。

（2）用串行数据通信线连接计算机与仿真器,把仿真器插到模块的锁紧插座中,注意仿真器的方向:缺口朝上。

（3）打开 Keil uVision2 仿真软件,首先建立本实验的项目文件,然后添加"DA0832 正弦.ASM"源程序,进行编译,直到编译无误（若添加"DA0832 方波.ASM"输出为方波）。

（4）编译无误后,全速运行程序,观察示波器测量输出波形的周期和幅度,调节输出电位器,可以改变波形的幅度。

（5）画出 DAC0832 在双缓冲工作方式时的接口电路,并用两片 DAC0832 实现图形 x 轴和 y 轴偏转放大同步输出。

（6）也可以把源程序编译成可执行文件,把可执行文件用 ISP 烧录器烧录到 89S52/89S51 芯片中运行（ISP 烧录器的使用查看附录 1）。

【项目评价】

序号	评价指标	评价内容	分值	学生自评	小组评价	教师评价
1	硬件设计	单片机连接到位	10			
		DAC0832 连接、D/A 转换接示波器到位	20			
2	调试	程序编程正确并调通程序	10			
		示波器测出波形周期和幅度	20			
		通电后正确、实验成功	20			
3	安全规范与提问	是否符合安全操作规范	10			
		回答问题是否准确	10			
	总分		100			
问题记录和解决方法			记录任务实施中出现的问题和采取的解决方法（可附页）			

【项目拓展】

试用 ADC0809 和 DAC0832 设计一个数字录/放音机,编写有关程序。

任务8 单片机的应用举例

【教学目标】

1. 掌握单片机应用系统设计的原则及软、硬件设计方法。
2. 了解单片机应用系统抗干扰技术的基本方法。
3. 理解单片机应用系统调试的基本方法以及应用实例的软、硬件设计过程。

【任务描述】

通过前面的学习,我们已经了解单片机的基本工作原理和程序设计方法、存储器及I/O接口的扩展以及人机交互设备和A/D、D/A转换器接口的设计等知识,所以在本任务中介绍单片机的应用时所涉及的单片机选型、单片机应用系统设计的基本原则、硬件和软件设计应注意的问题,并通过几个(红外发射接收、单片机交通灯控制、单片机作息时钟控制器、单片机汽车倒车测距仪、温度传感器温度测量与控制)综合应用实例来学习单片机应用系统的设计方法并提高开发单片机控制应用能力。

项目单元1 红外发射接收实训

【项目描述】

本项目研究单片机的选型原则和应用系统的设计原则以及单片机应用系统的组成。将单片机技术与红外遥控技术相结合,设计一套红外遥控单相电机调压调速装置,包括设计遥控器及软件接收器(调速系统由实验室提供)及软件,并将转速分为7挡。

【项目分析】

本项目基本组成包括单片机、红外线发射电路、键盘和显示器。红外线发射电路将欲发射的数字信号通过调制电路调制到38kHz的载波上,再通过红外线发射管将调制波用红外线发射出去。

红外线接收电路采用一体化红外线接收器NJL41H38。NJL41H38片内含有接收管、选频放大器和解调电路。NJL41H38中心频率为38kHz,只能接收调制成38kHz的信号,并且只响应脉冲调制信号,不响应连续调制信号。

【知识链接】

8.1.1 单片机的选型原则

单片机是单片机应用系统的核心,因此在进行单片机应用系统的设计时,单片机的选型就显得尤为重要,下面就介绍单片机的选型原则。

223

1. 单片机的系统适应性

单片机对控制系统的适应性,就是能否用一个单片机完成对系统的控制,或需要增加几个附加的集成电路才能实现对系统的控制。

从对控制系统适应性的角度出发,应主要考虑以下问题:

(1)单片机是否含有所需的 I/O 接口数目。如果单片机的接口数太少,就不能满足有关的功能。如果接口数太多,就会造成单片机资源的浪费,即选择了价格过高的单片机。

(2)单片机是否含有所需的外围接口部件。对于一个应用系统,首先要考虑的是,在单片机控制系统中 I/O 接口有多少种不同种类的 I/O 方式,例如是否包含下列 I/O 器件:

① RS – 232 – C 终端。

② 开关、继电器、键盘。

③ 检测器:如检测温度、压力、光线、电压等。

④ 声音报警器。

⑤ 显示器:包括 LED、LCD 显示器。

⑥ A/D 或 D/A 转换器。

⑦ 其他器件或功能部件。

(3)单片机是否有合适的计算处理能力。针对应用系统的需要,考虑单片机对系统执行控制时的处理能力。如果单片机的处理能力过强,则浪费了单片机的资源;如果处理能力不足,就无法正常工作。

单片机的处理能力主要表现在 CPU 的运行速度、指令的功能、指令周期的长短、中断能力以及堆栈大小等指标上。

(4)单片机是否有足够的极限性能。一个应用系统有其特定的应用环境、功耗和电压。在设计一个应用系统时,必须考虑应用系统使用的温度是否在单片机最大温度范围之内,使用电压、电流和功耗是否在单片机极限指标之内。如果不是,那么单片机便不能满足应用系统的需要,就需要选择满足应用系统的另一种型号的单片机。

2. 单片机的可购买性

在单片机能够适合控制系统时,还必须考虑该型号单片机的可购买性。可购买性包括以下几点。

(1)单片机是否可直接购买到。这是指单片机能否直接从厂家或其代理商处买到,购买的途径是否畅通。

(2)单片机是否有足够的供应量。作为产品上使用的单片机,一般是用作产品的控制器,因此,单片机的需求量和产品数量是一致的。

(3)单片机是否仍然在生产之中。选择单片机,应该选择那些仍然在生产之中的型号。已经停产的单片机是不能选用的,因为它已无后续供货能力,会直接影响到产品的继续生产和生命力。

(4)单片机是否在改进之中。这主要是看某种型号的单片机是否有新的版本推出或准备推出,这样才有利于产品的升级换代,也就是说,这种单片机仍然有着旺盛的生命力,并且在一定时期内可以采用新的单片机对控制系统进行产品升级。显然,对于准备推出新版本或有新版本的单片机,选择用于控制系统或产品,将会使控制系统或产品具有较强的生命力。

3. 单片机的可开发性

单片机的可开发性是一个十分重要的因素。所选择的单片机是否有足够的开发手段,直接影响到单片机能否顺利开发,能否较快地应用于控制系统中。如果没有足够的开发手段,则相应的单片机型号是不宜选择使用的。在选择单片机系统时,应考虑到在进行开发时用到的工具是否完备,如:

(1)汇编程序。

(2)编译程序。

(3)调试工具。包括评价模块(Evaluation Module,EVM)、在线仿真器、逻辑分析工具、调试监视程序和原码级调试监视程序等。

(4)在线示范服务(Bulletin Board Service,BBS)。包括实时执行、应用例子、缺陷故障报告、实用软件(包括自由汇编程序)和样本源码等。

(5)应用支持。包括考虑是否有专职的应用支持机构;考虑是否有应用工程师、应用技术人员或应用销售人员的支持;应考虑支持人员的学识水平,以及支持人员是否真正对解决有关开发问题感兴趣;考虑支持人员和机构是否有便利的通信工具,能否及时得到支持。

4. 单片机选型的其他建议

(1)性能价格比。MCS-51单片机或具有51核的系列单片机性价比比较高,一般情况下,能满足一般工业实时控制、智能化仪表、数据采集系统的要求,且价格低廉。

(2)设计人员的熟悉程度。在单片机选型时,应尽量选用设计人员熟悉的机型。虽然各种单片机的工作原理相同,但每一种单片机内部结构、指令系统、I/O接口要求均不相同。目前,在国内市场上,技术资料最多的是MCS-51单片机,各大专院校单片机教学内容基本上是MCS-51单片机,国内从事单片机应用系统设计的技术人员也大多熟悉MCS-51单片机。要学习熟悉另一种单片机总要有一个过程,在研制任务重、时间紧的情况下,当然首先选择自己熟悉的机型或其兼容的机型。

(3)够用、适用原则。对于所选单片机而言,满足应用要求就行,不要盲目追求高性能。单片机芯片的选型首先要根据应用对象的特点和要求来确定机型,字长位数和性能选得过低将给系统带来麻烦,甚至不能满足应用要求;但字长位数和性能选的过高,就可能大材小用,造成浪费,有时还会引出新的问题,使系统复杂化。

当然,随着电子技术的发展,性能优良、价格低廉的新芯片不断推出。世界上的单片机芯片品种繁多,技术人员应密切关注最新动态,随时选用更高性能价格比的单片机芯片。

8.1.2 单片机应用系统设计原则

通常要求单片机系统应具有高可靠性、高性价比、操作维护方便和设计周期短等特点,下面对这几点作详细讨论。

(1)高可靠性。单片机应用系统在满足使用功能的前提下,应具有较高的可靠性。这是因为单片机系统完成任务是系统前端信号的采集和控制输出,一旦系统出现故障,必将造成整个生产过程的混乱和失控,从而产生严重的后果。因此,对可靠性的考虑应贯穿于单片机应用系统设计的整个过程。

首先,在设计时对系统的应用环境要进行细致的了解,认真分析可能出现的各种影响系统可靠性的因素,采取切实可行的措施排除故障隐患。

其次,在总体设计时应考虑系统的故障自动检测和处理功能。在系统正常运行时,定时地进行各个功能模块的自诊断,并对外界的异常情况做出快速处理。对于无法解决的问题,应及时切换到后备装置或报警。

(2)操作维护方便。操作方便表现在操作简单、直观形象,应从普通人的角度考虑,操作和维护要方便,尽量减少对操作人员专用知识的要求,以便于系统的推广。因此在设计时,在系统性能不变的情况下,应尽可能减少人机交互接口,多采用操作内置或简化的方法。

方便维护体现在易于查找故障和排除故障。设计时,尽可能采用功能模板式结构,便于更换故障模板,系统应配有现场故障诊断程序,一旦发生故障能保证有效地对故障进行定位,以便进行维修。

(3)性能价格比要高。为了使系统具有良好的市场竞争力,在提高系统功能指标的同时,还要优化系统设计,采用硬件软化技术提高系统的性能价格比。

(4)设计周期短。系统设计周期是衡量一个产品有无效益的主要依据,只有缩短设计周期,才能有效地降低成本,充分发挥系统的技术优势,及早地占领市场并具有一定的竞争力。

8.1.3 单片机应用系统的组成

任何单片机应用系统都是由两大部分组成:硬件和软件。

1. 硬件组成

硬件由单片机、存储器、若干 I/O 接口及外围设备等组成,如图 8.1.1 所示。其中,单片机是整个系统的核心部件,能运行程序和处理数据。存储器用于存储单片机程序及数据。I/O 接口是单片机与外部被控制对象交换的信息通道,包括以下几部分:数字量 I/O 接口(频率、脉冲等)、开关量 I/O 接口(继电器开关、无触点开关、电磁阀等)、模拟量 I/O 接口(A/D 或 D/A 转换电路)。通用外部设备是人机对话的纽带,包括键盘、显示器、打印机等。检测与执行机构包括检测单元和执行机构。检测单元用于将各种被测参数转变成电量信号,供单片机处理,一般采用传感器实现。执行机构用于驱动外部被控对象,一般有电动、气动和液压等驱动方式。

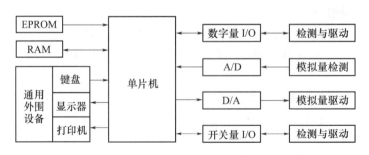

图 8.1.1 单片机应用系统硬件组成示意图

2. 软件组成

软件主要由实时软件和开发软件两大类组成。

实时软件是由软件设计者提供的、针对不同单片机控制系统功能所编写的软件,专门用于对整个单片机系统的管理和控制。

开发软件是指在开发、调试控制系统时使用的软件,如汇编软件、编译软件、调试和仿真软件、编程下载软件等。

8.1.4 遥控器、接收系统与调速系统

1. 遥控器

遥控器的基本组成包括单片机、红外线发射电路、键盘和显示器。红外线发射电路将欲发射的数字信号通过调制电路调制到 38kHz 的载波上,再通过红外线发射管将调制波用红外线发射出去。其电路如图 8.1.2 所示,其中红外线发射电路如图 8.1.3 所示。K1~K7共 7 个按键分别对 7 挡转速。P1.7 输出欲发射的数字信号。P2.0~P2.7 输出LED 的段选码,经 7407 驱动 LED。

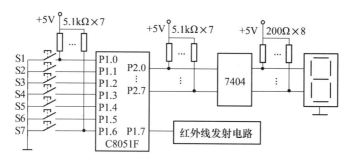

图 8.1.2 遥控器基本结构电路图

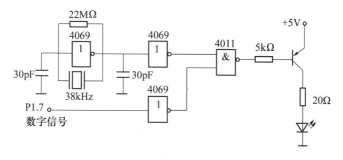

图 8.1.3 红外线发射电路

2. 接收系统与调速系统

电机的调速是通过改变加在电机上电压的有效值来实现的,这种调速称为"调压调速"。接收与调速系统电路如图 8.1.4(a)所示,红外线接收器电路如图 8.1.4(b)所示。电机电源的通断由固态继电器 SSR 控制,而固态继电器 SSR 则受单片机控制。在半个正弦周期内,电机断电与通电的时间间隔分别为 t_1 与 t_2,则 $t_1 + t_2 = 10ms$,其原理如图8.1.5所示。每当电源电压过零时,单片机控制继电器断开 t_1,再导通 t_2。正半周和负半周一样。对于 7 个转速挡,t_1 分别为 0ms、2ms、4ms、5ms、6ms、8ms 和 10ms。当 $t_1 = 0$ 时,电机转速最大;$t_1 = 10ms$ 时,电机停止转动。

为使单片机对电机电源的控制信号与电机电源保持同步,即保证每次 t_1 的起始时间都在电源刚刚经过零点之后,因而需要设置过零检测电路,用于识别电源电压过零点。该

227

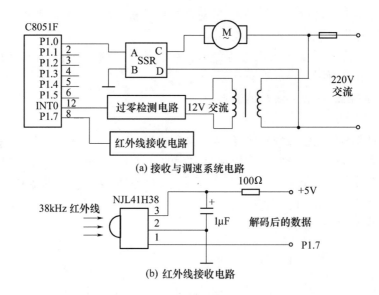

(a) 接收与调速系统电路

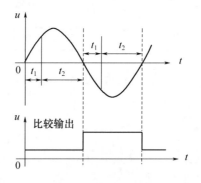

(b) 红外线接收电路

图 8.1.4 接收系统和调速系统

图 8.1.5 电机通电与断电时间

电路由比较器组成。当电源电压由正半周到负半周过零时,比较器由"0"跳变到"1";而当电源电压由负半周到正半周过零时,比较器由"1"跳变到"0"。通过比较器的输出向单片机申请中断。

红外线接收电路采用一体化红外线接收器 NJL41H38。它有 3 个引脚,其中 1 脚为 TTL 电平输出,2 脚为地线,3 脚为电源端。NJL41H38 片内含有接收管、选频放大器和解调电路。NJL41H38 中心频率为 38kHz,只能接收调制成 38kHz 的信号,并且只响应脉冲调制信号,不响应连续调制信号。其脉冲宽度范围为 $400\mu s \sim 20ms$。因此,发射端的发射信号必须是脉冲信号,而不能是电平信号。

【项目实施】

1. 程序编制要点及参考程序

由于发射器不能直接发送电平信号,而必须发送脉冲信号,故重新规定数字 0 和 1 的表示方法;占空比为 1/4 的脉冲为数字 0,占空比为 3/4 的脉冲为数字 1,每个数字的周期为4ms,如图8.1.6所示。

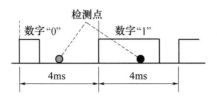

图 8.1.6　脉冲数字"0"与数字"1"

规定发送端的数据采用 3 位编码方式,见表 8.1.1。一个数据帧共 5 位数据,每帧数据的格式为:1 位起始位 0、3 位数值位(低位在前)和 1 位停止位 1。当发送端无键按下时,处于空闲状态,则一直发送数字 1。一旦有键按下,便发送一帧数据。例如,当按下 3# 键时,数据帧为 01101,通过 P1.7 口发出的信号波形如图 8.1.7 所示。

表 8.1.1　发送端的数据编码

编码	按键	功能	编码	按键	功能
001	1 # 键	1 挡转速(全速)	101	5 # 键	5 挡转速
010	2 # 键	2 挡转速	110	6 # 键	6 挡转速
011	3 # 键	3 挡转速	111	7 # 键	7 挡转速(停止)
100	4 # 键	4 挡转速			

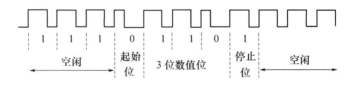

图 8.1.7　按下 3 # 键时发出的信号

发送端的程序流程图如图 8.1.8 所示。发送端由定时器 0 定时溢出产生中断,在中断服务程序中发送数据。中断周期为 0.5ms,每 8 个定时器溢出周期发送 1 位数字。对于数字 0,8 个定时器溢出周期通过 P1.7 分别送出 00000011(低位在前);对于数字 1,8 个定时器溢出周期通过 P1.7 分别送出 00111111(低位在前)。一帧数据有 5 位脉冲数字,因而发送一帧数据要 20ms 共 40 个定时器溢出周期。

将 50H 单元用于存储键号,51H 单元用于存储定时器 0 中断的次数。5 个内部 RAM 单元 20H ~ 24H 对应的 40 个可寻址位 00H ~ 27H,分别对应 40 个 定时器 0 溢出周期通过 P1.7 所送出的数据。可寻址位 28H 作为有键按下与否的标志位。该位为 0 表示没有键按下,此时在发送空闲帧状态,可以接受按键;该位为 1 表示正在发送数据帧,不扫描键盘,拒绝接受按键信息,直到当前数据帧发送完。每发送完数据帧后,将按键标志位 28H 置 0,此时可接受新的按键。

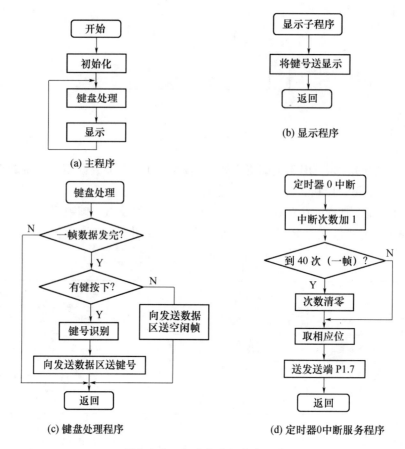

(a) 主程序   (b) 显示程序

(c) 键盘处理程序   (d) 定时器0中断服务程序

图 8.1.8 发送端的程序流程图

键盘处理参考程序如下:

```
KEY0:   JB      28H,KEYRET      ;键标志位 28H 为 1,表示正在发送数据帧,不扫描键盘返回
        MOV     A,P1            ;28H 为 0,表示空闲,读取按键状态
        MOV     R1,A            ;存按键状态
        ANL     A,#7FH          ;屏蔽 P1.7
        CJNE    A,#7FH,DLY      ;A 不等于 7F 表示有键按下
        SJM     PNOKEY          ;否则送空闲帧
DLY:    MOV     R3,#0C5H        ;延时去抖
DLY0:   MOV     R4,#86H
DLY1:   DJNZ    R4,DLY1
        DJNZ    R3,DLY0
        MOV     A,P1            ;再读按键状态
        CJNE    A,R1,NOKEY      ;两次读数不一致说明无键按下
        MOV     A,R1            ;两次读数一致说明有键按下,计算键号并存到 50H 单元
        MOV     50H,#0          ;50H 单元置初值 0
LOOP:   INC     50H             ;50H 单元加 1
        SETB    C               ;C 置位 1
```

```
         RRC    A                  ;键状态字右移,末位进入 C
         JC     LOO P              ;C＝1,再移
         MOV    A,50H              ;C＝0,取键号到 A
KEY1:    MOV    20H,#03H           ;将起始位 0 的编码 03 H 送 00H~07H 位即 20H RAM 单元
         RRC    A                  ;移出键号数值的最低位
         JNC    KEY2
         MOV    21H,#3FH           ;移出位为 1,则送数字 1 的脉冲编码 3FH
         SJM    PKEY3
KEY2:    MOV    21H,#03H           ;移出位为 0,则送数字 0 的脉冲编码 03H
KEY3:    RRC    A                  ;移出键号数值的第 2 位
         JNC    KEY4
         MOV    22H,#3FH           ;移出位为 1,则送数字 1 的脉冲编码 3FH
         SJM    PKEY5
KEY4:    MOV    22H,#03H           ;移出位为 0,则送数字 0 的脉冲编码 03H
KEY5:    RRC    A                  ;移出键号数值的第 3 位
         JNC    KEY6
         MOV    23H,#3FH           ;移出位为 1,则送数字 1 的脉冲编码 3FH
         SJM    PKEY7
KEY6:    MOV    23H,#03H           ;移出位为 0,则送数字 0 的脉冲编码 03H
KEY7:    MOV    24H,#3FH           ;停止位 1 的脉冲编码 3FH
         SETP   28H                ;置键标志位
         SJMP   KEYRET
NOKET:   MOV    A,#3FH             ;无键按下则发空闲码(5 位全为数字 1)
         MOV    20H,A
         MOV    21H,A
         MOV    22H,A
         MOV    23H,A
         MOV    24H,A
KEYRET:RET
```

定时器 0 中断服务参考程序如下:

```
INT0:    MOV    A,51H              ;取定时器中断次数
         INC    A,                 ;定时器中断次数加 1
         CJNE   A,#40,INT01        ;定时器中断次数未到 40 则转
         CLR    A                  ;到 40 次则清 0
         CLR    28H                ;并将按键标志位清 0
INT01:   MOV    51H,A              ;中断次数放回 51H 单元
         LCALL  MBIT               ;调 MBIT 子程序,取中断次数对应位的值送 C
         MOV    P1.7,              ;经 P1.7 发送
         RETI
```

2. 接收端程序编制要点

接收端的程序有两个:主程序和外部中断 0 服务程序。

1）主程序

主程序的流程图如图8.1.9所示。由图8.1.6可知（见图中"检测点"），当检测到P1.7有跳变（0跳变到1）并延时2ms后再检测到P1.7。若为1，则说明接收到信号为1，否则，说明接收到信号为0。如前所述，对应发射端不同的键按下，约定图8.1.7中 t_1 分别取值0ms、2ms、4ms、5ms、6ms、8ms和10ms。这样，主程序在"送3位数据"程序段中，按照这一约定分别设置20个可寻址位00～13H的值。例如，收到的数据帧为01101，对应的发射器3#键按下，则 t_1 应取4ms，置00～13H的内容为00000000111111111111。它使固态继电器在10ms中断开4ms，接通6ms。

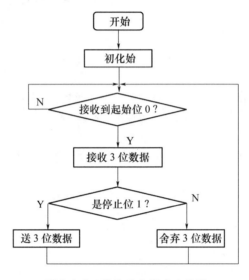

图8.1.9　接收端主程序流程图

2）外部中断0服务程序

外部中断是电源过零时向单片机提出的外部中断，在中断服务程序中完成如下内容：令定时器0定时周期为0.5ms，工频电压半个周期为10ms，20次定时器溢出。定时器每次溢出时设置固态继电器的状态，由20个可寻址位00～13H的内容分别表示对应的定时器溢出时设置固态继电器的状态。00～13H的内容已由主程序接收到有效数据帧后设置。

3. 实训的任务和步骤

（1）编写发射端主程序、显示程序和定时器0中断服务程序中的MBIT子程序（取中断次数对应位的值送C）。

（2）按图8.1.2和图8.1.3所示连接电路（其中较复杂的红外线发射电路可用实验箱所配的实验板）并调通。可用示波器观察P1.7口输出波形以及红外发射管两端电压波形来检验。

（3）编写接收端全部程序。

（4）在前3步基础上，再按图8.1.4所示连接接收电路（也可由实验室提前作好），调通电路及程序。暂不用固态继电器SSR和电机M，仅用示波器观察P1.0口输出波形即可。

【项目评价】

序号	评价指标	评价内容	分值	学生自评	小组评价	教师评价
1	硬件设计	连接发射电路图 8.1.4 与图 8.1.5 到位	10			
		连接接收电路图 8.1.6 到位	20			
2	调试	发射端主程序、显示程序	10			
		接收端全部程序程序	20			
		通电后正确、实验成功	20			
3	安全规范 与提问	是否符合安全操作规范	10			
		回答问题是否准确	10			
总分			100			
问题记录和解决方法			记录任务实施中出现的问题和采取的解决方法(可附页)			

【项目拓展】

在完成基本任务的基础上,接入固态继电器 SSR 和电机 M,运行程序,实现遥控调速的目标。

将遥控电机改为遥控信号灯,遥控器的 1 ~ 7 号键分别对应接收器的 7 个发光二极管。键按下,对应发光二极管亮;键抬起,对应发光二极管灭。

项目单元 2　单片机交通信号灯控制实训

【项目描述】

通过本项目的研究,制作一个模拟十字路口交通信号灯控制系统。正常情况下东西与南北两个方向轮流点亮红、绿信号灯,每次持续时间 60s,中间有 2s 的黄灯过渡。东西与南北两个方向各设一个紧急切换按钮。某方向按钮按下,该方向紧急切换为绿灯,以利于特种车辆通过。用数码管显示已点亮的剩余时间。

【项目分析】

本项目实训电路如图 8.2.14 所示。图中交通灯由红、黄、绿 3 种颜色的发光二极管代替,单片机输出的控制信号驱动芯片 7404 驱动发光二极管亮灭。数码管(LED)由两片具有译码与驱动双重功能的芯片 CD4511 驱动,CD4511 的输入信号为 4 位 BCD 码。

紧急切换可采用中断或查询按钮两种方式实现。

【知识链接】

8.2.1 单片机应用系统的设计过程

单片机应用系统的设计过程一般包括系统的总体设计、硬件设计、软件设计和系统总体调试4个阶段,图8.2.1所示是单片机应用系统的设计过程框图。这几个阶段并不是相互独立的,它们之间相辅相成、紧密联系,在设计过程中应综合考虑、相互协调,各阶段交叉进行。

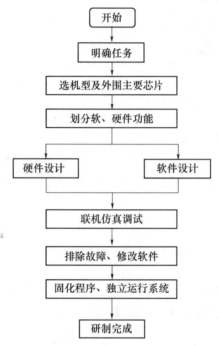

图 8.2.1 单片机应用系统设计过程框图

1. 系统总体设计

系统总体设计是单片机系统设计的前提,合理的总体设计是系统成败的关键。总体设计的关键在于对系统功能和性能的认识和合理分析及关键芯片的选型,系统基本结构的确立、软硬件功能的划分。

(1)需求分析。在设计一台单片机应用系统时,设计者首先要进行系统分析。对系统的任务、测试对象、控制对象、硬件资源和工作环境做出详细的调查研究,必要时还要勘查工业现场,进行系统实验,明确各项指标要求。

(2)确定技术指标。在现场调查的基础上,要对产品的性能、成本、可靠性、可维护性及经济效益进行综合考虑,并参考同类产品,提出合理可行的技术指标。主要技术指标是系统设计的依据和出发点,此后的整体设计与开发过程都要围绕着如何能达到技术指标的要求来进行。

(3)方案的证明。设计者还需要组织有关专家对系统的技术性能、技术指标和可行性做出方案论证,并在分析研究的基础上对设计目标、被控制对象系统功能、处理方案、输入/输出接口和出错处理等给出明确定义,以拟定出完整的设计任务书。

234

（4）主要器件的选型。单片机的选型在前面已经介绍过，在此不再赘述。而传感器是单片机应用系统设计的一个重要环节，因为工业控制系统中所用的各类传感器是影响系统性能的重要指标。只有传感器选择得合理，设计的系统才能达到预定的设计指标。

在总体方案设计给出中，对软、硬件进行分工是一个首要的环节。原则上，能够由软件来完成的任务就尽可能用软件来实现，以降低硬件成本，简化硬件结构。同时，还要求大致规定各接口电路的地址、软件的结构和功能、上下位机的通信协议、程序的驻留区域及工作缓冲区等。总体方案一旦确定，系统的大致规模及软件的基本框架就确定了。

2. 硬件设计

硬件和软件是单片机控制系统中的两个重要方面，硬件是基础，软件是关键，但两者有时可以相互转化。硬件设计时，应考虑留有充分余量，电路设计力求正确无误，因为系统调试时不易修改硬件结构。

（1）设计硬件原理图。硬件设计的第一步是要根据总体设计要求设计出硬件的原理图，其中包括单片机程序存储器的设计、片外数据存储器的设计、输入/输出接口的扩展、键盘及显示器的设计、传感器检测控制电路的设计、A/D 及 D/A 转换器的设计。

（2）程序存储器。若单片机内无程序存储器或存储容量不够时，此时需扩展片外程序存储器。外部控制的程序存储器通常可以选用 EPROM 或 E²PROM。EPROM 集成度高、价格便宜；E²PROM 则编程容易，可以在线读写。当程序量较小时，使用 E²PROM 较为方便；当程序量较大时，一般可选择容量较大、更经济的 EPROM 芯片，如 2764（8KB）、27128（16KB）或 27256（32KB）等。

（3）数据存储器和 I/O 接口。数据存储器由 RAM 构成，一般单片机内都提供了小容量的数据存储区，只有当片内的数据存储区不够用时才扩展片外数据存储器。

数据存储器的设计原则：在存储容量满足的前提下，尽可能减少存储芯片的数量。建议使用大容量的 RAM 芯片，如 6116（2KB）6264（8KB）或 62256（32KB）等，以减少存储芯片数目，使电路简单，但应避免盲目地扩大存储容量。

由于外设多种多样，使得单片机与外设之间的接口电路也各不相同。因此，I/O 接口常常是单片机系统设计最复杂也是最困难的部分之一。

I/O 接口芯片一般选用 8155（带有 256KB 静态 RAM）或 8255，这类芯片具有 I/O 口多、硬件逻辑简单等特点。若 I/O 口要求很少，且仅需要简单的输入/输出功能，则可用不可编程的 TTL 电路或 CMOS 电路。

A/D 和 D/A 转换器芯片主要根据精度、速度和价格来选用，同时还要考虑与系统地连接是否方便。

（4）地址译码电路。基本上所有需要扩展外部电路的单片机系统都需要设计译码电路，译码独立在设计时要尽可能简单，这就要求存储器空间分配合理，译码方式选择得当。

通常采用全译码、部分译码或线选法，应考虑充分利用存储空间和简化硬件逻辑等方面的问题。MCS-51 单片机应用系统有充分的存储空间，包括 64KB 的程序存储器和 64KB 的数据存储器，所以在一般的控制应用系统中，主要考虑简化硬件逻辑。当存储器和 I/O 接口芯片较多时，可选用译码器 74LS138 和 74LS139 等。

（5）总线驱动能力。如果单片机外部扩展的器件较多，负载过重，就要考虑设计总线驱动器。MCS-51 单片机的外部扩展功能强，但 4 个 8 位并行口的负载能力是有限的。

P0 口能驱动 8 个 TTL 电路,P1 ~ P3 口只能驱动 3 个 TTL 电路。在实际应用中,这些端口的负载不应超过总负载能力的 70% ,以保证留有一定的余量。如果满载会降低系统的抗干扰能力。在外接负载较多的情况下,如果负载是 MOS 芯片,因负载消耗电流很小,所以影响不大。如果负载驱动较多的 TTL 电路,则应采用总线驱动电路,以提高端口的驱动能力和系统的抗干扰能力。

数据总线宜采用双向 8 路三态缓冲器 74LS245 作为总线驱动器,地址和控制总线宜采用单向 8 路三态缓冲器 74LS244 作为单向总线驱动器。

(6) 系统速度匹配。MCS – 51 单片机的时钟频率可在 2 ~ 12MHz 之间任选。在不影响系统技术性能的前提下,时钟频率选择低一些为好,这样可以降低系统中对元器件工作速度的要求,从而提高系统的可靠性。

(7) 抗干扰措施。针对可能出现的各种干扰,应设计抗干扰电路。在单片机应用系统中,一个不可缺少的抗干扰电路就是抗电源干扰电路。最简单的实现方法是在系统的弱电部分(以单片机为核心)的电源入口处对地跨接一个大电容(100μF 左右)与一个小电容(0.1μF),在系统内部各芯片的电源端对地跨接一个小电容(0.1μF)。

另外,可以采用隔离放大器、光耦合器抗除输入/输出设备与地系统之间的地线干扰;采用差分放大器抗除共模干扰;采用平滑滤波器抗除噪声干扰;采用屏蔽手段抗除辐射干扰。

最后,应注意在做硬件设计时,要尽可能地利用单片机片内资源,使自己设计的电路向标准化、模块化方向靠拢。

硬件电路设计结束后,应编写出硬件电路原理图及硬件设计说明书。

3. 软件设计

软件是单片机应用系统中一个重要组成部分,图 8.2.2 给出了软件设计流程图。单片机应用系统的软件设计是研制过程中任务最繁重的一项工作,难度也比较大。对于某些较复杂的应用系统,不仅要使用汇编语言来编程,有时还要使用高级语言。

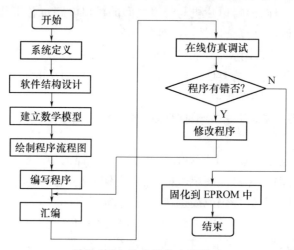

图 8.2.2　软件设计流程图

(1) 软件方案设计。软件方案设计是指从系统高度靠拢程序结构、数据形式和程序功能的实现方法和手段。由于一个实际的单片机应用控制系统的功能复杂、信息量大、程

236

序较长,这就要求软件设计者能合理选择程序设计方法。开发一个软件的明智方法是尽可能采用模块化结构。根据系统软件的整体构思,按照先粗后细的方法,把整个系统软件划分成多个功能独立、大小适当的模块。应明确规定各模块的功能,尽量使每个模块功能单一,各模块间的接口信息简单、完备,接口关系统一,尽可能使各模块的联系减少到最低限度。这样各个模块可以分别独立设计、编制和调试,最后再将各个程序模块连接成一个完整的程序进行总调试。

单片机应用系统的软件主要包括两部分:用于管理单片机系统工作的监控程序和用于执行实际具体任务的功能程序。对于前者,尽可能利用现成的单片机系统的监控程序。为了适应各种应用的需要,寻址的单片机开发系统监控软件功能相当强,并附有丰富的实用子程序,可供用户直接调用,例如键盘管理程序、显示程序等。因此,在设计系统硬件逻辑和确定应用系统的操作方式时,应充分考虑这一点,这样可以大大减少软件设计的工作量,提高编程效率。后者要根据应用系统的功能要求来编写程序,例如,外部数据采集、控制算法的实现、外设驱动、故障处理即报警程序等。

(2)建立数学模型。在软件设计中还应对控制对象的物理过程和计算任务进行全面分析,并从中抽象出数学表达式,即数学模型。建立的数学模型要能真实描述客观控制过程,要精确而简单。因为数学模型只有精确才会有实用意义,只有简单才便于设计和维护。

(3)软件程序流程图设计。不论采用何种程序设计方法,设计者都要根据系统的任务和控制对象的数学模型画出程序的总体框图,以描述程序的总体结构。

(4)编制程序。完成软件流程图设计后,根据流程图便可编写程序。只要编程者既熟悉所选单片机的内部结构、功能和指令系统,又能掌握一定的程序设计方法和技巧,那么按照流程图即可编制出具体程序。

(5)软件检查。软件编制好后要进行静态检查,这样会加快整个程序的调试进程,静态检查采用自上而下的方法进行,如发现错误应及时加以修改。

4. 系统调试

单片机应用系统的总体调试是系统开发的重要环节。完成了单片机应用系统的硬件、软件设计和硬件组装后,便可进入单片机应用系统调试阶段。系统调试的目的是要检查出单片机应用系统、硬件设计和软件设计中存在的错误及可能出现的不协调问题,以便修改设计,最终使用户系统能正确可靠地工作。

系统调试包括硬件调试、软件调试和系统联调。根据调试环境不同,系统调试又分为模拟调试和现场调试。系统调试的一般过程如图8.2.3所示。各种调试所起的作用是不同的,它们所处的调试时间段也不一样,不过它们的目的都是为了查出单片机应用系统中存在的错误或缺陷。在调试过程中要不断调整、修改系统软件和硬件,直到正确为止。联机调试运行正常后,将软件固

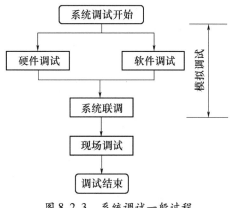

图 8.2.3 系统调试一般过程

化到 EPROM 中,脱机运行,并到生产现场投入实际工作,检查其可靠性和抗干扰能力,直到完全满足要求,系统才算研制成功。

1)单片机应用系统调试工具

在单片机应用系统的调试过程中,常用的调试工具和仪器有以下几种:

(1)单片机开发系统;

(2)万用表;

(3)逻辑笔;

(4)逻辑脉冲发生器;

(5)示波器;

(6)逻辑分析仪。

2)单片机应用系统的一般调试方法

单片机应用系统的一般调试方法有以下几种方式:

(1)硬件调试:静态调试;动态调试。

(2)软件调试:先独立后联机;先分块后组合;先单步后连续。

(3)系统联调:软、硬件能否按预定要求配合工作;系统运行时是否有潜在的设计时难以预料的错误;系统的动态性能指标(精度和速度参数)是否满足设计要求。

(4)现场调试:一般情况下,通过系统联调后用户系统就可以按照设计目标正常工作了。

总之,现场调试对单片机应用系统的调试来说是最后必需的一个过程,只有经过现场调试的单片机应用系统才能保证其可靠地工作。

8.2.2 交通灯系统控制要求和方案

1. 系统控制要求

(1)运行过程中有时间提示。

(2)系统运行参数可以在运行现场修改。

(3)控制灯切换原则:某一个方向的红灯显示时间比另外一个方向绿灯显示多 3s,绿灯结束黄灯闪烁 2s,然后变红灯,红灯结束后变绿灯。

(4)在修改参数过程中各个方向都黄灯闪烁,指示车辆减速慢行。

(5)提供具体修改参数方法,以便于用户操作。

(6)为简化设计,不考虑行人通道。

2. 系统控制方案

(1)本例中用普通的 LED 数码管作为时间显示器件,LED 二极管作为交通控制的指示灯(实际交通灯中都是高亮度的二极管点阵构成,和本例的区别仅是驱动电路,控制的过程是一致的)。共需要 8 个数码管、12 个二极管(红、绿、黄各 4 个),由于相对方向的数码管显示的时间和二极管的状态是一致的,可以用同一个驱动电路控制,所以只需要设计 4 个数码管和 6 个二极管的控制电路,二极管接成数码管形式,和数码管一起设计成动态扫描电路。

(2)现场修改参数系统必须设计键盘。本例设计由 4 个按键组成的独立式键盘,采用中断控制扫描方式,定义键的功能如下。

第一个键:从指挥交通状态进入参数修改状态,并调出系统原来的参数,前面两个数码管显示南北方向红灯时间,后两个显示南北方向绿灯时间(东西方向可以根据切换规则计算出来,修改参数只需要改变某一方向的参数),以备修改,修改时有一个数码管闪烁,表示该位显示的数可以修改。

第二个键:加 1 键(在指挥交通状态该键不起作用,后面两个键也是这样),使闪烁的数码管加 1,并在 0 ~ 9 之间变化。

第三个键:移位键,使 4 个数码管闪烁状态依次循环切换,和第二个键配合可以修改 4 个数码管上的数据,达到修改参数的目的。

第四个键:运行键,保存设置的参数,并按照修改的参数进入指挥交通状态。

(3)考虑到现场可能会停电,为防止参数丢失,设计片外的数据存储器来保存参数,数据量不是很多,也不经常变动,采用 ATMEL 公司的 AT24C02 即可,系统的框图如图 8.2.4 所示。

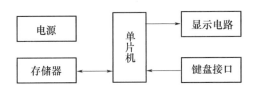

图 8.2.4　交通灯控制系统结构框图

8.2.3　硬件和软件设计

1. 硬件设计

1)最小硬件系统

单片机的最小硬件系统是指单片机工作必须具备的硬件条件,显然只有程序放在单片机的内部,硬件才可能最少。图 8.2.5 所示是以 AT89S51 单片机为核心组成的最小硬件系统。最小硬件系统包括以下 3 个方面。

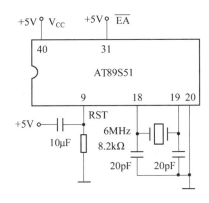

图 8.2.5　最小硬件系统

(1)电源。单片机系统没有电源不可能工作。MCS – 51 系列单片机的工作电源为 +5V,可以有一点偏差。

(2)时钟电路。AT89S51 单片机的时钟电路一般是在它的时钟引脚外接晶体振荡器件,和内部的高增益反相放大器构成自激振荡器电路,如图 8.2.6 所示。振荡频率取决于晶体的频率,频率范围小于33MHz,C1、C2起频率微调和稳定作用,容值为5pF~50pF。也可以在时钟引脚上直接加外部时钟,此时 XTAL2 悬空,外部时钟信号从 XTAL1 输入。

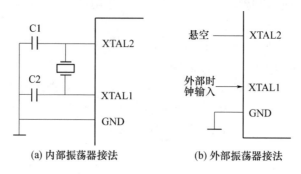

(a) 内部振荡器接法   (b) 外部振荡器接法

图 8.2.6　AT89S51 时钟电路

　　单片机的工作是在时序控制下进行的。时序控制由单片机内部的硬件系统自动完成,学习和使用单片机时并不需要详细了解,这里只介绍几个相关的基本概念。

　　时钟周期:即时钟频率倒数,取决于系统晶体频率或外接时钟信号的频率。

　　状态周期:两个时钟周期构成一个状态周期。

　　机器周期:MCS－51系列单片机工作的基本定时单位,12 个时钟周期(6 个状态周期)构成一个机器周期(有些兼容 51 单片机通过设置可设定 6 个时钟周期一个机器周期)。MCS－51 系列单片机指令的执行都是以机器周期为时间单位,以机器周期数来衡量一条指令执行所需要的时间。

　　指令周期:指 CPU 执行某条指令所需要的时间(机器周期数)。MCS－51 单片机的指令分为三种情况:单机器周期、双机器周期、四机器周期。

　　指令字节:指某条指令占用存储空间的长度,即需要几个空间单元存放某条指令。MCS－51 单片机的指令字节的长度分为三类:单字节、双单字和三字节。

　　指令周期和指令字节,初学者往往将两者混淆。指令周期是某条指令执行所需要的时间,而指令字节是指该指令在存储空间所占用单元的个数。指令字节的长度大小与指令周期的大小没有必然的关系。如乘除法指令,指令字节为 1,而指令周期为 4 个机器周期,而有些三字节指令,指令周期是 2 个机器周期。每条指令的机器周期和指令字节见附录2。

　　(3)复位电路。复位是单片机一个非常重要的工作状态,任何单片机系统都是由复位状态进入正常工作状态,有时系统发生故障(受到干扰引起的软件故障)也可以通过复位的方法恢复正常工作。

　　复位条件:MCS－51 单片机复位操作是在复位引脚(RST)加 2 个机器周期以上的高电平,所以高电平时间与系统晶振的频率有关。

　　复位电路:单片机系统都必须有上电复位功能,图 8.2.7 中 10μF 电容、8.2kΩ 电阻构成 AT89S51 单片机的上电复位电路。RC 组成微分电路,在通电的瞬间,产生微分脉冲,只要脉冲的宽度大于 2 个机器周期,就能完成单片机复位。对此需选择适当的电阻、电容。如果系统用 12MHz 晶振,一般取 22μF 电容、1kΩ 左右的电阻。

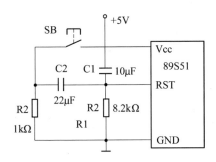

图 8.2.7　上电与按键复位电路

除了上电复位功能,单片机系统还可以增添按键复位功能,如图 8.2.7 所示。C2 和 R1 构成微分电路,在按键按下时产生微分脉冲,使单片机复位。复位后 C2 通过 R2 放电,等待下一次按键复位。

复位后的 CPU 状态。AT89S51 单片机复位时,程序计数器 PC 和特殊功能寄存器的状态如下:

PC:	0000H	TMOD:	00H
ACC:	00H	TCON:	00H
B:	00H	TH0:	00H
PSW:	00H	TL0:	00H
SP:	07H	TH1:	00H
DP0H:	00H	TL1:	00H
DP0L:	00H	SCON:	00H
DP1H:	00H	SBUF:	×××××××B
DP1L:	00H	PCON:	0×××0000B
P0~P3:	FFH	WDTRST:	×××××××B
IP:	×××00000B	AUXR:	×××00××0B
IE:	0××00000B	AUXR1:	×××××××0B

其中,× 是一位置随机数。可以从以下几个方面掌握单片机复位以后的状态:

(1) 单片机复位后 PC 值为 0000H,意味着复位后 CPU 从 0000H 单元取指执行。

(2) 复位后除 SP 的值为 07H 外,一般的特殊功能寄存器的有效位都为 0。因此在后面的程序中如果用到有关的特殊功能寄存器时,应根据需要进行相应的设置。由于复位后 PSW 的值为 00H,RS1、RS0 位为 0,自动选择寄存器 0 区作为当前的工作寄存器。

(3) P0~P3 口锁存器的值为 FFH,为这些口线作为输入口使用做好了准备。如果将这些口线用作输出口,最好用低电平驱动外部接口电路动作,避免单片机系统复位造成误动作。

2)数码管显示电路

图 8.2.8 为数码管的显示电路。采用共阳极型数码管,6 个 LED 灯如图 8.2.8 中接法,灯的负极依次接到数码管的 a~f 段,采用动态扫描电路,并把显示程序作为主程序。数码管的段用 P0 口控制,P2.0~P2.3 作为数码管的位控制,P2.4 作为指示灯的控制。

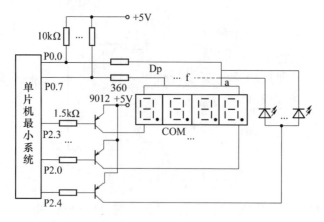

图 8.2.8　数码管显示电路

3）键盘接口电路

键盘接口电路如图 8.2.9 所示。P1.0～P1.3 作为按键的输入信号,采用中断控制扫描方式,采用简单的二极管与门电路,与门输出接到外部中断 0,外中断设置成边沿触发方式。任意键按下时都会在 P3.2 引脚产生下降沿,从而触发中断,在中断服务程序中检测 P1.0～P1.3 引脚判断是哪个键按下,执行该键功能。采用滤波消抖动电路。

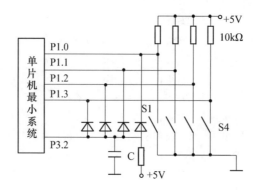

图 8.2.9　键盘接口电路

4）存储器电路

存储器电路接口电路如图 8.2.10 所示。芯片引脚地址全部接地,用 P2.6 作为串行的数据线 SDA,P2.7 作为串行的时钟线 SCL。

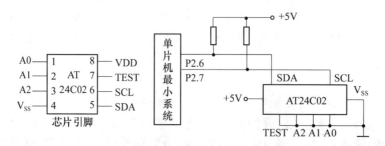

图 8.2.10　存储器接口电路

2．软件设计

1）总体设计

程序模块包括：主程序（系统初始化、显示程序）、外中断服务程序（按键处理）、定时器服务程序（倒计时处理）、AT24C02 操作程序等。

主程序的框图如图 8.2.11 所示。主程序包括对定时、计数器、外部中断的初始化。读出系统运行参数，将交通灯时间参数送对应的显示缓冲区，然后反复调用显示子程序。并在显示过程中等待键盘中断处理键盘功能，等待定时器中断改变数码管显示指挥交通。

系统有两个定时器，一个用来控制数码管的闪烁显示，结合显示程序进行综合设计。其他与时间有关的处理程序也用该定时器实现，进行多延时程序设计。

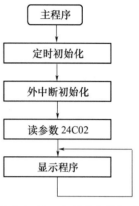

图 8.2.11 主程序结构框图

2）主程序设计

定时器设置。交通灯控制需要产生秒信号，定时器一般不能直接产生，如系统晶振采用 6MHz 系统的机器周期是 $2\mu s$，最大定时约 131ms，可以将定时器设置为反复定时 125ms，数中断的次数，每 8 次就是 1s，闪烁显示定时的时间也可以设置为 125ms，1s 亮灭几次可以看出闪烁效果。

两个定时器都设置为方式 1 定时，初值为：$2^{16} - 125 \times 10^3/2 = 3036 = 0BDCH$。

主程序如下：

```
        ORG     0000H
        LJM     PSETUP          ;程序开头,跳过入口地址区
        ORG     0003H           ;外中断 0 入口地址
        LJMP    INEXOP          ;转移到键盘处理程序
        ORG     000BH           ;T0 入口地址
        LJMP    INET0P          ;交通控制时间处理程序
        ORG     001BH           ;T1 入口地址
        LJMP    INET1P          ;闪烁控制等处理程序
        ORG     0030H
SETUP:  MOV     SP,#30H         ;设置堆栈指针
        MOV     TMOD,#11H       ;T0、T1 方式 1
        MOV     TH0,#0BH        ;
        MOV     TL0,#0DCH       ;125ms 初值
        MOV     TH1,#0BH        ;
        MOV     TL1,#0DCH       ;125ms 初值
        SETB    TR0             ;T0 启动运行
        SETB    TR1             ;T1 启动运行
        SETB    ET0             ;开通 T0 中断
        SETB    ET1             ;开通 T1 中断
        SETB    IT0             ;外中断 0 下降沿触发
        SETB    EX0             ;开通外中断
        SETB    EA              ;开通总允许位
```

```
          LCALL    STATUS            ;调系统初始状态设置子程序
          LCALL    RCS               ;调用读系统参数子程序
     MAIN:
          MOV      0A6H,#1EH         ;前两句,第一次执行启动看门狗
          MOV      0A6H,#0E1H        ;以后再执行到喂狗指令
          LCALL    DIS               ;调显子程序
          SJM      PMAIN             ;主程序
```

读系统初始化状态设置子程序是对系统初始运行需要的信息(如显示程序中的标志位等)进行设置,这里不再详细列出。

3)显示及闪烁程序设计

表8.2.1为显示程序分配的 RAM 资源。

表8.2.1　显示程序资源分配表

	数码管4	数码管3	数码管2	数码管1	状态灯
显示缓冲区单元	73H	72H	71H	70H	74H
驱动的 I/O 口	P2.3	P2.2	P2.1	P2.0	P2.4
亮灭标志位	53H	52H	51H	50H	无
闪烁标志位	57H	56H	55H	54H	58H/59H
注:58H、59H 分别是两个方向黄灯闪烁标志,假定接到 a 和 b 段的二极管是黄灯

数码管闪烁控制的原理:在显示程序中判断该数码管的亮灭标志决定是否跳过位开通指令,从而达到控制数码管亮和灭的控制,在定时器程序中判断该位的闪烁标志,决定是否对该数码管亮灭标志位的求反操作,实现数码管的闪烁控制。以后只要对闪烁标志设置就可控制数码管的闪烁。

控制灯的闪烁控制与数码管的闪烁控制不同,控制状态灯是我们自己用二极管设计的数码管的笔画,某一时刻会有多个灯同时亮,如果采用前面控制数码管闪烁的方法,其他灯也会同时闪烁,不符合题义要求,控制的方法是判断闪烁标志位,通过对显示缓冲区内容的改变(该位亮或灭信息),达到闪烁的效果,这部分程序留给读者自己练习。

(1)显示子程序:

```
;亮灭标志位:0—亮,1— 灭
;闪烁标志位:0—不闪,1—闪烁
DIS:                                ;显示子程序
          MOV      DPTR,#TAB         ;表格首地址送 DPTR
          MOV      A,70H             ;显示缓冲区送 A
          MOVC     A,@A+DPTR         ;查表求出字段码
          MOV      P0,A              ;字段码送段输出口
          JB       50H,MIE0          ;判断亮灭标志,1 转移
          CLR      P2.0              ;开通位,0 不转移
     MIE0: LCALL   DEL               ;调延时
          SETB     P2.0              ;关断位,第一个显示完
          .....                      ;以下程序类似
          MOV      A,73H             ;第 4 位数码管
```

244

```
          MOVC          A,@A+DPTR
          MOV           P0,A
          JNB           53H,MIE3
          CLR           P2.3
MIE3:     LCALL         DEL
          SETB          P2.3
          MOV           P0,74H           ;送交通状态灯信息,不需查表
          CLR           P2.4
          LCALL         DEL
          SETB          P2.4
          RET
TAB:      DB            0C0H,0F9H,0A4H,0B0H,99H,92H,82H
          DB            0F8H,80H,90H     ;共阳极数码管十进制数字符表格
DEL:      MOV           R7,#0            ;延时子程序
          DJNZ          R7,$
          DET
          END
```

（2）定时器服务程序：

```
INET1P:                                 ;T1 服务程序
          MOV           TH1,#0BH         ;从装初值
          MOV           TL1,#0DCH        ;125ms 初值
          JNB           54H,SHAN0        ;判断第 1 数码管闪烁标志,0 转移
          CPL           50H              ;1 不计转移
SHAN0:    JNB           55H,SHAN1        ;以下类似
          CPL           51H
SHAN1:    JNB           56H,SHAN2
          CPL           52H
SHAN2:    JNB           57H,SHAN3
          CPL           53H
SHAN2:
          .....                          ;其他时间处理程序
          RETI                           ;中断返回
```

其他功能程序如键盘操作只要对闪烁的标志位进行操作,就可控制相应的数码管闪烁,但要注意在由闪烁到不闪烁的控制中,应同时数码管亮灭的标志。因为有可能是在闪烁过程中灭的阶段停止闪烁,亮灭的标志被置为灭的状态,数码管熄灭。

4）交通灯控制时间处理程序

因为每个方向交通灯的状态有三种:红、绿、黄。可以用一个单元存放状态信息,用65H 和 66H 分别存放南北和东西方向交通灯状态,0 表示绿灯状态,1 表示黄灯状态,2 表示红灯状态。状态切换的规则为:0→1→2→0,两个方向规律是一致的。程序处理的思路为:定时器反复定时 125ms,在服务程序中数中断次数,到 8 次为 1s,处理倒计时,直接将南北方向的显示缓冲区数值取出,转换为二进制,判断是否为 0,不为 0 直接减 1 后再转换为十进制,送显示缓冲区,不改变交通灯状态;如果为 0,判断交通状态,并按切换的规

则切换,将参数送缓冲区。然后处理东西方向的数据,工作过程一样。图 8.2.12 所示是处理的程序框图,具体的程序略。

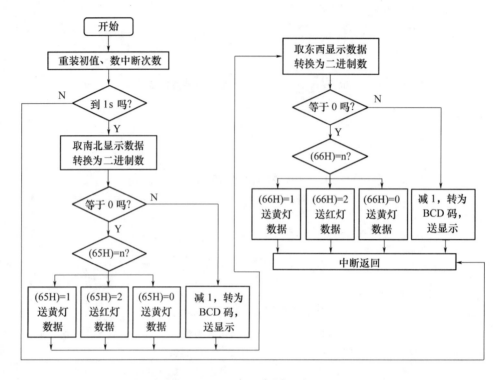

图 8.2.12　T0 服务程序(交通控制处理)

5)键盘功能处理程序设计

键盘用外部中断来处理,首先判断哪个键按下,然后按照总体方案中规划编写每个按键的功能程序。下面列出 4 个按键的功能描述和处理程序。

第 1 个键。系统由运行状态进入修改参数状态,需做以下工作:

(1)停止倒计时。

(2)将某一方向的红灯参数和绿灯参数调出来,送显示缓冲区。

(3)第 1 个数码管闪烁,标志进入设置状态。

程序如下:

```
KEY1:                        ;第一个键功能
        PUSH      ACC        ;保护现场
        CLR       TR0        ;关闭定时器,停止倒计时
        LCALL     RCS        ;调用读系统参数子程序
        SETB      54H        ;第一个闪烁,其余不闪烁
        CLR       55H
        CLR       56H
        CLR       57H
        POP       ACC        ;恢复现场
        RETI                 ;中断返回
```

第2个键,加1键。按照表8.2.1分配的位标志和显示缓冲区单元,依次对4个数码管的闪烁标志位进行判断,对相应的显示缓冲区进行加1处理(0~9变化)。程序结构如图8.2.13所示。程序略,也可参照前面键盘中断扫描方式的内容编写。

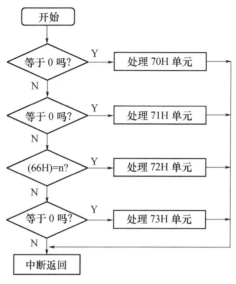

图 8.2.13　加1键程序框图

第3个键,移位键。使数码管闪烁依次移位,和第2个键配合修改4个数码管上的数据。程序结构和第2个键一样,仅是处理内容不同,进行移位操作,框图略去。在编程时应注意,移到下一位闪烁时应将前面数码管的联灭标志清0,避免移位后熄灭。程序如下:

```
KEY3:                       ;第3个键功能
        PUSH    ACC         ;保护现场
        JNB     54H,KEY3A   ;第1个数码管不闪烁转移判下一个
        CLR     54H         ;闪烁,清闪烁
        CLR     50H         ;清灭标志
        SETB    55H         ;置下一位闪烁,实现移位
        POP     ACC         ;恢复现场
        RETI                ;中断返回
KEY3A:  JNB     55H,KEY3B   ;第2个数码管不闪烁转移判下一个
        CLR     55H         ;闪烁,清闪烁
        CLR     51H         ;清灭标志
        SETB    56H         ;置下一位闪烁,实现移位
        POP     ACC         ;恢复现场
        RETI                ;中断返回
KEY3B:  JNB     56H,KEY3C   ;第3个数码管不闪烁转移判下一个
        CLR     56H         ;闪烁,清闪烁
        CLR     52H         ;清灭标志
        SETB    57H         ;置下一位闪烁,实现移位
        POP     ACC         ;恢复现场
        RETI                ;中断返回
```

```
KEY3C:                              ;第4个数码管闪烁
       CLR      57H                 ;闪烁,清闪烁
       CLR      53H                 ;清灭标志
       SETB     50H                 ;置下一位闪烁,实现移位
       POP      ACC                 ;恢复现场
       RETI                         ;中断返回
```

第4个键,运行键。操作使系统重新进入指挥交通状态,需要做以下操作:

(1) 保存修改后的参数,并替换系统的原有的参数。数码管上设置的只是一个方向的红绿灯的参数,另一个方向可以通过计算求得:

一个方向的红绿灯数据 = 另一个方向红绿灯数据 + 2(黄灯数据)

两个方向的参数一起存放到 AT24C02 中(调用写子程序)。

(2) 设置初始系统状态(与初始化部分一样)。

(3) 使数码管不闪烁。

(4) 启动倒计时,进入指挥交通状态。

程序如下:

```
KEY4:                               ;第4个键功能
       PUSH     ACC                 ;保护现场
       MOV      A,73H               ;取红灯高位
       MOV      B,#10
       MUL      AB                  ;乘10
       ADD      A,72H               ;就加红灯低位 = 南北方向红灯数据
       MOV      60H,A               ;南北红灯
       CLR      C
       SUBB     A,#2
       MOV      63H,A               ;东西绿灯
       MOV      A,71H               ;取绿灯高位
       MOV      B,#10
       MUL      AB                  ;乘10
       ADD      A,70H               ;加上绿灯低位 = 南北方向绿灯数据
       MOV      61H,A               ;南北绿灯
       ADD      A,#2
       MOV      62H,A               ;东西红灯
       LCALL    WRC                 ;调用参数子程序
       MOV      2AH,#0              ;位50H~57H清为0,使数码管正常显示
       LCALL    STATUS              ;调系统初始状态设置子程序
       LCALL    RCS                 ;调用读系统参数子程序
       SETB     TR0                 ;重新开始倒计时
       POP      ACC                 ;恢复现场
       RETI
```

6) AT24C02 操作程序

系统上电读参数,设置参数后保存参数都是对 AT24C02 进行读写操作,有关的子程序可以参照项目单元 11 的相关内容。

上述系统主要为说明单片机应用中硬件和软件设计的步骤,系统进一步改进提高后可以作为实际的交通灯指挥控制系统,提出以下几点探讨和思考:

(1)现有系统只考虑两个方向的直行。应该考虑转向和行人通道的控制。

(2)特殊车辆通行的优先控制。能识别特殊车辆通过时的报警声强制转换通行方向。

(3)监视设备的控制。记录闯红灯的车辆,记录设备与交通状态同步切换。

(4)设置串行通信接口,与城市的交通控制中心联网,通过网络修改参数。由监视设备将路口的实况传输给指挥中心。

【项目实施】

1. 程序编制要点及参考程序

1)程序编制要点

交通灯的延时有两种方法:软件延时和定时器延时。软件延时可先编写一段延时 1s 的子程序,然后在主程序中反复调用,以实现 60s 和 2s 的延时,同时送出信号控制相应的交通灯。定时器延时可通过单片机内部定时器 T0 产生中断来实现。T0 可工作于方式 1, 每 100s 产生一次中断,由中断服务程序实现 60s 和 2s 的延时,同时送出信号控制相应的交通灯。

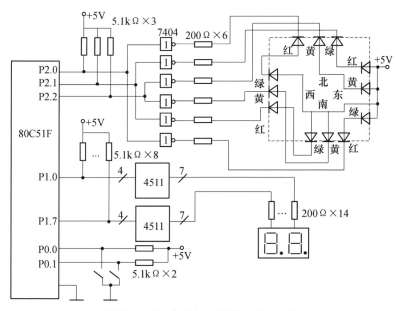

图 8.2.14　交通灯控制器电路原理图

下面的参考程序使用内部定时器延时,交通灯的控制信号由 P2.0 ~ P2.2 口输出,其中, P2.0 高电平对应东西绿灯和南北红灯, P2.1 高电平对应南北绿灯和东西红灯, P2.2 高电平对应东西黄灯和南北黄灯。

为了显示亮灯的剩余秒数,程序中安排了十进制转换程序。剩余秒数的 BCD 码由 P1 口输出,通过 2 个 CD4511 驱动两个 LED,实现动态显示。

紧急切换按钮接在 P0.0、P0.1 上,通过在主程序中查询这两个端口的状态来决定是否进行紧急切换。

2）参考程序

交通灯信号控制程序流程图如图8.2.15所示。

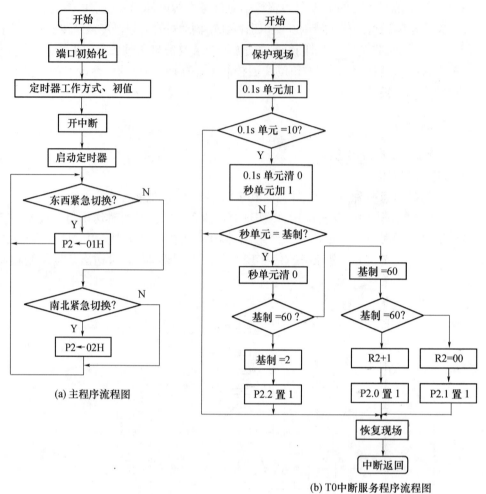

(a) 主程序流程图

(b) T0中断服务程序流程图

图 8.2.15　交通灯程序流程图

参考的程序如下：

```
$ include(80C51F000.inc)
;
;变量定义区
COUNT       DATA    26H              ;0.1s 计数单元
SECOND      DATA    27H              ;秒 计数单元
STORE       DATA    2BH              ;存放计时秒数
NUMBER1     EQU     60               ;红绿灯计时秒数
NUMBER2     EQU     2H               ;黄灯计时秒数
;- - - - - - - - - - - - - - - - - - - - - - - - - - - - -
ORG         0000H
            LJMP    MAIN             ;转主程序
```

250

```
           ORG          000BH
                        LJMP         CLOCK                    ;转定时器 T0 中断
;-------------------------------------------
;主程序
ORG          1000H
MAIN:        MOV          SP,#5AH                  ;堆栈指针
             MOV          STORE,#NUMBER1           ;调计时秒数
             MOV          XBR2,#0C0H               ;禁止弱上拉,交叉开关允许
             MOV          OSCICN,#05H              ;选用内部晶振频率为 4MHz
             MOV          WDTCN,#0DEH              ;禁止看门狗
             MOV          WDTCN,#0ADH
             MOV          COUNT,#00H               ;0.1s 计数单元清 0
             MOV          SECOND,STORE             ;计时秒数进秒计数单元
             MOV          TMOD,#01H                ;设定时器工作方式 1
             MOV          TL0,#0CHH                ;置 T0 初值
             MOV          TH0,#7DH
             SETB         EA                       ;开中断
             SETB         ET0                      ;定时器 T0 中断允许
             MOV          TCON,#10H                ;启动定时器 T0
             MOV          R2,#01H                  ;先设东西向绿灯亮
             MOV          P2,#01H                  ;输出东西向绿灯、南北红灯控制码
QIEH:        JB           P0.0,QIEH1
             MOV          P2,#01H                  ;输出东西向绿灯、南北红灯控制码
             SJMP         QIEH
QIEH1:       JB           P0.1,QIEH2
             MOV          P2,#02H                  ;输出南北向绿灯、东西红灯控制码
QIEH2:       SJMP         QIEH
;-------------------------------------------
;定时器 T0 中断子程序
ORG 1400H
CLOCK:       PUSH         PSW                      ;保护
             PUSH         ACC
             SETB         RS0
             MOV          R0,#00H
             MOV          R1,#00H
             MOV          TL0,#0CAH                ;再置 T0 初值
             MOV          TH0,#7DH
             INC          COUNT
             MOV          A,COUNT
             CJNE         A,#0AH,DONE              ;0.1s 计数单元不满 10 则转
             MOV          COUNT,#00H               ;0.1s 计数单元满 10 则清 0
             DJNZ         SECOND,OUT2              ;秒计数单元减 1 不为 0 则转十进制转换程序
             MOV          A,SECOND
```

251

```
              JM        POUT
OUT2:         MOV       A,SECOND            ;开始十进制转换程序
OUT0:         CLR       C
              SUBB      A,#0AH
              JC        OUT1
              INC       R0
              JM        POUT0
OUT1:         ADD       A,#0AH
              MOV       R1,A
              MOV       A,R0
              SWA       PA
              ANL       A,#0F0H
              ADD       A,R1
OUT:          MOV       P1,A,               ;剩余秒数 BCD 码由 P1 口输出
              CJNE      A,#00H,DONE         ;剩余秒数不为 0 则转
              MOV       A,STORE             ;剩余秒数为 0 则转换计时秒数
              SJNE      A,#NUMBER1,LOOP0
              MOV       STORE,#NUMBER2
              MOV       SECOND,STORE
              MOV       P2,#04H             ;输出黄灯控制码
              LJMP      DONE
LOOP0:        MOV       STORE,#NUMBER1
              MOV       SECOND,STORE
              MOV       A,R2
              CJNE      A,#00H,LOOP1
              INC       R2
              MOV       P2,#01H             ;输出东西绿灯、南北红灯控制码
              LJMP      DONE
LOOP1:        MOV       R2,#00H
              MOV       P2,#02H             ;输出南北绿灯、东西红灯控制码
DONE:         POP       ACC
              POP       PSW
              RETI
              END
```

2. 实训基本任务和步骤

(1) 按照图 8.2.11 连接电路。用自编的小程序调通各路二极管,使其能够随接口状态亮灭。

(2) 调通中断服务程序。

(3) 与硬件配合调通主程序,使二极管亮灭符合题目要求。

(4) 调通显示程序。

(5) 调通紧急切换程序。

(6) 完善并调通全部程序。

252

【项目评价】

序号	评价指标	评 价 内 容	分值	学生自评	小组评价	教师评价
1	硬件设计	连接如图 8.2.11 所示电路到位	10			
		调通二极管亮灭到位	20			
2	调试	调通主程序	10			
		调通显示程序紧急切换程序	20			
		通电后正确、实验成功	20			
3	安全规范与提问	是否符合安全操作规范	10			
		回答问题是否准确	10			
	总分		100			
	问题记录和解决方法		记录任务实施中出现的问题和采取的解决方法(可附页)			

【项目拓展】

用软件延时代替定时器延时,重新编写并调通程序。

车辆稀少时,两个方向的交通灯均置为闪烁黄灯,闪烁周期为2s。试增加一个按键,并添加相应的程序来实现这一功能。

项目单元3 单片机作息时钟控制器实训

【项目描述】

通过本项目的研究和训练,进一步掌握用单片机产生时钟信号的基本方法,进一步熟悉定时器溢出中断、外部中断及 LED 扫描显示方法。

【项目分析】

本项目研究用单片机制作一个作息时钟控制器,可模拟电子钟显示时、分和秒的数值,并可根据学校的作息时间表按时输出打铃、播音等控制信号。此外,还应设置按键用来调时、调分,以使时钟计时与标准时间一致。

【知识链接】

8.3.1 单片机应用系统的抗干扰技术

影响单片机应用系统可靠安全运行的主要因素来自系统内部和外部的各种电器干扰,并受系统结构设计、元器件选择、安装、制造工艺影响。这些都构成单片机应用系统的干扰因素,常常会导致单片机应用系统运行失常,轻则影响产品质量和产量,重则导致事故,造成重大经济损失。

1. 干扰的来源

单片机应用系统应用很广泛,引起系统的干扰因素也很多,概括起来有以下几种干扰。

(1)交流电源的干扰。电源开关的通断、电机和大的用电设备的启停都会造成供电电网的波动,从而影响同一电网供电的单片机应用系统的正常运行。

(2)信号输入/输出通道的干扰。在单片机的应用系统中,开关量和模拟量的输入/输出通道是必不可少的。而在这些输入/输出通道中,如果有用晶闸管控制的单片机系统,就会引起相关通道的干扰,从而造成单片机应用系统的程序错位等,以至于整个系统无法正常运行。

(3)空间的辐射干扰。在广阔的空间中有各种各样的电磁波,如果单片机应用系统工作在电磁波较强的区域而没有采取相关抗干扰措施,就很容易引起干扰。

单片机应用系统的抗干扰设计应针对不同的干扰源采取必要的措施,具体有硬件抗干扰技术和软件抗干扰技术。

2. 硬件抗干扰技术

使用硬件抗干扰技术是抑制干扰的有效方法。由于各个应用系统所处的环境不同,面临的干扰源也不同,相应采用的抗干扰措施也不同。常用的硬件抗干扰技术有滤波技术、屏蔽技术、隔离技术、去耦技术和接地技术等。

1)抑制来自电源的干扰

(1)屏蔽电源变压器:将电源变压器的一次侧、二次侧分别加以屏蔽。

(2)使用交流稳压源:交流稳压器主要用于克服电网电压波动对系统的影响。

(3)应用隔离变压器:可抑制高频噪声干扰。

(4)低通滤波器:可抑制由电网侵入的外部高频干扰。

(5)系统采用性能优良的直流稳压线路,增大送入输出滤波电容,减小电源纹波系数。

(6)交流电引进线应尽量短,防止50Hz信号对系统的干扰。

(7)电源变压器的容量应留有一定的余量。

(8)系统中数字地、模拟地应一点相连;外壳地线和公共地线应分开走线,若允许直接相连,则应在某一点可靠连接,否则用$1\sim 10\mu F$的电容相连接。

2)抑制来自系统输入/输出通道的干扰

输入/输出通道是控制系统与被控制对象间的进行信息传输的途径。采取的抗干扰措施有如下几种。

(1)采用变压器隔离。利用隔离变压器将模拟通道部分与数字部分隔离开来,提高抗干扰能力。

(2)光电隔离。利于光电隔离技术把前后电路隔离,提高抗干扰能力。

(3)浮地屏蔽。采用光电耦合器将系统控制部分与其他外接通道实行浮地屏蔽。

(4)双绞线传输。采用双绞线传输的目的是减少电磁感应,抑制噪声。

(5)滤波。在输入/输出通道中使用低通、高通、带通等滤波技术,可有效提高系统对特定频率干扰的抑制。

3)抑制空间干扰和电感性干扰

空间干扰主要是指磁场在线路和导线上的辐射引起的系统工作不稳定;电感性负载干扰是指由电感性负载如电动机、变压器、继电器、接触器和电磁铁等产生的干扰,当对它们进行启停操作时,会产生幅值较大的高频干扰,影响系统的正常工作。所采取的抑制措施主要有以下两种。

(1)应用阻容吸收网络。采用在负载两端并联 R－C 网络的方法,能够抑制由电感性负载启停所产生的干扰,降低干扰幅值,减少干扰频率,较好地抑制干扰。

(2)应用压敏电阻。压敏电阻是一种对电压敏感的非线性电阻器件,随着加在其两端的电压升高到某一值,压敏电阻的阻值会迅速减小。因此它能够快速降低干扰幅值,既适用于直流电路也适用于交流电路。

4)接地抗干扰技术

接地抗干扰技术是单片机应用系统抗干扰技术的主要方法之一。在单片机应用系统中,主要有以下几种地线:模拟地、数字地、信号地、系统地、交流地和保护地。模拟地作为传感器、放大器、A/D 和 D/A 转换器中模拟电路的零电位;数字地作为计算机各种数字电路的零电位,它应该与模拟地分开,避免受模拟信号的干扰;系统地是上述几种地的最终回流点,直接与大地相连作为基准零电位;交流地是计算机交流供电电源地,即动力线地,它的地电位很不稳定,因此,交流地不允许与上述几种地相连,而且,交流电源变压器的绝缘性能要好,应绝对避免漏电现象;保护地也称安全地,目的是使设备机壳与大地等电位,以避免机壳带电影响人身及设备安全。

单片机应用系统中的接地技术主要有浮地技术、一点接地技术等。浮地技术指应用系统的地线与外壳或大地浮置的公共线(信号地线)不接大地,浮置是阻断干扰电流的通路,系统被浮置后,加大了系统公共线与大地之间的阻抗,大大减小了共模干扰电流,可以提高共模干扰抑制能力。一点接地技术是指应用系统的模拟地、数字地以及系统地最后应在一点集中连结在接地点上。

3. 软件抗干扰技术

在提高硬件系统抗干扰能力的同时,软件抗干扰以其设计灵活、节省硬件资源、可靠性好越来越受到重视。在工程实践中,软件抗干扰研究的主要内容是:消除模拟输入信号的噪声(如数字滤波技术);程序运行混乱使程序重入正轨的方法。

1)指令冗余

CPU 取指令过程是先取操作码,再取操作数。当 CPU 受干扰出现错误时,程序便脱离正常轨道"乱飞",当乱飞到双字节指令,若取指令时刻落在操作数上,误将操作数当作操作码,程序将出错。若"飞"到三字节指令,出错几率更大。

在关键的地方人为插入一些单字节指令,或将有效单字节指令重复,写成冗余指令。通常是在双字节指令和三字节指令后插入两个字节以上的 NOP。这样即使乱飞程序飞到操作数上,由于空操作指令 NOP 的存在,避免了后面的指令被当作操作数执行,程序自动纳入正轨。

此外,对程序流向起重要作用的指令如 RET、RETI、LCALL、LJMP、JC 等之前插入两条 NOP 指令,也可将乱飞程序纳入正轨,确保这些重要指令的执行。

2)拦截技术

所谓拦截,即指将乱飞的程序引向指定位置,再进行出错处理。通常用软件陷阱拦截乱飞程序,因此先要合理设计陷阱,其次要将陷阱安排在适当位置。

(1)软件陷阱的设计。当乱飞程序进入非程序区,冗余指令便无法起作用。通过软件陷阱拦截乱飞程序,将其引向指定位置,再进行出错处理。软件陷阱是指用来将捕获的乱飞程序引向复位入口地址 0000H 的指令。通常在 EPROM 非程序区填入以下指令作为软件陷阱:

```
NOP
NOP
LJMP  0000H
```

其机器代码为 0000020000。

(2)陷阱的安排。通常在程序中未使用的 EPROM 空间填入 0000020000,最后一条应填入 020000,当乱飞程序落到此区,即可自动入轨。在用户程序区各模块之间的空余单元也可填入陷阱指令。当使用的中断因干扰而开放时,在对应的中断服务程序中设置软件陷阱,能及时捕获错误的中断。如某应用系统并未用到外部中断 1,外部中断 1 的中断服务程序可为如下形式:

```
NOP
NOP
RETI
```

返回指令可用"RETI",也可用"LJM P0000H"。如果故障诊断程序与系统自恢复程序的设计可靠、完善,用"LJM P0000H"作为返回指令可直接进入故障诊断程序,尽早地处理故障并恢复程序的运行。

考虑到程序存储器的容量,一般在 1KB 空间内有 2~3 个软件陷阱就可以进行有效拦截。

3)软件"看门狗"技术

当程序弹飞到一个临时构成的死循环中时,软件陷阱也就无能为力了,这时系统将完全瘫痪。如果操作者在场,就可以按下人工复位按钮,强制系统复位,摆脱死循环。但操作者不能一直监视着系统,即使监视着系统,也往往是在引起不良后果之后才进行人工复位。能不能不要人来监视,而由计算机自己来监视系统运行情况呢? 当然可以,这就是程序运行监视系统,国外把程序运行监视系统称为"WATCHDOG"(看门狗)。"看门狗"具有如下特性。

(1)本身能独立工作,基本上不依赖于 CPU。

(2)CPU 在一个固定的时间间隔内和该系统打一次交道(喂一次狗),以表明系统目前正常。

(3)当 CPU 陷入死循环后,能及时发觉并使系统复位。

"看门狗"技术可以由硬件实现,也可以由软件实现。在 8096 系列单片机和增强型的 AT89C51 系列单片机芯片内已经内嵌了程序运行监视系统,使用起来很方便。而在 MCS-51 单片机中,必须由用户自己建立。如果要实现"看门狗"的真正目标,该系统还必须包括完全独立于 CPU 之外的硬件电路,有时为了简化硬件电路,也可采用纯软件的"看门狗"系统。但硬件电路设计时未采用"看门狗"技术时,软件"看门狗"是一个比较好的补救措施。

当系统陷入死循环之后,什么样的程序才能使其跳出来呢? 只有比这个死循环更高级的中断子程序才能夺走对 CPU 的控制权。为此,可以用一个定时器来作为 WATCHDOG,将它的溢出中断设定为高优先级中断(掉电中断选用 INT0 时,也可设为高级中断,并享有比定时器中断更高的优先级),系统的其他中断均设为低优先级中断。例如 T0 作 WATCHDOG,定时约定为 16ms,可在初始化时按下列方式建立 WATCHDOG:

```
MOV     TMOD,#01H          ;设置 T0 为 16 位定时器
SETB    ET0                ;允许 T0 中断
SETB    PT0                ;设置 T0 为高级中断
MOV     TH0,#0E0H          ;定时约 16ms(6MHz 晶振)
SETB    TR0                ;启动 T0
SETB    EA                 ;开中断
```

以上初始化过程可与其他初始化过程一并进行。如果 T1 也作为 16 位定时器,则可以用"MOV TMOD,#11H"来代替"MOV TMOD,#01H"指令。

WATCHDOG 启动以后,系统工作程序必须经常"喂它",并且每两次时间间隔不得大于 16ms(可每 10ms"喂"一次)。执行一条 MOV TH0,#0E0H 指令即可将它暂时"喂饱",若改用 MOV TH0,#00H 指令来"喂它",它将"安静"131ms(而不是我们要求的 16ms)。这条指令的设置原则上和硬件 WATCHDOG 相同。

当程序陷入死循环后,16ms 之内即可引起一次 T0 溢出,产生高优先级中断,从而跳出死循环。T0 中断可直接转向出错处理程序,在中断向量区放置一条"LJM PERR"指令即可。由出错处理程序来完成各种善后工作,并用软件方法是系统复位。

下面是一个完整的看门狗程序,它包括模拟主程序、喂狗(DOG)程序和空弹返回 0000H(ERR)程序。

```
        ORG     0000H
        AJMP    MAIN
        ORG     000BH
        LJMP    TOP
MAIN:   MOV     SP,#60H
        MOV     PSW,#00H
        MOV     SCON,#00H
        …                          ⎫ ;模拟硬件复位,可根据系统对资源的使用情况增减
        MOV     IE,#00H            ⎬
        MOV     IP,#00H            ⎭
        MOV     TMOT,#01H
        LCALL   DOG                ;调用 DOG 程序的时间间隔应小于定时器定时时间
        …
DOG:    MOV     TH0,#0BH           ;喂狗程序
        MOV     TL0,#0E0H
        SETB    TR0
        RET
TOP:    POP     ACC                ;空弹断点地址
        POP     ACC
        CLR     A
        PUSH    ACC                ;将返回地址换成 0000H,以便实现软件复位
        PUSH    ACC
        RETI
```

程序说明:一旦程序飞跑,便不能喂狗,定时/计数器 T0 溢出,进入中断向量地址 000BH,执行"LJMP TOP"指令,进入空弹程序 TOP,当执行完 TOP 程序后,就将 0000H 送入 PC,从而实现软件复位。

8.3.2　单片机作息时钟控制器原理

单片机作息时钟控制器原理图如图 8.3.1 所示。

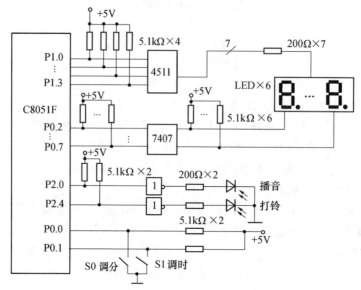

图 8.3.1　作息时钟控制器原理图

计时功能由内部定时器 T0 定时中断、累加计数来完成,时间值由 6 位显示器输出。显示器采用动态扫描方式,由 P1.0~P1.3 输出时、分和秒的 BCD 码当前值,经 CD4511 译码驱动后送至 LED 各段;P0.2~P0.7 输出 LED 位选码,经同相驱动器 7407 驱动。

P0.0 与 P0.1 分别设置为外部中断 0 与外部中断 1 的输出端口,分别与调分按钮 S 、调时按钮 S1 相连。按钮每按下一次,产生一次中断,分或时单元加 1,以此调整当前时钟,使之与标准时间一致。

P2.0 接播音控制,P2.1 接电铃控制。训练中以发光二极管代替电铃或播音设备,二极管亮表示打铃(或播音),二极管灭表示不打铃(或不播音)。

【项目实施】

1. 程序编制的要点及参考程序

1）程序编制的要点

本训练系统通过单片机内部定时器 T0 产生中断来实现计时。可将 T0 设置成定时器工作方式 1,即 16 位定时器工作方式,并以 10ms 为基本计时单元,每 10ms 产生一次中断,利用软件对中断进行累加计数。当定时器产生 100 次中断后(即 1s 后),秒单元加 1。同样,对分单元、时单元亦分别计数。

这样就可产生秒、分和时等各位时间值,并经连接在端口上的 6 位 LED 显示器显示。

为了对作息时间进行控制,可事先把学校的作息时间预先制成表格存入单片机内部数据区中。每过 1s 将当前时间与数据区中时间作一次比较。若相等则通过端口输出信号,进行相应的打铃、息铃或播音等控制。

数据区中的每一项时间控制字需要占用 8 个存储单元,其中启动控制与关闭控制各占 1 个单元。控制字的内容如下:

| 启动控制码 | 时 | 分 | 秒 | | 关闭控制码 | 时 | 分 | 秒 |

时间控制字中,控制码定义如下:

01H——启动电铃;

10H——启动广播;

11H——关闭电铃或广播;

00H——数据区结束。

作息时间与根据作息时间编制的时间控制字如图 8.3.2 所示。

作息时间

6:40	起床
6:50 ~ 7:10	早操
(7:15	早饭)
8:00 ~ 8:50	第 1 节课
9:00 ~ 9:50	第 2 节课
9:55 ~ 10:05	课间操
10:10 ~ 11:00	第 3 节课
11:10 ~ 12:00	第 4 节课
(12:10 ~ 13:50	中饭)
13:50	预备铃
14:00 ~ 14:50	第 5 节课
15:00 ~ 15:50	第 6 节课
(16:00	课外活动)
(17:30	晚饭)
18:00 ~ 18:30	每日播报
19:30 ~ 21:30	晚自习

地 址	数 据(时间控制字)
1010 ~ 1017H	01064000 ~ 11064015
1018 ~ 101FH	10065000 ~ 1107100
1020 ~ 1027H	01080000 ~ 11080015
1028 ~ 102FH	01085000 ~ 11085015
1030 ~ 1037H	01090000 ~ 11090015
1038 ~ 103FH	01095000 ~ 11095015
1040 ~ 1047H	10095500 ~ 11100500
1048 ~ 104FH	01101000 ~ 11101015
1050 ~ 1057H	01110000 ~ 11110015
1058 ~ 105FH	01111000 ~ 11111015
1060 ~ 1067H	01120000 ~ 11120015
1068 ~ 106FH	01135000 ~ 11135015
1070 ~ 1077H	01140000 ~ 11140015
1078 ~ 107FH	01145000 ~ 11145015
1080 ~ 1087H	01150000 ~ 11150015
1088 ~ 108FH	01155000 ~ 11155015
1090 ~ 1097H	10180000 ~ 11183000
1098 ~ 109FH	01193000 ~ 11193015
10A0 ~ 10A7H	01213000 ~ 11213015

图 8.3.2 作息时间与根据作息时间编制的时间控制字

程序中所用到的内部 RAM 数据存储单元安排见表 8.3.1。

表 8.3.1 RAM 数据存储单元中的内容

地 址	内 容	地 址	内 容
26H	0.1s 计数单元	27H	秒计数单元
28H	分计数单元	29H	时计数单元
2AH	计时单元加 1 暂存器	2BH	存放秒计数基制
2CH	存放分计数基制	2DH	存放时计数基制
2EH	保护数据区地址暂存器	3AH	控制码存储单元
38H、3BH	数据暂存单元	4A ~ 4FH	显示缓冲区

2）参考程序

参考程序流程图如图8.3.3～图8.3.7所示。

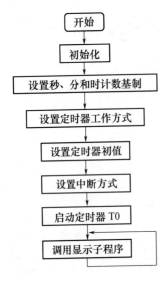

图8.3.3 主程序流程图

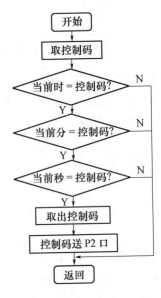

图8.3.4 控制程序流程图

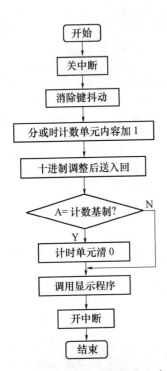

图8.3.5 INT0和INT1中断服务程序流程图

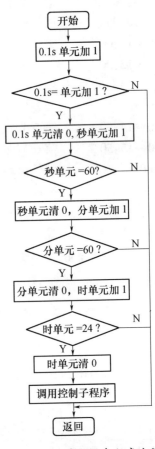

图8.3.6 T0中断服务程序流程图

260

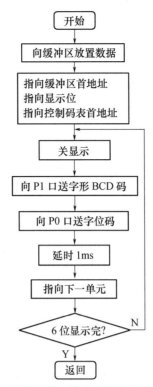

图 8.3.7　显示程序流程图

参考程序如下:

`$ include(C80C51f000.inc)`

```
;- - - - - - - - - - - - - - - - - - - - - - - - - - - - - -
;变量定义区
;- - - - - - - - - - - - - - - - - - - - - - - - - - - - - -
COUNT        EQU 26H       ;0.1s 计数单元
SECOND       EQU 27H       ;秒计数单元
MINUTE       EQU 28H       ;分计数单元
TIME         EQU 29H       ;时计数单元
COUNT_T      EQU 2AH       ;计时单元加 1 暂存器
STONE_S      EQU 2BH       ;存放秒计数基制
STONE_M      EQU 2CH       ;存放分计数基制
STONE_T      EQU 2DH       ;存放时计数基制
ADDRESS      EQU 2EH       ;保存数据区地址暂存器
STONE_N      EQU 3AH       ;控制码存储单元
NUMBER1      EQU 38H       ;数据暂存单元
NUMBER2      EQU 3BH       ;数据暂存单元
;4AH ~4FH     显示缓冲区
;- - - - - - - - - - - - - - - - - - - - - - - - - - - - - -
ORG     0000H
                LJMP MAIN     ;转主程序
ORG     0003H
```

```
                LJMP  INT0        ;转 INT0 中断服务程序
        ORG 000BH
                LJMP  CLOCK       ;转定时器 T0 中断
        ORG 0013H
                LJMP  INT1        ;转 INT1 中断服务程序
;- - - - - - - - - - - - - - - - - - - - - - - - - - - - - - - - - - - - - - -
;主程序
MAIN:   MOV     SP,#5AH           ;堆栈指针
        MOV     STONE_S,#60H      ;秒计数基制
        MOV     STONE_M,#60H      ;分计数基制
        MOV     STONE_T,#24H      ;时计数基制
        MOV     XBR1,#14H         ;INT0 和 INT1 连到端口引脚
        MOV     XBR2,#0C0H        ;禁止弱上拉,交叉开关允许
        MOV     TIME,#00H
        MOV     MINUTE,#00H
        MOV     SECOND,#00H
        MOV     OSCICN,#05H       ;选用内部晶振 4MHz
        MOV     WDTCN,#0DEH       ;禁止看门狗
        MOV     WDTCN,#0ADH
        MOV     TMOD,#01H         ;设定时器 T0 工作方式 1
        MOV     TL0,#0CAH         ;置 T0 初值
        MOV     TH0,#7DH
        SETB    EA                ;开中断
        SETB    ET0               ;定时器 T0 中断允许
        SETB    EX0               ;外部中断 0 允许
        SETB    EX1               ;外部中断 1 允许
        MOV     TCON,#10H         ;启动定时器 T0
LOOP:   LCALL   DCUP              ;调显示
        SJMP    LOOP
;- - - - - - - - - - - - - - - - - - - - - - - - - - - - - - - - - - - - - - -
;显示程序
DSUP:   MOV     R0,#4FH           ;准备向缓冲区放数据
        MOV     A,SECOND
        ACALL   PTDS              ;放入秒值
        MOV     A,MINUTE
        ACALL   PTDS              ;放入分值
        MOV     A,TIME
        ACALL   PTDS              ;放入时值
        MOV     R0,#4AH           ;指向缓冲区首地址
        MOV     R2,#7FH           ;左边第一位开始显示
DSUP1:  ORL     P0,#0FCH          ;关各数码管
        MOV     A,@R0             ;取显示缓冲区中的数
        MOV     P1,A              ;送出字形 BDC 码
```

262

```
        MOV      A,R2              ;取字位码
        MOV      P0,A              ;送字位码
        MOV      R3,#00H
DSUP4: DJNZ      R3,DSUP4          ;延时
        ORL      P0,#0FCH          ;关各数码管
        INC      R0                ;修改显示缓冲器指针
        CLR      C                 ;为移位作准备
        MOV      A,R2              ;取字位码
        RR       A                 ;右移1位,为显示下一位作准备
        MOV      R2,A              ;存位码
        JB       ACC.1,DSUP1       ;不到最后一位,则继续
        RET
;- - - - - - - - - - - - - - - - - - - - - - - - - - - - - - - - - -
;向缓冲区放入数据
PTDS:  MOV      R1,A              ;暂存
        ACALL    PTDS1             ;低4位先放入缓冲区
        MOV      A,R1              ;取出原数
        SWAP     A                 ;高4位放入低4位中
PTDS1: ANL      A,#0FH            ;放入显示缓冲区
        MOV      @R0,A
        DEC      R0                ;缓冲区地址指针减1
        RET
;- - - - - - - - - - - - - - - - - - - - - - - - - - - - - - - - - -
;控制程序
LOOP1: MOV      DPTR,#100CH
        MOV      ADDRESS,DPL
LOOP4: MOV      DPL,ADDRESS
        MOV      R3,#04H
        MOV      R1,COUNT_T
LOOP2: INC      DPTR
        DJNZ     R3,LOOP2
        MOV      ADDRESS,DPL
        MOV      R3,#03H           ;时、分、秒共3次
        CLR      A
        MOVC     A,@A+DPTR         ;取控制码
        JZ       LOOP3             ;若A=0,则数据区结束
        MOV      STONE_N,A         ;保存控制码
LOOP5 :INC      DPTR              ;修改数据区时间单元指针
        DEC      R1                ;修改计时单元指针
        CLR      A
        MOVC     A,@A+DPTR         ;读取数据区时间
        MOV      NUMBER2,A         ;暂存
        MOV      A,@R1             ;读计时单元时间
```

```
        DJNE    A,NUMBER2,LOOP4  ;比较时间
        DJNZ    R3,LOOP5         ;3 次循环
        MOV     A,STONE_N        ;恢复控制码
        MOV     P2,A             ;由 P2 口输出
LOOP3: RET
;- - - - - - - - - - - - - - - - - - - - - - - - - - - - - - - - - - -
;T0 服务程序
CLOCK: PUSH    PSW              ;保护
        PUSH    ACC
        SETB    RS0              ;选择工作寄存器组 1
        MOV     TC0,#0CAH        ;重装初值
        MOV     TH0,#7DH
        INC     COUNT            ;0.1s 单元加 1
        MOV     A,COUNT          ;取 0.1s 单元内容
        CJNE    A,#0AH,DONE      ;不等于 10 则转 DONE
        MOV     COUNT,#00H       ;等于则清 0
        MOV     R0,#SECOND       ;指向秒计数单元
        MOV     R1,#STONE_S      ;指向秒计数单元基制
        MOV     R3,#03H          ;循环 3 次(秒、分、时)
LOOP0: MOV     A,@R0            ;取计时单元值
        ADD     A,#01H           ;十进制调整
        DA      A
        MOV     @R0,A            ;送回计时单元
        MOV     NUMBER1,@R1      ;暂存
        CJNE    A,NUMBER1,DONE0  ;不等于计时基制则转出
        MOV     @R0,#00H         ;等于则清 0
        INC     R0               ;指向下一个计数单元
        INC     R1               ;指向下一个计数单元基制
        DJNZ    R3,LOOP0         ;秒、分、时 3 次循环
DONE0: CALL    LOOP0            ;调用子程序
DONE:  POP     ACC              ;恢复
        POP     PSW
        RETI
;- - - - - - - - - - - - - - - - - - - - - - - - - - - - - - - - - - -
;ITN0 中断服务程序
ITN0:  CLR     EX0              ; ITN0 中断关闭
        PUSH    ACC              ;
        JNB     P0.0,$           ;消除键抖动
        INC     MINUTE           ;分单元加 1
        MOV     A,MINUTE         ;十进制调整
        ADD     A,#00H
        DA      A
        MOV     MINUTE,A
```

264

```
        SUBB      A,#60H              ;不等于计数基制则转 DSUP2
        JC        DSUP2
        MOV       MINUTE,#00H         ;相等则分单元清 0
DSUP2:  LCALL     DSUP                ;调用显示子程序
        POP       ACC
        SETB      EX0                 ;开 INT0 中断
        RETI                          ;中断返回
;- - - - - - - - - - - - - - - - - - - - - - - - - - - - - - - - - - - - - - -
;ITN1 中断服务程序
ITN1:   CLR       EX1                 ;ITN1 中断关闭
        PUCH      ACC
        JNB       P0.1,$              ;消除键抖动
        INC       TIME                ;时单元加 1
        MOV       A,TIME              ;十进制调整
        ADD       A,#00H
        DA        A
        MOV       TIME,A
        SUBB      A,#24H              ;不等于计数基制则转 DSUP3
        JC        DSUP3
        MOV       TIME,#00H           ;相等则时单元清 0
DSPU3:  LCALL     DSUP                ;调用显示子程序
;- - - - - - - - - - - - - - - - - - - - - - - - - - - - - - - - - - - - -
;控制码
CODE0:
DB  01H,06H,40H,00H,11H,06H,40H,15H
DB  10H,06H,50H,00H,11H,07H,10H,00H
DB  01H,08H,00H,00H,11H,08H,00H,15H
DB  01H,08H,50H,00H,11H,08H,50H,15H
DB  01H,09H,00H,00H,11H,09H,00H,15H
DB  01H,09H,50H,00H,11H,09H,50H,15H
DB  10H,09H,55H,00H,11H,10H,05H,00H
DB  01H,10H,10H,00H,11H,10H,10H,15H
DB  01H,11H,00H,00H,11H,11H,00H,15H
DB  01H,11H,10H,00H,11H,11H,00H,15H
DB  01H,12H,00H,00H,11H,12H,00H,15H
DB  01H,13H,50H,00H,11H,13H,50H,15H
DB  01H,14H,00H,00H,11H,14H,00H,15H
DB  01H,14H,50H,00H,11H,14H,50H,15H
DB  01H,15H,00H,00H,11H,15H,00H,15H
DB  01H,14H,50H,00H,11H,15H,50H,15H
DB  01H,18H,00H,00H,11H,18H,30H,00H
DB  01H,19H,30H,00H,11H,19H,30H,15H
DB  01H,21H,30H,00H,11H,21H,30H,15H
```

DB 00H
END

2. 实训的基本任务

（1）按图 8.3.1 所示连接电路。

（2）用单步及断点运行方式，分段调试程序。

① 调试 T0 中断服务程序。可在 26H、27H、28H 和 29H 单元预置数据，分别通过由 0.1s 单元向秒单元进位，由秒单元向分单元进位，由分单元向时单元进位的调试。最后，将 T0 中断服务程序全部调通。

② 在 26H、27H、28H 和 29H 单元预置数据，调通显示程序。

③ 在 26H、27H、28H 和 29H 单元预置数据，调通控制程序及硬件接线。如果在 06：40：00 开始打铃，06：40：15 停止打铃，则当 26H、27H、28H 和 29H 的内容设置为 01、06、40 和 00 时，调试控制程序使接在 P2.0 口发光二极管点亮；当 26H、27H、28H 和 29H 的内容设置为 11、06、40 和 15 时，通过调试使二极管熄灭。用同样的方法调通程序使接在 P2.1 的二极管亮灭符合要求。

（3）调试主程序，使程序及硬件电路全部符合要求。

【项目评价】

序号	评价指标	评价内容	分值	学生自评	小组评价	教师评价
1	硬件设计	作息时钟电路连接到位	10			
		编制作息时间控制字、控制码	20			
2	调试	调试主程序、控制程序	10			
		调试中断服务程序、显示程序	20			
		通电后正确、实验成功	20			
3	安全规范与提问	是否符合安全操作规范	10			
		回答问题是否准确	10			
		总分	100			
	问题记录和解决方法		记录任务实施中出现的问题和采取的解决方法（可附页）			

【项目拓展】

如果在本项目中 LED 由 4511 改用 7407 驱动，重新连接电路并重新编写、调通程序。注意，7407 只能驱动不能译码，故需输出字形段码，并需要 8 个段码输出口线。

在原程序基础上增加日计数、日显示功能，每 24 小时为 1 日，30 日为一个循环。

项目单元 4　单片机汽车倒车测距仪实训

【项目描述】

本项目利用智能化超声波测距的基本原理与方法，提高综合运用计时、中断、显示、排

266

序、筛选、判断等多项单片机技术能力。

【项目分析】

本项目研究利用超声测距技术与单片机技术,设计出超声波汽车倒车测距仪。要求显示车后障碍物距离。当距离小于最大探测距离 5m 时,根据不同距离发出不同的部件声。

【知识链接】

8.4.1　语音播报系统设计

1. 设计要求

使用单片机控制实现电梯自动播报系统,主要有楼层自动报站、紧急情况播报等。

2. 设计方案

本系统以语音芯片 ISD4004 作为音源,以 89C51 单片机为控制器,构成实现电梯自动播报系统。ISD4004 已录制待播报的语音,各条语音的存储地址可用专用语音开发器读出。

3. ISD4004 介绍

ISD 公司的专利技术成功实现了将模拟数据存储在半导体存储器中。这种突破性存储方法可以将模拟语音数据直接写入单个存储芯片,可做到比同等的数字方式具有更大的集成度,且存储的模拟数据不会丢失。ISD4004 语音芯片主要特点为:无需 A/D 转换,放音自然;记录时间为 16min;接口简单,采用 SPI 接口;3V 电压供电,功耗低。

(1) ISD4004 的引脚。ISD4004 引脚如图 8.4.1 所示。各引脚功能如下。

V_{CCA}、V_{CCD}:电源端。

V_{SSA}、V_{SSD}:地线。

ANA IN +:同相模拟输入端。

ANA IN -:反相模拟输入端。

AUD OUT:音频输出端。

SS:片选端,低电平有效。

MISO:串行输出端。

INT:中断输出。

RAC:行地址时钟输出。

AM CAP:自动静音端。

XCLK:外部时钟。

MOSI:串行输入端,控制器应在串行时钟上升沿之前半个周期将数据送到本端。

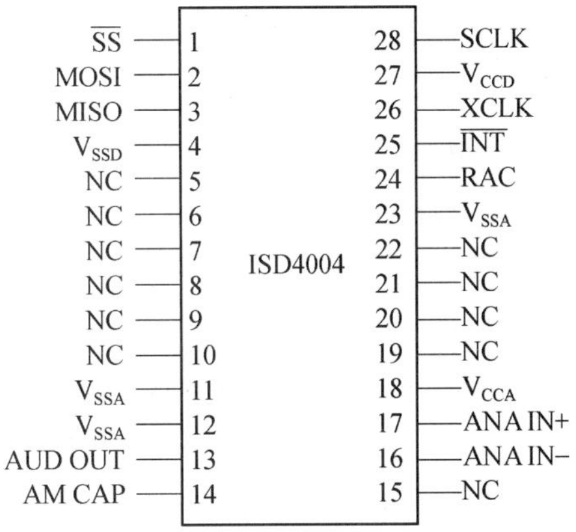

图 8.4.1　ISD4004 的引脚图

SCLK:串行时钟输入端,由控制器产生,用于 MOSI 与 MISO 的数据传输。

(2) ISD4004 工作模式。ISD4004 的数据传输为 SPI 总线结构。IPS 协议是一个同步串行数据传输协议,SPI 接口的控制位如图 8.4.2 所示。其中 C4 ~ C0 为 ISD4004 操作指令操作码,OVF 为溢出标志,EOM 为信息结束标志。

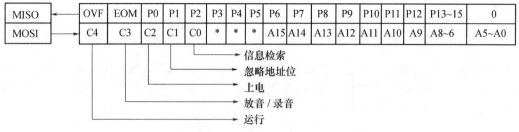

图 8.4.2 SPI 接口的控制位

ISD4004 的操作指令有上电、设定放音、设定录音起开始地址、录音及跳转等。每一条操作指令都是由 5 位操作码及相应的地址构成。在对 ISD4004 操作时,通过串行输入端 MOSI 输入相关的指令码及地址,即完成录音、放音等功能。ISD4004 的操作指令见表8.4.1。

表 8.4.1　ISD4004 操作指令

指　令	操作码	操作说明
POWERUP	00100 × × ×	上电
SETPLAY	11100 × × ×（A15 ~ A0）	设定放音起始地址
PLAY	11110 × × ×	放音
SETPEC	10100 × × ×（A15 ~ A0）	设定录音起始地址
REC	10110 × × ×	录音
SETMC	11101 × × ×（A15 ~ A0）	设定跳转起始地址
MC	11111 × × ×	跳转指令
STOP	0 ×110 × × ×	停止
STOPWRDN	0 ×01 × × × ×	停止并待机
RINT	0110 × × ×	读中断状态字

4. 硬件原理

根据输入信号不同,ISD4004 完成不同的语音播报功能。输入信号电路如图 8.4.3所示。

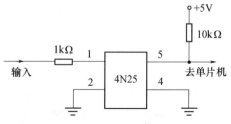

图 8.4.3　输入信号电路图

单片机的输入端采用光电隔离,光电耦合采用 4N25。ISD4004 的输出通过放大器 LM386 驱动扬声器发生。电梯语音播报系统的电路如图 8.4.4 所示。系统采用 12MHz 外部晶振。各引脚功能如下。

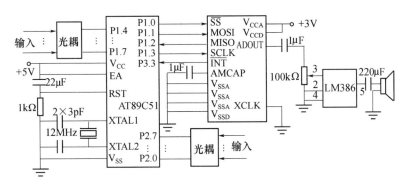

图 8.4.4　电梯语音播报系统电路

P1.0:ISD4004 的片选信号。

P1.1:ISD4004 的输入线。

P1.2:ISD4004 的输出线。

P1.3:ISD4004 的时钟信号。

P3.3:ISD4004 的状态信号$\overline{\text{INT}}$。

P1.4 ~ P1.7:输入楼层信号。

P2.1:地下 1 层。

P2.2:到站。

P2.3:停电。

P2.4:检修。

P2.5:30 ~ 40 层。

P2.6:20 ~ 30 层。

P2.7:10 ~ 20 层。

位地址 60H ~ 63H:楼层标志位。

5. 程序设计

```
        SS      EQU     P1.0

        SCLK    EQU     P1.3

        MOSI    EQU     P1.1

        MISO    EQU     P1.2

        INT     EQU     P3.3

        ORG     0000H

        AJMP    MAIN

MAIN:   NO P

        MOV     P1,#0FFH

        MOV     P2,#0FFH

        MOV     P3,#0FFH
```

269

```
          CLR      EA
          CLR      60H              ;楼层标志位
          ACALL    DSTOP            ;ISD4004 停止
          NOP
          LCALL    YS50             ;延时
          LCALL    YS50             ;延时
          ACALL    UP               ;ISD4004 上电
HALT:     JB       P2.4,DY220       ;判断是否为电梯检修
          AJMP     JIANXIU          ;是,则转检修处理程序
DY220:    JB       P2.3,WAITING     ;判断电梯是否为停电
          AJMP     TINGDIAN         ;是,转停电处理程序
WAITING:  JB       P2.4,DY220       ;判断是否到站,没有到站则等待
          MOV      32H,#0           ;到站处理
          CLR      60H
          MOV      A,P1             ;读 P1 口高 4 位
          ANL      A,#0F0H          ;10 层以下楼层数
          CPL      A
          ANL      A,#0F0H
          SWA      PA
          MOV      30H,A
DY30      JB       P2.1,WF1         ;地下 1 层
          SETB     60H              ;标志 60H 置 1
          MOV      32H,#1
          AJMP     DY40
WF1:      JB       P2.7,DY10        ;10 层 ~20 层
          SETB     61H              ;标志 61H 置 1
          AJMP     DY101
DY10:     JB       P2.6,DY20        ;20 层 ~30 层
          SETB     62H              ;标志 62H 置 1
          AJMP     DY201
DY20:     JB       P2.5,DY110       ;30 层 ~40 层
          SETB     63H              ;标志 63H 置 1
          AJMP     DY301
DY110:    MOV      31H,#0           ;10 层以下 31H 送 0
          AJMP     DY40
DY101:    NOP
          MOV      31H,#1           ;10 层 ~20 层 31H 送 1
          AJMP     DY40
DY201:    MOV      31H,#2           ;20 层 ~30 层 31H 送 2
          AJMP     DY40
DY201:    MOV      31H,#3           ;30 层 ~40 层 31H 送 3
DY40:     NOP
          JB       60H,DY41         ;是地下 1 层,则转处理
```

```
        MOV     A,31H              ;不是地下1层,则继续执行
        SWAP    A                  ;查表取放音地址
        ANL     A,#0F0H
        ORL     A,30H
        MOV     50H,A
        ADD     A,50H
        MOV     50H,A
        MOV     DATR,#TAB1
        MOVC    A, @A + DPTR
        MOV     21H,A              ;21H存放音高8位地址
        INC     DPTR
        MOV     A,50H
        MOVC    A, @A + DPTR
        MOV     20H,A              ;20H存放音低8位地址
        AJMP    DY42
DY41:   NOP                        ;是地下1层则转查表处理
        MOV     A,30H
        RL      A
        MOV     50H,A
        MOV     DPTA,#TAB2
        MOVC    A, @A + DPTR
        MOV     21H,A
        MOV     A,50H
        INC     DPTR
        MOVC    A, @A + DPTR
        MOV     20H,A
DY42:   NOP
        LCALL   PLAY               ;放音
        CLR     SS
        CLR     SCLK
        SETB    SCLK
        CLR     SCLK
        SETB    SS
        ACALL   STOPP
        AJMP    HALT
UP:     MOV     A,#20H             ;ISD4004上电子程序
        ACALL   ISDX
        SETB    SS
        ACALL   YS50
        ACLL    YS50
        RET
PLAY:   MOV     A,20H              ;放音子程序
        ACALL   ISDX
```

271

```
        MOV     A,21H
        SETB    ACC.7
        SETB    ACC.6
        SETB    ACC.5
        CLR     ACC.4
        CLR     ACC.3
        ACALL   ISDX
        SETB    SS
        MOV     A,#0F0H
        ACALL   ISDX
        SETB    SS
PLAY2:  NOP
        JB      INT,PLAY2
        ACALL   STOPP
        RET
STOPP:  MOV     A,#30H              ;停止子程序
        ACALL   ISDX
        SETB    SS
        ACALL   YS50
        ACALL   YS50
        RET
DSTOP:  MOV     A,#10H              ;停止并待机子程序
        ACALL   ISDX
        SETB    SS
        ACALL   YS50
        ACALL   YS50
        RET
ISDX:   CLR     SS                  ;传送8位字节子程序
        MOV     R6,#8
        CLR     SCLK
ISDI:   MOV     C,ACC.0
        MOV     MOSI,C
        SETB    SCLK
        RR      A
        CLR     SCLK
        DJNZ    R6,ISDI
        RET
YS50:   MOV     TMOD,#01H           ;延时50ms子程序
        MOV     TH0,#3CH
        MOV     TL0,#0B0H
        SETB    TR0
        JNB     TF0,$
        CLR     TF0
```

```
          CLR    TR0
          RET
TAB1    :DB
TAB1:    DB
JIANXIU: NOP                      ;检修放音处理
         MOV    20H,#69H          ;放音低8位地址
         MOV    21H,#01           ;放音高8位地址
         LCALL  PLAY              ;放音
         LJMP   MAIN
TINGDIAN:NOP                      ;停电放音处理
         MOV    20H,#76H
         MOV    21H,#01
         LCALL  PLAY
         MOV    20H,#7CH
         MOV    21H,#1
         LCALL  PLAY
         LJMP   MAIN
         END
```

8.4.2　单片机汽车倒车测距仪训练基本原理

超声波在空气中的传播速度与声速相当,约为340m/s。从信号发射到遇障碍物反射接收,有几毫秒至几十毫秒的时间间隔,可以根据这个时间间隔来计算出障碍物到超声波信号发射体的距离。目前很多轿车都安装了汽车倒车测距仪,非常实用。

图8.4.5为汽车倒车测距仪电路原理图。图中3位数码管用来显示所测距离,由P1口输出8段段码,P2.0~P2.2输出3位位码。P2.6控制倒车指示灯VD1,倒车时灯VD1亮。其他外围电路分析如下。

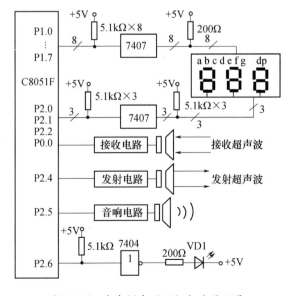

图8.4.5　汽车倒车测距仪电路原理图

1. 40kHz 超声波发射电路

图 8.4.6 为超声波发射电路。4011 的两个"与非"门 E、F 组成多谐振荡器,调节 RP1 可调节谐振频率。P2.4 口控制多谐振荡器的振荡。P2.4 输出高电平时,电路振荡,发射 40kHz 超声波;P2.4 输出低电平时,停止发射。

2. "嘟"声音响电路

电路如图 8.4.7 所示。4011 的另外两个"与非"门 G、H 组成多谐振荡器,谐振频率约 800Hz。P2.5 控制多谐振荡器,高电平时发"嘟"声,低电平时无声。CPU 可根据距离远近控制 P2.5 输出方波的频率,即控制"嘟"声的间隙时间。LM386 是集成功率放大器,作为功率放大器件,驱动扬声器发声。

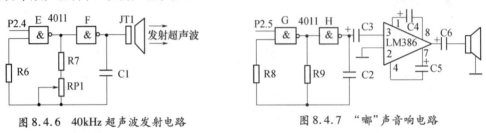

图 8.4.6　40kHz 超声波发射电路　　　　　图 8.4.7　"嘟"声音响电路

3. 回波接收电路

电路如图 8.4.8 所示,它接收由障碍物反射回来的超声波。其中,LM324 的 3 个运算放大器 A、B、C 组成 3 级回波信号放大电路。其中 L1、C9 组成选频电路,滤除 40kHz 以外的干扰信号。D2、C12 组成信号整流滤波电路,将接收到的 40kHz 反射波交流信号转化为直流电压信号。

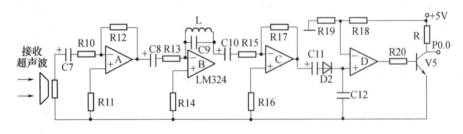

图 8.4.8　回波接收电路

LM324 的第 4 个运放 D 作为电压比较器,将信号直流电压与设定的基准电压比较,当信号电压对于基准电压时,比较器输出正脉冲,V5 导通,P0.0 接收负脉冲信号,CPU 中断,记录发射信号与接收信号之间的时间,并换算为距离。

【项目实施】

1. 程序编制的要点及参考程序

1) 程序编制的要点

(1) 主程序。图 8.4.9 为主程序流程图。开机后,先显示"－－－",亮灯并发声约 0.5s,表示开始工作。

T0 用于记录发射至接收的时间间隔 t(单位为 ms)。初始化后,程序控制发射 40kHz

的超声波信号,发射开始立即启动定时器 0 开始计时,发射时间为 1ms。CPU 接收回波信号后,立即产生 INT0 中断,同时 T0 立即停止计数。定时器 T0 专门用于记录 CPU 发射脉冲信号前沿至回波脉冲信号前沿之间的时间 t,由此时间可换算出障碍物的距离,并决定"嘟"声间隙。可设定 T1 的定时值,用来控制"嘟"声间隙时间和闪烁显示时间。考虑到汽车倒车测距精度要求不高,为了使计算简化,取空气中声速为 340m/s 或 34cm/ms,则障碍物的距离为 $d = (t \times 34\text{cm/ms})/2 = t \times 17\text{cm/ms}$。

参考程序中,发射 1 次超声波用 1ms,然后显示 60ms,在显示期间等待 INT0 中断。因此,一个工作周期为 61ms。在这个周期内完成一次信号探测,然后进行数据处理。若晶振频率选用 8MHz,T0 选用系统时钟的 12 分频,则 T0 的最大定时时间为 98.304ms,远大于 61ms,所以 T0 的计数范围足够。61ms 对应的探测距离为 10.37m,已超出要求探测的最大距离 5m,完全满足设计要求。

(2)信号处理程序。图 8.4.10 为信号处理子程序流程图。这里对图 8.4.10 说明如下:

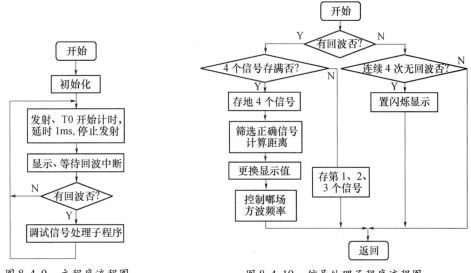

图 8.4.9　主程序流程图　　　　图 8.4.10　信号处理子程序流程图

信号处理首先判断有无回波信号。若连续 4 次无回波信号,则说明车后无障碍物,或障碍物距离较远已超过最大探测距离,此时闪烁显示"———",并发出长"嘟"声。

由于 CPU 工作速度比倒车速度快得多,所以不需要每次收到信号后立即显示,收到信号可先存起来。存满 4 个信号,连同原来显示的信号共 5 个信号,从中筛选出一个周期信号。

考虑到人的视觉特性,若每取一个信号就更换一次显示,则显示过快,人眼接受不了,反而认为仪器不稳定。另外,还有一个判断是否需要更换显示值的问题。当障碍物距离小于 0.5m 时,距离变化 1cm 就要及时更换;当距离在 0.5～1m 之间时,若新值与原显示值之差大于 5cm 则更换,否则不予更换;当距离在 1～2m 之间时,若新老值差大于 10cm 则更换;当距离在 2m 以上时,若新老值差大于 20cm 则更换,否则不予更换。不更换即返回重测。更换显示值子程序参考流程图如图 8.4.11 所示。

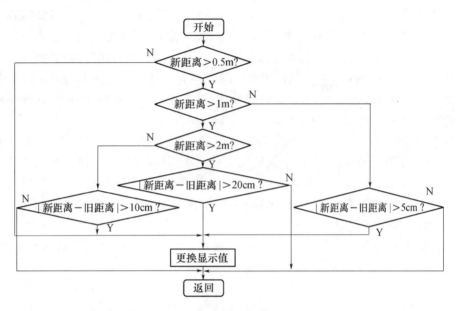

图 8.4.11　更换显示值子程序流程图

空中有各种干扰信号,如汽车鸣笛、排气时发出的噪声。这些噪声中含有 40kHz 的谐波成分,被放大后可能引起显示干扰。另外,汽车运行特别是刚启动时,电源中也有许多干扰脉冲。因此,除了硬件电路中采用措施外,软件中还要加入干扰程序。一般可根据倒车的速度和回波信号脉宽来分析,对接收的信号进行甄别,筛选出正确信号。

（3）中断服务程序（图 8.4.12）。

2）参考程序

下列参考程序中,有关存储器、存储器及标志位的内容及用途如下。

寄存器:

32H	扫描显示循环程序	40H	个位显示符存储器
41H	十位显示符存储器	42H	百位显示符存储器
44H	嘟声方波脉宽值	45H	闪烁显示间隙系数
50H	1#信号低 8 位	51H	1#信号高 8 位
52H	2#信号低 8 位	53H	1#信号高 8 位
54H	3#信号低 8 位	55H	1#信号高 8 位
56H	4#信号低 8 位	57H	1#信号高 8 位
R2	信号计数器	R3	连续无回波计数器

标志位:

11H	1#信号存储标志 1	2H	2#信号存储标志
13H	1#信号存储标志	01H	回波标志。01H =1,有回波;01H =0,无回波

;- -

$ include(C80C51f000.inc)

图 8.4.12　中断服务
程序流程图

```
;- - - - - - - - - - - - - - - - - - - - - - - - - - - - - - - - - - - -
      ORG     0000H
              LJMP        MAIN                    ;转主程序
      ORG     0003H
              LJMP        INT0                    ;转外部中断 0
      ORG     001BH
              LJMP        IT1                     ;转定时器 1 中断
;- - - - - - - - - - - - - - - - - - - - - - - - - - - - - - - - - - - -
;主程序
      ORG     1000H
MAIN:  MOV     SP,#60H                 ;堆栈指针
              MOV     P1,#60H                 ;停显示
              CLR     P2.4                    ;不发射超声波
              SETB    P2.6                    ;指示灯亮
              SETB    P2.5                    ;发"嘟"声
              MOV     40H,#02H                ;显示符号"———"进显示单元
              MOV     41H,#02H
              MOV     42H,#02H
              MOV     32H,#160                ;置显示循环数
              LCALL   DIR                     ;调用显示子程序
              MOV     IP,#00000001B           ;置 INT0 为高优先级中断
              MOV     XBR2,#40H               ;配置弱上拉,交叉开关允许
              MOV     XBR1,#04H               ;INT0 连到 P0.0
              MOV     OSCICN,#06H             ;选用内部晶振 8kHz
              MOV     WDTCN,#0DEH             ;禁止看门狗
              MOV     WDTCN,#0ADH
              MOV     TMOD,#00010001B         ;置 T0、T1 定时器发射 1
              MOV     TH1,#0B1                ;置 T1 计时常数为 30ms,用于控制"嘟"声方波脉宽
              MOV     TL1,#0D2H
              SETB    TR1,                    ;启动 T1
              MOV     IE,#10001001B           ;T1、INT0 开中断
              MOV     22H,#01H                ;11H～13H 标志位置初值
              MOV     44H,#0FFH               ;置"嘟"声方波脉宽初值 255×30ms=7.6s
              MOV     45H,#04H                ;置闪烁间隙时间 4×30ms=120ms
              MOV     R2,#04H                 ;置信号计数器初值
              MOV     R3,#04H                 ;置连续无回波计数器初值
TLOOP: MOV     TH0,#00H                ;T0 清 0
              MOV     TL0,#00H
              SETB    P2.4                    ;开始发射 40kHz 超声波
              SETB    TR0                     ;发射后,立即启动 T0 开始计时
              LCALL   DELAY                   ;延时 1ms
```

277

```
          CLR         P2.4              ;停止发射超声波
          MOV         32H,#20           ;置显示循环数
          LCALL       DIR               ;调显示距离子程序,显示20×3ms
          LCALL       WORK              ;调信号处理子程序
          SJM         PTLOOP            ;返回循环
;- - - - - - - - - - - - - - - - - - - - - - - - - - - - - - - -
;外部中断0服务程序
INT0:     CLR         TR0               ;T0停止计数
          SETB        01H               ;置有回波标志
          MOV         A,22H
          RL          A
          MOV         22H,A
          RETI
;- - - - - - - - - - - - - - - - - - - - - - - - - - - - - - - -
;显示距离子程序
DIR:      SETB        P2.2              ;百位停显示
          MOV         P1,40H            ;输出个位段码
          CLR         P2.0              ;个位显示
          LCALL       DELAY             ;延时1ms
DIR1:     SETB        P2.0              ;个位停显示
          MOV         P1,41H            ;输出十位段码
          CLR         P2.1              ;十位显示
          LCALL       DELAY             ;延时1ms
DIR2:     SETB        P2.1              ;十位停显示
          MOV         P1,41H            ;输出百位段码
          CLR         P2.1              ;百位显示
          LCALL       DELAY             ;延时1ms
          DJNZ        32H,DIR           ;循环显示未结束则继续
          ORL         P2,#00000111B     ;到循环显示次数则停显示
          RET
;- - - - - - - - - - - - - - - - - - - - - - - - - - - - - - - -
;延时子程序
DELAY:    MOV         30H,#10
DY1:      MOV         31H,#31
DY2:      DJNZ        31H,DY2
          DJNZ        30H,DY1
          RET
;- - - - - - - - - - - - - - - - - - - - - - - - - - - - - - - -
信号处理子程序
WORK:     JBC         01H,WORK1         ;有回波信号则转存
          DJNZ        R3,GORET          ;无回波信号则判别"连续无回波信号"次数
```

278

MOV	R3,#04H	;"连续无回波信号"4 次则重置初值
LCALL	FLASH	;调用闪烁显示子程序
GORET:RET		
WORK1: MOV	R3,#04H	;有回波则连续无回波计数器 R3 重置初值
DJNZ	R2,WORK2	;不是第 4 个信号,转存第 1、2 和 3 信号
MOV	R2,#04H	;是第 4 个信号,信号计数器恢复初值
MOV	56H,TL0	;存第 4 个信号
MOV	57H,TH0	
MOV	22H,#01H	;标志位恢复初值
LCALL	RIGHT	;调用筛选正确信号与计算距离子程序
LCALL	TRAS	;调用更换显示值子程序
LCALL	TONE	;调用计算"嘟"声方波脉宽及输出"嘟"声子程序
WORK2: JB	11H,WORK21	;1#信号标志,转存第 1 个信号
JB	12H,WORK22	;2#信号标志,转存第 2 个信号
JB	13H,WORK23	;3#信号标志,转存第 3 个信号
RET		
WORK21:MOV	50H,TL0	;存第 1 个信号
MOV	51H,TH0	;
RET		
WORK22:MOV	52H,TL0	;存第 2 个信号
MOV	53H,TH0	
RET		
WORK23:MOV	54H,TL0	;存第 3 个信号
MOV	55H,TH0	
RET		

2. 训练的基本任务

（1）编写参考程序中缺少的"RIGHT 筛选正确信号与计算距离子程序(距离以 cm 为单位)"和"TRAS 更换显示值子程序",暂不考虑"INT1 中断服务程序"、"FLASH 闪烁显示子程序"和"TONE 计算机嘟声方波脉宽及输出嘟声子程序"的调用。

（2）按图 8.4.5～图 8.4.8 所给电路原理图连接、调试电路,也可使用实验箱所配的实训板,由学员自己安装,自编小程序验证电路的正确性,保证各个外围电路正常工作。电路中,超声波器件为 40kHz 超声波发射、接收对,将二者垂直朝向反射板(墙)放置。

（3）调通全部程序。调试时可参考下列顺序:

① 检查 P2.4、P2.5 和 P2.6 控制是否有效;

② 令超声波发射、接收对距板(墙)0.5m;

③ 用示波器检查应有反射波;

④ P0.0 口应有反射信号产生的下降沿;

⑤ 信号存储单元 50H～57H 应有信号存入;

⑥ 上述步骤调完后,将反射板距离改为 1m,重复步骤③～⑥;

⑦ 全部调通程序,实现预期功能。

【项目评价】

序号	评价指标	评价内容	分值	学生自评	小组评价	教师评价
1	硬件设计	连接单片机和超声波的图8.4.5电路到位	10			
		连接发射、接收电路到位	20			
2	调试	编写主程序并调通主程序	10			
		编写信号子程序并调通程序	20			
		通电后正确、实验成功	20			
3	安全规范与提问	是否符合安全操作规范	10			
		回答问题是否准确	10			
		总分	100			
	问题记录和解决方法		记录任务实施中出现的问题和采取的解决方法(可附页)			

【项目拓展】

编写"INT1 中断服务程序"、"TONE 计算嘟声方波脉宽和输出嘟声子程序(距离越近,嘟声方波脉宽越窄)"及"FLASH 闪烁显示子程序",加入参考程序并调通。

用单片机定时器2自动重装方式产生40kHz方波信号,经驱动电路驱动超声发射元件,产生超声波,以此来替代图8.4.6中的4011"与非"门多谐振荡电路。

项目单元5 温度传感器温度测量与控制实训

【项目描述】

本项目用单片机内部温度传感器和 Dallas 半导体公司的数字化温度传感器 DS1820 及其资源检测现场环境温度,并与设定的温度值比较,将比较结果用发光二极管或 LED 数码管显示。

【项目分析】

本项目采用单片机构成多机通信系统,主站负责温度的监控,从站负责具体的测量和控制。采用8位的A/D来满足测控要求,选用ADC0809。温度显示用数码管,超限显示用 LED 发光二极管指示,采用动态扫描的方式控制。

【知识链接】

8.5.1 Dallas 最新单线数字温度传感器 DS18B20 简介

Dallas 半导体公司的数字化温度传感器 DS18B20 是世界上第一片支持"一线总线"

接口的温度传感器。现场温度直接以"一线总线"的数字方式传输,大大提高了系统的抗干扰性,适合于恶劣环境的现场温度测量,如环境控制、设备或过程控制、测温类消费电子产品等。与前一代产品不同,新的产品支持 3～5.5V 的电压范围,使系统设计更灵活、方便。

DS18B20 测量温度范围为 −55～+125℃,在 −10～+85℃范围内,精度为 ±0.5℃。DS18B20 可以程序设定 9～12 位的分辨率,及用户设定的报警温度存储在 EEPROM 中,掉电后依然保存。

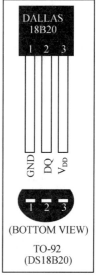

图 8.5.1　DS18B20 引脚排列

DS18B20 内部结构主要由 4 部分组成:64 位光刻 ROM、温度传感器、非挥发的温度报警触发器 TH 和 TL、配置寄存器。DS18B20 的管脚排列如下:DQ 为数字信号输入/输出端;GND 为电源地;V_{DD}为外接供电电源输入端(在寄生电源接线方式时接地)。

光刻 ROM 中的 64 位序列号是出厂前被光刻好的,它可以看作是该 DS18B20 的地址序列码。64 位光刻 ROM 的排列是:开始 8 位(28H)是产品类型标号,接着的 48 位是该 DS18B20 自身的序列号,最后 8 位是前面 56 位的循环冗余校验码(CRC = X8 + X5 + X4 +1)。光刻 ROM 的作用是使每一个 DS18B20 都各不相同,这样就可以实现一根总线上挂接多个 DS18B20 的目的。DS18B20 引脚排列如图 8.5.1 所示。

DS18B20 中的温度传感器可完成对温度的测量,以 12 位转化为例:用 16 位符号扩展的二进制补码读数形式提供,以 0.0625℃/LSB形式表达,其中 S 为符号位。

LS Byte:

Bit7	Bit6	Bit5	Bit4	Bit3	Bit2	Bit1	Bit0
2^3	2^2	2^1	2^0	2^{-1}	2^{-2}	2^{-3}	2^{-4}

MS Byte:

Bit15	Bit14	Bit13	Bit12	Bit11	Bit10	Bit9	Bit8
S	S	S	S	S	2^6	2^5	2^4

这是 12 位转化后得到的 12 位数据,存储在 18B20 的两个 8bit 的 RAM 中,二进制中的前面 5 位是符号位,如果测得的温度大于 0,这 5 位为 0,只要将测到的数值乘以0.0625即可得到实际温度;如果温度小于 0,这 5 位为 1,测到的数值需要取反加 1 再乘以 0.0625即可得到实际温度。

例如,+125℃的数字输出为 07D0H,+25.0625℃的数字输出为 0191H,−25.0625℃的数字输出为 FF6FH,−55℃的数字输出为 FC90H。具体温度与数据输出转换见表8.5.1。

表 8.5.1 DS18B20 温度传感器温度与数据输出

温 度	数据输出(二进制)	数据输出(十六进制)
+125℃	0000 0111 1101 0000	07D0H
+85℃	0000 0101 0101 0000	0550H
+25.0625℃	0000 0001 1001 0001	0191H
+10.125℃	0000 0000 1010 0010	00A2H
+0.5℃	0000 0000 0000 1000	0008H
0℃	0000 0000 0000 0000	0000H
-0.5℃	1111 1111 1111 1000	FFF8H
-10.125℃	1111 1111 0101 1110	FF5EH
-25.0625℃	1111 1110 0110 1111	FE6FH
-55℃	1111 1100 1001 0000	FC90H

DS18B20 温度传感器的内部存储器包括一个高速暂存 RAM 和一个非易失性的可电擦除 E2RAM,后者存放高温度、低温度触发器 TH、TL 和结构寄存器。

暂存存储器包含了 8 个连续字节,前 2 个字节是测得的温度信息,第 1 个字节的内容是温度的低 8 位,第 2 个字节是温度的高 8 位。第 3 个和第 4 个字节是 TH、TL 的易失性拷贝,第 5 个字节是结构寄存器的易失性拷贝,这 3 个字节的内容在每一次上电复位时被刷新。第 6、7、8 个字节用于内部计算。第 9 个字节是冗余检验字节。

该字节各位的意义如下:

TM	R1	R0	1	1	1	1	1

低 5 位一直都是 1 ,TM 是测试模式位,用于设置 DS18B20 在工作模式还是在测试模式。在 DS18B20 出厂时该位被设置为 0,用户不要去改动。R1 和 R0 用来设置分辨率,见表 8.5.2(DS18B20 出厂时被设置为 12 位)。

表 8.5.2 分辨率设置表

R1	R0	分 辨 率	温度最大转换时间
0	0	9 位	93.75ms
0	1	10 位	187.5ms
1	0	11 位	375ms
1	1	12 位	750ms

根据 DS18B20 的通信协议,主机控制 DS18B20 完成温度转换必须经过三个步骤:每一次读写之前都要对 DS18B20 进行复位,复位成功后发送一条 ROM 指令,最后发送 RAM 指令,这样才能对 DS18B20 进行预定的操作。复位要求主 CPU 将数据线下拉 500μs,然后释放,DS18B20 收到信号后等待 16 ~ 60μs,后发出 60 ~ 240μs 的低脉冲,主

CPU 收到此信号表示复位成功。

本实验在读取温度的基础上,完成类似空调恒温控制的实验。用加热电阻代替加热电机,制冷采用自然冷却。温度值通过 LED 显示电路以十进制形式显示出来,单片机发出指令信号,继电器吸合,红色 LED 点亮,加热电阻开始加热。

8.5.2 系统要求和控制方案

本例是单片机在集散控制系统(分布式控制系统)中的应用,仅以温度的测控为例,可以用于其他物理量(压力、流量、湿度等)的集散控制系统。

1. 系统要求

(1) 系统由一个主站点和若干个从站点构成(假定 4 个),每个从站点可以检测控制 8 路温度。

(2) 能通过主站对任一从站的任一路温度进行设定,从站对检测的值与设定值比较,控制升温或降温,并将超限信息送给主站。

(3) 主站实时显示各路温度的超限信息。

(4) 主站巡回显示各路温度的编号和温度值,也可跟踪显示某路温度值。

(5) 温度可以在 0~100℃ 范围内设定低限或高限。温度控制的误差 ≤ ±2℃。

(6) 对升温或降温过程的时间不做要求。

2. 控制方案

用单片机构成多机通信系统,从站负责具体的测量和控制,主站负责温度的监控。由于温度控制的精度要求不高,而且范围不大,采用 8 位的 A/D 已经能满足测控要求,选用 ADC0809。温度编号:0 号从站(0~7),1 号从站(8~15),其余依此类推。

温度显示用数码管,超限显示用 LED 发光二极管指示,32 路共 64 位,将它们构成 8 个数码管,采用动态扫描的方式控制。

从站点有 4 个,用两位的地址开关对它们进行编码,这样所有的从站的电路和程序是一致的。主站和从站的系统图如图 8.5.2 所示。主站键盘采用由 4 个按键的独立式键盘,4 个键功能分别为:功能、加 1、移位、确定键。

图 8.5.2　集散温度测控系统主站、从站结构图

功能键:使系统在巡检、跟踪、参数(设置)共 3 个状态间切换。

加 1 键:在巡检状态不起作用,跟踪状态对通道号加 1,选择跟踪的通道,在参数(设置)状态,修改 4 个数码管的数据,结合点阵显示修改某路温度的高限、低限值。

移位键:在巡检状态、跟踪状态不起作用,参数(设置)状态与加 1 键配合修改参数。

确定键:在巡检状态不起作用,在跟踪状态退回到巡检状态,在参数设置状态,将当前通道的参数值发送到从站,并退回到巡检状态。

283

8.5.3 硬件、软件设计

1. 硬件设计

包括主站和从站。

1) 通信接口电路

通信用单片机的串行口实现,为增加通信的
距离,将信号的电压提高,接口电路如图 8.5.3
所示。接口电路将单片机的 TXD(0~5V)信号
转换成 TXD′(0~12V)发给对方,将对方发来的
RXD′(0~12V)信号转换后送给单片机的 RXD
(0~5V)。

2) 主站的键盘接口、显示电路、二极管点阵
接口电路

键盘接口、显示电路、二极管点阵接口电路
可以参考前面的交通灯项目所使用的电路。资
源分配如下。

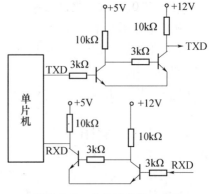

图 8.5.3 串行通信接口电路

键盘电路:P1.0~P1.3 作为按键的输入口,P3.2 作为按键的中断触发输入口,键盘
工作在中断控制扫描方式。

显示、二极管点阵电路:P0 口为段控制口,P2.0~P2.7 作为点阵(接成数码管形式)
的位控制口。P1.4~P1.7 作为数码管的位控制口。

3) 从站升温控制、降温控制、编码电路

升温控制、降温控制电路由 I/O 通过驱动电路控制继电器或晶闸管,再由继电器或晶
闸管电热丝或压缩机实现加热和降温。本例用 P1 口作为升温控制输出口,P2 口作为降
温控制输出口。

编码电路用 2 位地址开关,用 P3.6、P3.7 作为地址开关的输入,如图 8.5.4 所示。

4) 从站温度检测电路

温度检测用的传感器种类很多,如热电偶、热敏电阻、铂热电阻、双金属片、PN 结温
度传感器、集成电路传感器(模拟和数字),可以根据测量精度等方面的要求选择合适
的温度传感器。本例用普通的二极管(PN 结)来检测温度。PN 结在恒定正向电流(如
1mA)的条件下,PN 结正向压降随温度变化的速度为 -2~-2.5mV/℃,并且在 0~
100℃的线性度优于 1%,可以满足测量要求。温度变换电路如图 8.5.5 所示。

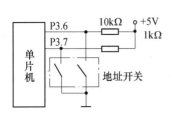

图 8.5.4 编码电路

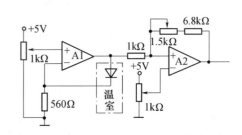

图 8.5.5 PN 结测温电路

284

图中 A1、1kΩ 电位器、560Ω 和二极管构成一个恒流源,利用运放的虚短、虚断特性,调整电位器,使流过二极管的电流为 1mA,则二极管上的正向压降随温度变化,每升高或降低 1℃,减少或增加 2mV 左右。A1 输出电压在 1.25V 左右变化。其余的器件变化引起的电压变化量进行放大,调整放大倍数和 A2 同相端的电压,可使温度在 0~100℃ 变化时,A2 的输出在 0~5V 变化,供 A/D 转换测量。

ADC0809 与单片机的接口如图 8.5.6 所示,P0 口作为 A/D 数据线,其中 P0.0~P0.2 同时作为通道地址控制口,单片机的 ALE 作为 A/D 转换的时钟(系统时钟频率取 6MHz)。P3.2、P3.3、P3.4 分别作为 A/D 转换的启动、转换结束和输出控制信号线。对 A/D 转换的操作直接用内 RAM 的操作指令操作,注意和外 RAM 的指令操作的区别,并比较相互间的优缺点。

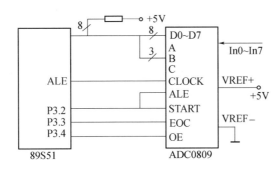

图 8.5.6 89S51 与 ADC0809 的接线图

2. 软件设计

软件设计也包括主站和从站,并且相互间要严格配合。主站程序包括主程序(显示程序)、外部中断的服务程序(键盘程序)、定时器服务程序(定时与从站通信)。从站程序包括主程序(温度控制)、串口中断服务程序(向主站传送温度值)、温度检测(A/D 转换)等。

1)主站程序

主站主程序的流程图如图 8.5.7 所示。串行口设置为方式 3,允许接收,不开通串口中断,波特率设置与从站一致即可。T1 作为波特率发生器使用,T0 设置为 0.1s 定时,外中断 0 设置为边沿触发方式,整个程序用到的内 RAM 空间单元分配及初始化。显示程序将显示缓冲区(数码管、点阵)信息用动态扫描方式显示出来。具体程序内容可以参照交通灯控制程序编写。

2)主站 T0 服务程序

T0 在本例中作为多延时任务程序用,在正常状态下有两个任务。一是每 0.1s 依次巡检从站点的温度值和状态信息(超限),送到对应的存储单元,供显示程序调用。二是每 3s 切换显示温度的编号和温度值。在跟踪显示状态,不切换显示通道。流程图如图 8.5.8 所示。

主站和从站间通信按照多机通信的原理,首先向从站发送从站的地址,且 TB8 = 1,使所有从站都能收到地址信息,然后使 TB8 = 0,向从站发送其他信息,这时只有地址与主站发送地址相同的从站能接收,并与主机进行信息交换。

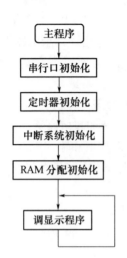

图 8.5.7　主站主程序流程图

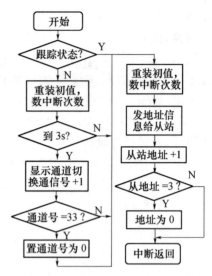

图 8.5.8　定时器 T0 服务程序框图

数据流如下：

地址帧(TB8 = 1)	命令帧(TB8 = 0)	DATA0	……	DATA9

　　地址帧和命令帧由主站发送，从站接收，DATA0 ~ DATA7 为 8 路的温度值，DATA8、DATA9 分别为 8 路温度的高低温超限状态(0 正常,1 超限)，DATA0 ~ DATA9 由从站发送，主站接收。从站信息从内 RAM30H 开始存放，程序如下：

```
INET0P:  MOV    TH0,#60        ;
         MOV    TL0,#176       ;重装初值
         PUSH   ACC
         PUSH   PSW            ;保护现场
         INC    R2             ;显示切换计时
         CJNE   R2,#30,N3S     ;没有到3s转移
         MOV    R2,#0          ;到3s计时
         INC    R3             ;显示通道号
         CJNE   R3,#33,NLAST   ;没有到最后一个通道转移
         MOV    R3,#0          ;到通道号置为0
NLAST:   SETB   TB8
         MOV    SBUF,R4        ;发送地址帧
         JNB    TI,$           ;等待发送结束
         CLR    TI
         CLR    TB8
         MOV    SBUF,#1        ;发送命令字,1向主站传送温度和超限状态
         JNB    TI,$           ;等待发送结束
         CLR    TI
         SETB   REN            ;允许接收
         MOV    A,R4           ;计算接收数据存放地址
         MOV    B,#10
```

286

```
         MUL     AB
         ADD     A,#30H              ;计算接收数据存放地址
         MOV     R0,A                ;地址用 R0 间接寻址
         MOV     R5,#10              ;循环接收次数
RECON:   JNB     RI,$                ;等待接收
         CLR     RI                  ;收到完整字节,清接收中断标志
         MOV     @R0,SBUF            ;保存数据
         INC     R0                  ;修改存放数据指针
         DJNZ    R5,RECON            ;没有完继续接收
         CLR     REN                 ;完了禁止接收
         POP     PSW
         POP     ACC                 ;恢复现场
         RETI                        ;中断返回
```

3）主站中断服务程序

主站中断服务程序的框图如图 8.5.9 所示。定义一个单元表示系统运行状态:0 巡检状态、1 跟踪状态、2 参数(设置)状态。键 1 程序如下:

```
KEY1:    INC     60H                 ;键状态值 +1
         MOV     R7,60H
         CJNE    R7,#3,KEY1A
         MOV     60H,#0              ;超过置位 0 状态
KEY1A:   RET1                        ;中断返回
```

加 1 键、移动键功能在前面的应用中已经有类似的设计,这里从略。下面给出键 4 程序。

```
KEY4:
         MOV     R7,60H ;
         CJNE    R7,#2,KEY4A         ;非转参数设置
         CLR     TR0                 ;参数设置状态,停止巡检工作
         MOV     A,LED3              ;计算通道号
         MOV     B,#10
         MUL     AB
         ADD     A,LED2              ;数码管高 2 位
         MOV     B,#8
         DIV     AB                  ;计算通道号,计算从站地址
         SETB    TB8
         MOV     SBUF,A              ;向从站发送地址帧
         JNB     TI,$                ;等待发送结束
         CLR     TI                  ;清发送中断标志
         CLR     TB8
         MOV     SBUF,#2             ;命令字,2 主站传送参数
         JNB     TI,$                ;等待发送结束
         CLR     TI                  ;清发送中断标志
         MOV     SBUF,B              ;发送从站点温度通道
```

```
         JNB      TI,$              ;等待发送结束
         CLR      TI               ;清发送中断标志
         MOV      A,LED1           ;计算设定温度值
         MOV      B,#10
         MUL      AB
         ADD      A,LED0           ;计算设定温度值
         MOV      SBUF,A           ;发送温度设定值
         JNB      TI,$             ;等待发送结束
         CLR      TI               ;清发送中断标志
         SETB     TR0              ;恢复巡检功能
KEY4A:   MOV      60H,#0           ;置为巡检状态
         RETI                      ;返回
```

4）从站主程序

从站主程序的结构如图 8.5.10 所示。串行口的初始化应和主站的设置一致起来,设置为方式 3,SM2＝1（多机通信）,允许接收,且允许中断,波特率设置与主站相同,定时器 T1 作为波特率发生器,T0 产生 0.1s 定时。程序比较简单,留给读者自练习。

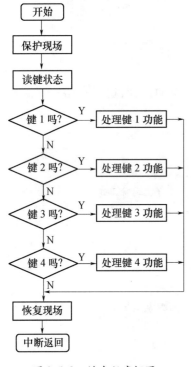

图 8.5.9　键盘程序框图

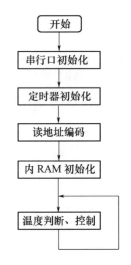

图 8.5.10　从站主程序流程图

5）从站温度检测程序

用 T0 控制 A/D 转换,每 0.1s 依次对 8 路 A/D 进行转换控制,采用查询方式读取 A/D转换结果,程序流程图如图 8.5.11 所示。

假定通道号放在 R2 中,8 路温度值存放在 50H 开始的内部单元中,用 R0 间接寻址。

288

```
INETOP:
        MOV     TH0,#60
        MOV     TL0,#176            ;重装初值
GOON:   MOV     P0,R2               ;输出通道号,低3位有效
        SETB    P3.2                ;锁存通道号/启动转换
        CLR     P3.2
        LCALL   DEL                 ;调延时10μs延时子程序
        SETB    P3.3                ;准备读转换结束标志
        JNB     P3.3,$              ;等待转换结束
        SETB    P3.4                ;输出允许
        MOV     P0,#0FFH            ;将P0口置为输入口
        MOV     @R0,P0              ;读入并保存数据
        CLR     P3.4                ;恢复转换前条件
        INC     R0                  ;修改数据区地址
        INC     R2                  ;修改通道号
        CJNE    R2,#8,GOON          ;判8路转换完?未完继续
        MOV     R2,#0               ;完,通道置0
        MOV     R0,#50H             ;数据地址指向0通道
        RETI                        ;8路转换完,返回退出
```

6) 串行口中断服务程序

从站串行口的主要任务接收主站的发来的设置参数,向主站传送测量的温度值和升温、降温的控制状态。程序的流程图如图8.5.12所示。

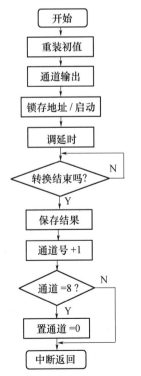

图 8.5.11　温度检测流程图

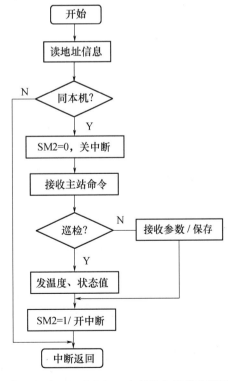

图 8.5.12　从站串行口中断服务程序流程图

8 路温度值和升温、降温状态存放在 50H 开始的 10 个单元中,高限、低限的参数存放在 40H 开始的 16 个单元。参考程序如下:

```
INESP:  CLR    RI                  ;清接收标志
        MOV    A,SBUF              ;读取地址
        CJNE   A,40H,NEQUAL        ;不同转
        CLR    SM2                 ;准备接收数据帧
        CLR    ES                  ;关串口中断
        JNB    RI,$                ;等待接收命令数据
        CLR    RI                  ;清接收标志
        MOV    A,SBUF              ;取命令数据
        CJNE   A,#1,CANSHU         ;转传参数
        MOV    R0,#50H             ;温度存放地址
        MOV    R3,#10              ;数据个数
TOZHU:  MOV    SBUF,@R0            ;发送数据
        JNB    TI,$               ;等待发送
        CLR    TI                  ;清标志
        INC    R0                  ;指向下一地址
        DJNZ   R3,TOZHU            ;没有完继续
        SJM    PNEQUAL
CANSHU: JNB    RI,$                ;等待接收
        CLR    RI                  ;清标志
        MOV    A,SBUF              ;取温度通道号
        ADD    A,#40H              ;加上基址
        MOV    R0,A
        JNB    RI,$                ;等待接收
        CLR    RI                  ;清标志
        MOV    @R0,SBUF            ;保存参数
NEQUAL: SETB   ES                  ;开中断
        SETB   SM2                 ;允许接收地址
        RETI                       ;中断返回
```

【项目实施】

1. 程序编制要点及参考程序

1) 程序编制要点

温度传感器温度控制实训单片机 80C51 连接电路如图 8.5.13 和图 8.5.14 所示。

2) 参考程序

; //* 功能:进行温度显示,这里考虑用 I2C 7279 串行调用显示两位数码管来显示温度

; 显示范围 00℃~99℃,显示精度为 1℃,温度控制在 50℃,超过温度时则风扇模拟降温

; 因为 12 位转化时每一位的精度为 0.0625℃,我们不要求显示小数,所以可以抛弃 29H 的低 4 位

; 将 28H 中的低 4 位移入 29H 中的高 4 位,这样获得一个新字节,这个字节就是实际测量获得的温度

290

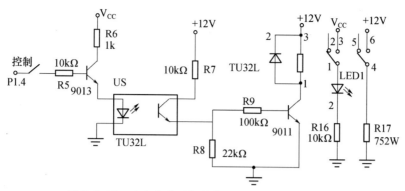

图 8.5.13 温度传感器控制实训 80C51 连接电路(1)

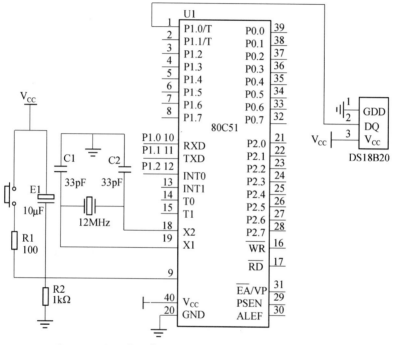

图 8.5.14 温度传感器温度控制实训 80C51 连接电路(2)

; 这个转化温度的方法非常简洁,无需乘以系数 0.0625

; //* *

TEMPER_L	EQU	20H	;用于保存读出温度的低 8 位
TEMPER_H	EQU	21H	;用于保存读出温度的高 8 位
FLAG1	EQU	22H	;是否检测到 DS18B20 标志位
DATA_IN	DATA	025H	
DATA_OUT	DATA	026H	
TIMER	DATA	030H	
BIT_COUNT	DATA	031H	
DBUF	DATA	032H	
CLK	BIT	P1.6	
DAT	BIT	P1.7	

```
                ORG     0000H
                LJMP    START
                ORG     0100H
START:          SETB    P1.4
                CLR     P1.5
MAIN:           LCALL   GET_TEMPER       ;调用读温度子程序
                MOV     A,29H
                MOV     C,40H            ;将28H中的最低位移入C
                RRC     A
                MOV     C,41H
                RRC     A
                MOV     C,42H
                RRC     A
                MOV     C,43H
                RRC     A
                MOV     29H,A
                LCALL   TOBCD
                LCALL   DISPLAY          ;调用数码管显示子程序
                LCALL   DELAY
                AJMP    MAIN
INIT_1820:                               ;这是DS18B20复位初始化子程序
                SETB    P1.0
                NOP
                CLR     P1.0
                MOV     R1,#3            ;主机发出延时537μs的复位低脉冲

TSR1:           MOV     R0,#107
                DJNZ    R0,$
                DJNZ    R1,TSR1
                SETB    P1.0             ;然后拉高数据线
                NOP
                NOP
                NOP
                MOV     R0,#25H
TSR2:           JNB     P1.0,TSR3        ;等待DS18B20回应
                DJNZ    R0,TSR2
                LJMP    TSR4             ;延时
TSR3:           SETB    FLAG1            ;置标志位,表示DS1820存在
                LJMP    TSR5
TSR4:           CLR     FLAG1            ;清标志位,表示DS1820不存在
                LJMP    TSR7
TSR5:           MOV     R0,#117
TSR6:           DJNZ    R0,TSR6          ;时序要求延时一段时间
```

292

```
TSR7:       SETB   P1.0
            RET
GET_TEMPER:                        ;读出转换后的温度值
            SETB   P1.0
            LCALL  INIT_1820       ;先复位 DS18B20
            JB     FLAG1,TSS2
            RET                     ;判断 DS1820 是否存在? 若 DS18B20 不存在则返回
TSS2        :MOV   A,#0CCH         ;跳过 ROM 匹配
            LCALL  WRITE_1820
            MOV    A,#44H          ;发出温度转换命令
            LCALL  WRITE_1820
LCALL       DELAY1                  ;这里通过调用显示子程序实现延时一段时间,等待 AD
                                    ;转换结束,12 位的话 750 μs
            LCALL  INIT_1820       ;准备读温度前先复位
            MOV    A,#0CCH         ; 跳过 ROM 匹配
            LCALL  WRITE_1820
            MOV    A,#0BEH         ;发出读温度命令
            LCALL  WRITE_1820
            LCALL  READ_18200      ; 将读出的温度数据保存到 35H/36H
            RET
WRITE_1820:                        ;写 DS18B20 的子程序(有具体的时序要求)
            MOV    R2,#8           ;一共 8 位数据
            CLR    C
WR1:        CLR    P1.0
            MOV    R3,#6
            DJNZ   R3,$
            RRC    A
            MOV    P1.0,C
            MOV    R3,#23
            DJNZ   R3,$
            SETB   P1.0
            NOP
            DJNZ   R2,WR1
            SETB   P1.0
            RET
READ_18200:                        ; 读 DS18B20 的程序,从 DS18B20 中读出 2 个字节的
                                    ;温度数据
            MOV    R4,#2           ; 将温度高位和低位从 DS18B20 中读出
            MOV    R1,#29H         ;低位存入 29H(TEMPER_L),高位存入 28H(TEMPER_H)
RE00:       MOV    R2,#8           ;数据一共有 8 位
RE01:       CLR    C
            SETB   P1.0
            NOP
```

```
            NOP
            CLR     P1.0
            NOP
            NOP
            NOP
            SETB    P1.0
            MOV     R3,#9
RE10:       DJNZ    R3,RE10
            MOV     C,P1.0
            MOV     R3,#23
RE20:       DJNZ    R3,RE20
            RRC     A
            DJNZ    R2,RE01
            MOV     @R1,A
            DEC     R1
            DJNZ    R4,RE00
            RET

TOBCD:
            MOV     A,29H                       ;将29H中的十六进制数转换成十进制
            MOV     B, #10
            DIV     AB
            MOV     DBUF+1, A
            MOV     A, B
            MOV     DBUF,A
            MOV     A,DBUF+1
            CJNE    A,#5,$+3
            JNC     WW
            SETB    P1.4
            CLR     P1.5
            RET
WW:         CLR     P1.4
            SETB    P1.5

DISPLAY:
            ANL     P2,#00H                 ;CS7279 有效
            MOV     DATA_OUT,#10100100B ; A4H,复位命令
            CALL    SEND
            MOV     DATA_OUT,#10000000B ;在第一个数码管上显示
            CALL    SEND
            MOV     DATA_OUT,DBUF
            CALL    SEND#
            MOV     DATA_OUT,#10000001B ;译码方式0,2位显示在第一个数码管上
            CALL    SEND
            MOV     DATA_OUT,DBUF+1
```

```
                    CALL    SEND
                    RET
SEND:               MOV     BIT_COUNT,#8      ;发送字符子程序
                    ANL     P2,#00H
                    CALL    LONG_DELAY
SEND_LOOP:          MOV     C,DATA_OUT.7
                    MOV     DAT,C
                    SETB    CLK
                    MOV     A,DATA_OUT
                    RL      A
                    MOV     DATA_OUT,A
                    CALL    SHORT_DELAY
                    CLR     CLK
                    CALL    SHORT_DELAY
                    DJNZ    BIT_COUNT,SEND_LOOP
                    CLR     DAT
                    RET
LONG_DELAY:         MOV     TIMER,#80         ;延时约200μs
DELAY_LOOP:         DJNZ    TIMER,DELAY_LOOP
                    RET
SHORT_DELAY:        MOV     TIMER,#6          ;延时约20μs
SHORT_LP:           DJNZ    TIMER,SHORT_LP
                    RET

DELAY:              LCALL   DELAY1
                    LCALL   DELAY1
                    LCALL   DELAY1
                    LCALL   DELAY1
                    LCALL   DELAY1
                    RET
DELAY1:             MOV     R1,#0
DLOOP:              DJNZ    R1,DLOOP
                    DJNZ    R0,DELAY1
                    RET
                    END
```

2. 实训的任务和步骤

（1）把 7279 阵列式键盘的 J9 四只短路帽打在上方,J10 打在 VCC 处,用 8P 排线将 JD7 和 8 位动态数码显示的 JD11 相连,JD8 和 JD12 相连,DS18B20 的 CONTROL 接 P1.4, OUT 接 P1.0。

（2）安装好仿真器,把仿真头插到模块的单片机插座中,打开模块电源,插上仿真器 电源插头。

（3）用串行数据通信线连接计算机与仿真器,把仿真器插到模块的锁紧插座中,注意

仿真器的方向:缺口朝上。

（4）打开 Keil uVision2 仿真软件,首先建立本实验的项目文件,然后添加"DS18B20. ASM"源程序,进行编译,直到编译无误。

（5）全速运行程序,程序正常运行后,数码 LED 数显为"XX"为十进制温度测量值。按下自锁开关"控制"LED 随之灯点亮加热源开始加热,温度也随着变化,当加热到设定的控制温度时如50℃时,停止加热。

（6）也可以把源程序编译成可执行文件,把可执行文件用 ISP 烧录器烧录到 89S52/89S51 芯片中运行(ISP 烧录器的使用查看附录1)。

【项目评价】

序号	评价指标	评 价 内 容	分值	学生自评	小组评价	教师评价
1	硬件设计	连接图 8.5.13 和图 8.5.14 所示电路到位	10			
		连接 80C51 到位	20			
2	调试	调通主程序、子程序每相	10			
		调通中断服务程序	20			
		通电后正确、实验成功	20			
3	安全规范与提问	是否符合安全操作规范	10			
		回答问题是否准确	10			
总分			100			
问题记录和解决方法			记录任务实施中出现的问题和采取的解决方法(可附页)			

【项目拓展】

如果主站键盘采用 4 个按键的独立式键盘,4 个键功能分别为:功能、加 1、移位、确定键。其具体程序如何？键盘接口、显示电路、二极管点阵接口如何分配。

附录 A ISP 下载器使用说明

下载器是使用了单片机的 ISP 编程方式,由下载板和并口下载器组成。

这个版本的设计目标:更好用,容易自制,更稳定,更灵活。

软件特性:支持 hex 文件,重载的文件对话框,让你不必到处找文件,热键支持,让调试程序时效率更高,灵活的程序设计,甚至可以让整套软件在其他编程器硬件上运行,下载线,编程器都有相关的调试程序,制作时更轻松,提高了成功率。

首先把软件考到 PC 中,打开 Easy 51Pro. exe 即可弹出如附图 A. 1 所示对话框。

附图 A.1 ISP 下载软件打开软件

单击右下角的设置按钮进行设置(见附图 A. 1),接着在检测器件的窗口中选择要下载的目标芯片如 AT89S52。

其次将 89S51/S52 芯片插到 40P 的锁紧座中,25 针的并口线一端连 PC 的并口,另一端与下载连接线相连,在把 8P 的排线和实验箱上的 ISP 下载接口相连,下载接口的 J0 短路帽打在 EA 处,然后在烧录界面中单击"检测器件"的按钮,看是否可以检测到所烧的目标芯片,并听到相应的声音信号。接着打开下载界面,按"打开文件"按钮打开需要下载的程序 hex 文件,可以一步一步手动完成,也可以单击"自动完成"按钮,就会一项一项自动往下进行,等烧录完成了接着可以运行自己的实验程序了。

最优的设置就像附图 A2 所示。缓冲 1 会自动刷新上一次打开的文件,所以不必每烧一次芯片就去打开一次文件,也可以不单击"自动完成"按钮,在该界面按【Enter】键。不在该界面下时可以用"热键",所以每当编译完程序后,直接按热键就可以了(默认热键【Ctrl + Shift + P】)。在调试中频繁烧片时这个功能显得很重要。要把按键设置"自动"很简单,右击一下就可以了。操作成功或失败会有不同的声音提示。成功的声音提示可能让编程时效率更高。

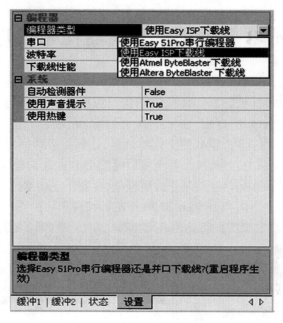

附图 A. 2　ISP 下载软件设置

附录 B MCS-51 系列单片机指令

MCS-51 单片机指令系统所用符号和含义如下：

addr11	11 位地址
addr16	16 位地址
bit	位地址
rel	相对偏移量,为 8 位有符号数(补码形式)
direct	直接地址单元(RAM,SFR,I/O)
#data	立即数
Rn	工作寄存器 R0 ~ R7
A	累加器
Ri	i = 0 或 1,数据指针 R0 或 R1
X	片内 RAM 中的直接地址或寄存器
@	间接寻址方式中,表示间址寄存器的符号
(X)	在直接寻址方式中,表示直接地址 X 中的内容
((X))	间接寻址方式中,表示间址寄存器 X 指出的地址单元中的内容
→	数据传送方向
∧	逻辑与
∨	逻辑或
⊕	逻辑异或
√	对标志位产生影响
×	不影响标志位

附表 B.1 数据传送指令表

指令助记符	十六进制代码(H)	对标志位影响				字节数	周期数
		P	OV	AC	CY		
MOV A,Rn	E8 ~ EF	√	×	×	×	1	1
MOV A,direct	E5 direct	√	×	×	×	2	1
MOV A,@ Ri	E6 ~ E7	√	×	×	×	1	1
MOV A,#data	74data	√	×	×	×	2	1
MOV Rn,A	F8 ~ FF	×	×	×	×	1	1
MOV Rn,direct	A8 ~ AF direct	×	×	×	×	2	2
MOV Rn,#data	78 ~ 7F data	×	×	×	×	2	1
MOV direct,A	F5 direct	×	×	×	×	2	1
MOV direct,Rn	88 ~ 8F direct	×	×	×	×	2	2

指令助记符	十六进制代码（H）	对标志位影响				字节数	周期数
		P	OV	AC	CY		
MOV direct1,direct2	85 direct1 direct2	×	×	×	×	3	2
MOV direct,@Ri	86~87 direct	×	×	×	×	2	2
MOV direct,#data	75 direct data	×	×	×	×	3	2
MOV @Ri,A	F6~F7	×	×	×	×	1	1
MOV @Ri,direct	A6~A7 direct	×	×	×	×	2	2
MOV @Ri,#data	76~77 data	×	×	×	×	2	1
MOV DPTR,#data16	90 data$_{15~8}$ data$_{7~0}$	×	×	×	×	3	2
MOVC A,@A+DPTR	93	√	×	×	×	1	2
MOVC A,@A+PC	83	√	×	×	×	1	2
MOVX A,@Ri	E2~E3	√	×	×	×	1	2
MOVX A,@DPTR	E0	√	×	×	×	1	2
MOVX @Ri,A	F2~F3	×	×	×	×	1	2
MOVX @DPTR,A	F0	×	×	×	×	1	2
PUSH direct	C0 direct	×	×	×	×	2	2
POP direct	D0 direct	×	×	×	×	2	2
XCH A,Rn	C8~CF	√	×	×	×	1	1
XCH A,direct	C5 direct	√	×	×	×	2	1
XCH A,@Ri	C6~C7	√	×	×	×	1	1
XCHD A,@Ri	D6~D7	√	×	×	×	1	1

附表 B.2 算术运算指令表

指令助记符	十六进制代码（H）	对标志位影响				字节数	周期数
		P	OV	AC	CY		
ADD A,Rn	28~2F	√	√	√	√	1	1
ADD A,direct	25 direct	√	√	√	√	2	1
ADD A,@Ri	26~27	√	√	√	√	1	1
ADD A,#data	24 data	√	√	√	√	2	1
ADDC A,Rn	38~3F	√	√	√	√	1	1
ADDC A,direct	35 direct	√	√	√	√	2	1
ADDC A,@Ri	36~37	√	√	√	√	1	1
ADDC A,#data	34 data	√	√	√	√	2	1
SUBB A,Rn	98~9F	√	√	√	√	1	1
SUBB A,direct	95 direct	√	√	√	√	2	1
SUBB A,@Ri	96~97	√	√	√	√	1	1
SUBB A,#data	94 data	√	√	√	√	2	1

指令助记符	十六进制代码（H）	对标志位影响 P	OV	AC	CY	字节数	周期数
INC A	04	√	×	×	×	1	1
INC Rn	08～0F	×	×	×	×	1	1
INC direct	05 direct	×	×	×	×	2	1
INC @ Ri	16～17	×	×	×	×	1	1
INC DPTR	A3	×	×	×	×	1	2
DEC A	14	√	×	×	×	1	1
DEC Rn	18～1F	×	×	×	×	1	1
DEC direct	15 direct	×	×	×	×	2	1
DEC @ Ri	16～17	×	×	×	×	1	1
MUL AB	A4	√	√	×	×	1	4
DIV AB	84	√	√	×	×	1	4
DA A	D4	√	×	√	√	1	1

附表 B.3 逻辑运算指令表

指令助记符	十六进制代码（H）	对标志位影响 P	OV	AC	CY	字节数	周期数
ANL A,Rn	58～5F	√	×	×	×	1	1
ANL A,direct	55 direct	√	×	×	×	2	1
ANL A,@ Ri	56～57	√	×	×	×	1	1
ANL A,#data	54 data	√	×	×	×	2	1
ANL direct,A	52 direct	×	×	×	×	2	1
ANL direct,#data	53 direct data	×	×	×	×	3	2
ORL A,Rn	48～4F	√	×	×	×	1	1
ORL A,direct	45 direct	√	×	×	×	2	1
1ORL A,@ Ri	46～47	√	×	×	×	1	1
ORL A,#data	44 data	√	×	×	×	2	1
ORL direct,A	42 direct	×	×	×	×	2	1
ORL direct,#data	43 direct data	×	×	×	×	3	2
XRL A,Rn	68～5F	√	×	×	×	1	1
XRL A,direct	65 direct	√	×	×	×	2	1
XRL A,@ Ri	66～67	√	×	×	×	1	1
XRL A,#data	64 data	√	×	×	×	2	1
XRL direct,A	62 direct	×	×	×	×	2	1
XRL direct,#data	63 direct data	×	×	×	×	3	2
CLR A	E4	√	×	×	×	1	1

（续）

指令助记符	十六进制代码（H）	P	OV	AC	CY	字节数	周期数
CPL A	F4	×	×	×	×	1	1
RL A	23	×	×	×	×	1	1
RLC A	33	√	×	×	√	1	1
RR A	03	×	×	×	×	1	1
RRC A	13	×	×	×	×	1	11
SWAP A	C4	×	×	×	×	1	1

附表 B.4　位操作指令表

指令助记符	十六进制代码（H）	P	OV	AC	CY	字节数	周期数
CLR C	C3	×	×	×	√	1	1
CLR bit	C2 bit	×	×	×		2	1
SETB C	D3	×	×	×	√	1	1
SETB bit	D2 bit	×	×	×		2	1
CPL C	B3	×	×	×	√	1	1
CPL bit	B2 bit	×	×	×		2	1
ANL C,bit	82 bit	×	×	×	√	2	2
ANL C,/bit	B0 bit	×	×	×	√	2	2
ORL C,bit	72 bit	×	×	×	√	2	2
ORL C,/bit	A0 bit	×	×	×	√	2	2
MOV C,bit	A2 bit	×	×	×	√	2	1
MOV bit,C	92 bit	×	×	×	×	2	1
JC rel	40 rel	×	×	×	×	2	2
JNC rel	50 rel	×	×	×	×	2	2
JB bit,rel	20 bit rel	×	×	×	×	3	2
JNB bit,rel	30 bit rel	×	×	×	×	3	2
JBC bit,rel	10 bit rel	×	×	×	×	3	2

附表 B.5　控制转移类指令表

指令助记符	十六进制代码（H）	P	OV	AC	CY	字节数	周期数
ACALL addr11	$a_{10}a_9a_8$10001 a_{7-0}	×	×	×	×	2	2
LCALL addr16	12 a_{15-8} a_{7-0}	×	×	×	×	3	2
RET	22	×	×	×	×	1	2
RETI	32	×	×	×	×	1	2
AJMP addr11	$a_{10}a_9a_8$00001 a_{7-0}	×	×	×	×	2	2

302

指令助记符	十六进制代码(H)	对标志位影响				字节数	周期数
		P	OV	AC	CY		
LJMP addr16	02 a_{15-8} a_{7-0}	×	×	×	×	3	2
SJMP rel	80rel	×	×	×	×	2	2
JMP @ A + DPTR	73	×	×	×	×	1	2
Jz rel	60rel	×	×	×	×	2	2
JNZ rel	70rel	×	×	×	×	2	2
CJNE A,direct,rel	B5 direct el	×	×	×	×	3	2
CJNE A,#data,rel	B4 data el	×	×	×	√	3	2
CJNE Rn,#data,rel	B8 ~ BF data rel	×	×	×	√	3	2
CJNE @ Ri,#data,rel	B6 ~ B7 data rel	×	×	×	√	3	2
DJNZ Rn,rel	D8 ~ DF	×	×	×	√	2	2
DJNZ direct,rel	D5 direct rel	×	×	×	×	3	2
NOP	00	×	×	×	×	1	1

附录 C 书中电气图用图形符号对照表

序号	名称	软件截图中的画法	国家标准画法
1	按钮开关	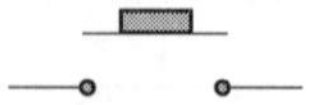	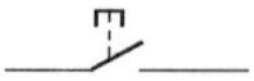
2	极性电容器	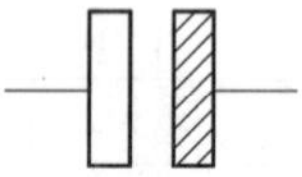	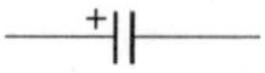
3	发光二极管	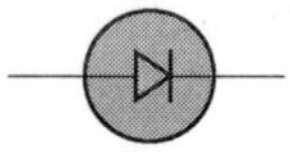	
4	电阻器	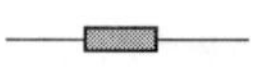	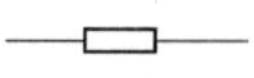
5	排阻	RP 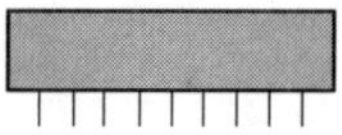	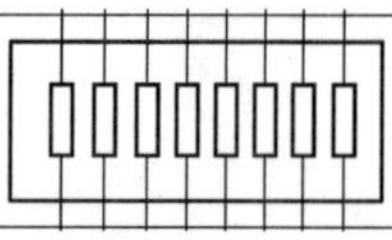
6	晶振	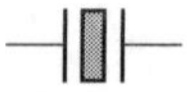	
7	直流电源		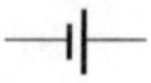
8	或非门	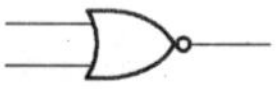	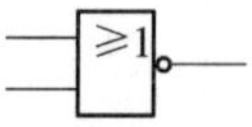
9	非门		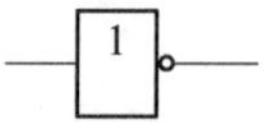

参 考 文 献

［1］袁秀英，等. 单片机原理与应用教程. 北京：北京航空航天大学出版社,2006.

［2］李珍，等. 单片机习题与实验教程. 北京：北京航空航天大学出版社,2006.

［3］李雅轩，等. 单片机实训教程. 北京：北京航空航天大学出版社,2006.

［4］何立民. 单片机高级教程. 北京：北京航空航天大学出版社,2000.

［5］李全利. 单片机原理及应用技术. 北京：高等教育出版社,2004.

［6］徐江海. 单片机实用教程. 北京：机械工业出版社,2006.

［7］胡汉才. 单片机原理及其接口技术. 北京：清华大学出版社,2004.

［8］浙江天煌与江苏财经职业技术学院共同研发的单片机实验手册,2005.

［9］赵俊生. 单片机技术项目化基础与实训. 北京：电子工业出版社,2009.

［10］张国锋. 单片机原理及应用. 北京：机械工业出版社,2009.